"十三五"国家重点出版物出版规划项目

海 洋 生 态 文 明 建 设 丛 书

中国海岛生态系统评价

马志远　陈　彬　黄　浩　俞炜炜　等 ● 编著

海洋出版社

2017年·北京

图书在版编目（CIP）数据

中国海岛生态系统评价/马志远等编著. —北京：海洋出版社，2017.11
ISBN 978-7-5027-9537-5

Ⅰ. ①中… Ⅱ. ①马…… Ⅲ. ①岛-海洋环境-生态系-系统评价-中国 Ⅳ. ①X145

中国版本图书馆 CIP 数据核字（2017）第 210302 号

责任编辑：苏 勤 安 淼
责任印制：赵麟苏

海洋出版社 出版发行

http://www.oceanpress.com.cn
北京市海淀区大慧寺路 8 号 邮编：100081
北京朝阳印刷厂有限责任公司印刷 新华书店北京发行所经销
2017 年 11 月第 1 版 2017 年 11 月第 1 次印刷
开本：889 mm×1194 mm 1/16 印张：15.5
字数：412 千字 定价：138.00 元
发行部：62132549 邮购部：68038093 总编室：62114335
海洋版图书印、装错误可随时退换

《中国海岛生态系统评价》

编著组

参加编著人员：（按拼音顺序排列）

陈 彬	陈甘霖	陈光程	陈明茹	陈顺洋	丛丕福
杜建国	傅世锋	胡灯进	胡文佳	黄 浩	黄海萍
黄小平	侯建平	江志坚	李杨帆	梁 斌	廖建基
林金兰	刘正华	马志远	孙 翔	孙元敏	唐 伟
肖佳媚	徐宪忠	杨 璐	杨建强	杨圣云	杨 潇
杨新梅	俞炜炜	赵 蓓	郑森林	朱晓东	朱小明

前　言

　　海岛是地球进化史中不同阶段的产物，可以反映重要的地理学过程、生物进化过程、生态系统过程以及人与自然相互作用过程。海岛四周被海水包围，构成了一个完整的地域单元，形成了与大陆不同的自然生态系统。相对于其他生态系统而言，海岛生态系统兼有海陆两相性和动力两重性，自然资源和生态群落较为独特，生态系统脆弱且不稳定，在受到强烈干扰后容易快速退化且难以短时间内恢复。

　　海岛具有非常高的权益价值、军事价值、社会价值、经济价值和生态价值。从国家权益来讲，海岛是划分内水、领海及其他管辖海域的重要标志，并与毗邻海域共同构成了国家的蓝色领土；从国家安全来讲，海岛地处国防前哨，是建设强大海军、建造各类军事设施的重要场所，是保卫国防安全的战略前沿；从社会发展来讲，海岛是建设深水良港、开发海上油气、从事捕捞和养殖、发展海上旅游等活动的重要基地，为发展蓝色经济和进行海事活动拓展了空间和提供了平台；从科学研究来讲，海岛是一类极具典型性和特殊性的海洋生态系统，是开展海洋调查实验和科学研究的重要区域，是探索海洋、认识海洋、研究海洋的重要依托。

　　我国是一个岛屿众多的国家，丰富的海岛资源在发展海洋经济以及维护国家权益中势必发挥越来越重要的作用。在我国海洋经济飞速发展的同时，由于开发过程中不尊重海岛自然属性、不适度地向海岛移民、不合理或过度开发利用海岛资源等原因，引发了诸如资源退化、环境破坏、功能丧失、生物多样性降低等一系列生态环境问题。因此，加大海岛生态系统的环境保护、生态修复和综合管理等方面的研究与实践已迫在眉睫。海岛生态系统评价是制定政策、编制规划、生态建设和综合管理的基础和依据。为此，我国近海海洋综合调查与评价专项（908专项）设立了"中国海岛生态系统评价"课题（908-02-04-08），旨在充分利用908专项中海岛调查的相关资料，提出海岛生态系统评价理论、方法及模式，评价全国海岛生态系统现状，分析海岛生态系统退化原因，并在此基础上提出海岛生态系统管理对策建议，为科学客观地认识和研究我国海岛生态系统提供基础资料，为有效保护和持续利用海岛资源提供重要的决策依据。

　　2005年，由国家海洋局第三海洋研究所牵头，联合南京大学、中国科学院南海海洋研究所、厦门大学、国家海洋环境监测中心和国家海洋局北海分局5家国内著名高校和科研院所，向国家海洋局908专项办公室申请并获批承担该项目研究工作。经过6年的努力，课题组在分析研究我国海岛生态系统特征的基础上，系统建立了海岛生态系统评价指标和方法体系，采取以点带面的方式，在全国选取了典型性和代表性海岛

40 余个，综合评价了重点海岛的生态系统状况，在此基础上提出了海岛生态系统管理对策和措施，取得了良好的效果。

在课题的实施过程及本书的编写过程中，得到了国家海洋局科学技术司、国家及地方 908 专项办、国家海洋信息中心的大力支持，谨此深表感谢；感谢编写组所有成员，尤其是南京大学朱晓东教授课题组、中国科学院南海海洋研究所黄小平研究员课题组、厦门大学杨圣云教授课题组、国家海洋环境监测中心杨新梅研究员课题组和国家海洋局北海分局杨建强研究员课题组，他们付出了辛勤的劳动和宝贵的智慧，使本书稿得以顺利完成；海洋出版社的编辑在审阅和编辑过程中，提出了许多很好的意见和建议，对本书的设计制作也进行了精心考量，在此表示诚挚的谢意。

著者虽然已尽心竭力，但由于本书涵盖众多专业内容，又限于水平与经验，在编写过程中难免有遗漏甚至错误，不足之处敬希斧正。

作　者
2016 年 12 月于厦门

目　　录

1 引 言

1.1 海岛及其生态系统简述

海岛是指四面环海水并在高潮时高于水面的自然形成的陆地区域，包括有居民岛和无居民海岛（中华人民共和国海岛保护法，2009）。它是地球进化史中不同阶段的产物，可反映重要的地理学过程、生态系统过程、生物进化过程及人与自然相互作用过程（全国海岛资源综合调查报告编写组，1996）。根据地域范围、生态环境特征、由生态环境不同引起的生物群落差异性等因素，海岛生态系统可分为岛陆生态系统、潮间带生态系统和近海海域生态系统三个系统（王小龙，2006），这三个子系统之间的相互关系极为密切，存在能量流动与物质循环。

与其他生态系统相比，海岛生态系统具有五大独特的生态特征（肖佳媚，2007）。

海陆两相性——海岛地理位置独特，与大陆隔离，相对孤立地处在海洋之中。海岛生态系统的主体是岛陆部分，环岛的潮间带区域和近海海域是其生态系统的延伸。因此，海岛生态系统兼具了陆地与海洋生态系统的特征。

结构独立完整性——海岛四周被海水包围，成为一个相对独立的生态环境小单元，陆域、潮间带和海域三类地貌单元极具多样化，随之也演化出较为特殊的生物群落，但其食物链结构较为完整，能流循环也较为稳定，从而形成了结构相对独立却完整的生态系统。

生态脆弱性——由于海岛面积相对狭小，地域结构简单，生物多样性相对较低，导致其生态系统的稳定性相对较差，环境承载力有限，生态系十分脆弱，遭受损害后难以恢复。

资源独特性——海岛生态结构相对独立，经过千百年的自然变迁，形成了独特的地质地貌和矿产资源，同时也进化出了特殊的生物物种和生态群落。

动力两重性——由于长时间遭受风和海浪（流）等自然动力的作用，海岛的向风面呈现冲刷态势，地貌类型主要为山地，植被稀少；背风面受波浪和海流作用影响更大，呈现淤积态势，地貌类型主要为滩涂。

同时，海岛除了是海洋生态系统的重要组成部分，还是国家宝贵的资源财富。从国家权益来讲，海岛是划分内水、领海及其他管辖海域的重要标志，并与毗邻海域共同构成国家蓝色领土；从国家发展来讲，海岛是对外开放的门户，是建设深水良港、开发海上油气、从事海上渔业、发展海上旅游等重要基地；从国家安全来讲，海岛地处国防前哨，是建设强大海军、建造各类军事设施的重要场所，是保卫国防安全的重要屏障。由于海岛具有巨大的政治、外交、军事、经济、科学和生态等价值，它的未来及其发展因而成为当今岛屿国以及海洋国家密切关注的问题（彭超，2006）。

1.2 海岛生态系统研究进展

1.2.1 国外研究进展

海岛研究发展的理论及其应用，对生物、地理、环境等学科均有贡献。自加拉巴哥群岛生物的遗传变异现象启发了达尔文的进化论后，MacArthur 和 Wilson（1963；1967）提出的"岛屿动物地理学平衡理论"以及出版的《岛屿生物地理学理论》（Theory of Island Biogeography）可视为海岛生态系统研究的开端，并从此激发了一代生态环境及生物地理学者进行相关研究。1970 年，联合国教科文组织（UNESO, 1979）提出了人与生物圈（Man and Biosphere，MAB）计划，开始推动一系列有关岛屿的研究，期望了解在这些狭小而特殊的环境中人与环境之间的动态平衡关系，并于 1973 年制定了有关岛屿生态系统的合理利用与生态学的人与生物圈计划。人与生物圈计划首先在南太平洋的有关岛屿上实施，随后在地中海、加勒比海等有关岛屿上相继开展（Wood，1983）。联合国教科文组织于 1989 年成立了岛屿发展国际科学委员会（International Scientific Council for Island Development），并于 1992 年出版了《岛屿》期刊，以推动国际合作，探讨海岛资源保护与可持续发展问题（宋延巍，2006）。

1992 年，在巴西里约热内卢举行了地球高峰会议，会上拟定的《21 世纪议程》中，认为岛屿及岛屿社区是环境与发展的特例，并针对此类生态特别敏感而脆弱的岛屿国家或地区，提出了生态可持续发展的原则与计划方针。之后，不同国家的学者针对海岛生态退化、海岛及周边海洋管理等突出问题，从多角度、使用多手段开展了海岛生态系统的研究及评价工作。Jon 等（1997）利用地理信息系统（GIS）技术对新西兰南岛（South Island）生态区进行了分级研究；Hill 等（1998）通过卫星遥感技术监测了地中海希腊克利特岛（Crete）生态系统的环境变化；Luis 和 Michell（1998）研究了波多黎哥岛（Puerto Rico）喀斯特地区的森林恢复状况；Kenneth（1998）探讨了传统的海岸带和海洋资源管理体系在太平洋岛屿现代管理中的关键作用；Pakhomov 等（2000）研究了爱德华王子岛（the Prince Edward Islands）时间序列上的物理生物环境变化；Gourbesville 和 Thomassin（2000）以马约特岛（Mayotte）为例研究了热带海岛的海岸带环境评估程序中的可持续水资源管理方法；Whitney（2002）分析了南路易斯安娜所属五岛的土地演化；Dimitra 等（2002）以爱琴海中一个小岛为例，提出了一套基于多层标准选择与 GIS 技术结合的、用于海岸区域多维评估和分级的方法，给出了以社会经济和环境作为参数的海岸区等级划分；Smith 和 Baldwin（2003）开展了南极洲迪塞普申火山岛（Deception Island）生态系统污染及恢复的研究，同年 Glatts 和 Uhlman 等（2003）对该岛的生态系统的变化做了全年的连续监测；Ramjeawon 和 Beedassy（2004）对毛里求斯岛（Mauritius）环境影响评价体系和环境监测计划框架进行了研究；William 等（2004）以马达加斯加岛（Madagascar）为例发展了农业扩展的时空模型；David 等（2005）基于海岛生物地理学理论以及景观生态学理论建立了海岛湿地生态系统风险评价的方法构架等。

1.2.2　国内研究进展

我国的海岛生态系统研究工作起步相对较晚，"八五"期间开展的"海岸带和海涂资源综合调查"是新中国成立后首次对海岸带各种资源的数量、质量及开发现状进行的系统调查，其中也涉及诸多近岸海岛土地植被、海洋资源及环境质量的状况评价。"九五"期间的"全国海岛资源综合调查"是我国首次全国性大规模的有针对性的海岛资源调查，为海岛生态系统的研究奠定了基础，对于发展我国海岛经济和维护海洋权益，具有重大的现实意义和深远的战略意义。2000 年，杨文鹤主编的《中国海岛》一书对中国海岛的自然环境概况、环境质量状况、社会经济状况、开发利用现状、海岛的保护和管理等进行了完整和详细的描述。与此同时，许多学者和专家从不同专业视角对我国海岛生态系统展开了相关研究和探索。

在海岛可持续发展方面，黄民生（2002）分析了福建海岛生态脆弱环境特征及其产生的原因，并对福建海岛可持续发展对策进行了探讨；李金克等（2004）对构建海岛可持续发展的评价指标体系进行了初步尝试；彭超（2006）对我国海岛的可持续发展做了探索和研究，尤其对海岛经济的总体发展进行了详细分析，对海岛产业结构及其产业内部存在的问题进行了深入研究。

在海岛生态系统恢复和保护方面，周厚成等（2001）研究了南澳岛退化植被的群落动态变化及恢复过程；任海等（2001；2004）探讨了海岛生态系统的恢复和管理等方面的问题；廖连招（2007）对厦门市无居民海岛猴屿进行了生态退化主要原因诊断和生态修复制约因子评估方面的研究。

在海岛景观格局及生态服务功能方面，赵斌等（2003）运用GIS分析遥感数据的手段，分析和探讨了崇明岛土地利用变化以及所引起的生态系统服务价值的改变；陈惠卿等（2005）研究了福建东山岛景观空间格局分析；韩增林（2008）等以长山群岛为例，探讨了海岛地区生态足迹与可持续发展研究。

在海岛的管理、立法与资源保护方面，高俊国等（2007）研究了海岛环境管理的特殊性及其对策；胡增祥等（2004）分析了我国无居民海岛的管理现状，提出了我国无居民海岛保护与利用对策；黄发明等（2003）剖析了厦门市无居民海岛开发利用中产生的诸多问题，并提出了管理和保护对策；廖连招等（2007）进行了闽东无居民海岛岛群资源与保护性利用研究，并从海岛生态脆弱性出发，提出保护性利用措施与对策；周珂等（2008）分析了我国在海岛权属关系、海岛用途管理与级别保护以及海岛行政管理体制等方面存在的不足，并提出了完善建议。

在海岛生态系统评价方法方面，王海壮（2004）、张颖辉（2004）和申娜（2004）均以大长山群岛为例，分别从空间结构演变、生存与环境支撑系统以及社会经济支撑系统三方面着手，深入探讨了海岛可持续发展的支撑体系，并提出计算其能力的方法，丰富了海岛可持续发展的内涵；陈彬等（2006）从海岛生态状态和生态服务功能两个方面探讨了海岛生态综合评价的指标和方法；王小龙（2006）开展了海岛生态系统风险评价方法及应用研究，面向海岛生态管理的需求，开展了海岛生态系统理论研究、概率型风险非线性复合评价模型研究、海岛开发利用风险评价研究等多项研究工作，同时，利用当前发展较为成熟的卫星遥感技术，解决了海岛生态风险评价中区域界定和环境数据获取等实际问题；肖佳媚（2007）以南麂列岛为例进行了基于PSR模型的海岛生态系统评价研究，建立了评价指标体系并确定了评价标准，分析了南麂列岛生态系统评价结果并进一步提出了管理措施；宋延巍（2007）开展了海岛生态系统健康评价方法研究及应用，分析了目前我国海岛生态系统面临的健康问题，并从活力、组织力、异质性和协调性四个方面构建了海岛生态系统健康评价指标体系，建立了评价方法并应用于南长山岛、北长山岛和大黑山岛。

1.2.3 研究展望

综合以上国内外研究进展可以发现，诸多学者专家的研究成果为海岛生态系统的保护和管理提供了理论、方法和模式等方面的借鉴，但海岛生态系统综合评价方面中尚存许多值得探索和研究的地方。

（1）国内外一些专家学者已经开始将生态学中先进的理念应用于海岛生态系统评价中，如可持续发展、生态服务功能、风险评价、健康评价等，但能充分体现海岛生态系统特征，尤其是能体现人为活动影响下的海岛生态系统变化特征的评价方法及指标体系尚不成熟，在科学地反映生态系统健康与否的评价标准制定方面，也有待进一步深入研究和探讨。

（2）国内外在海岛生态系统研究工作开展已近半个世纪，也已经由海岛环境、海岛资源和海岛生物等侧重于现状调查及生态系统外在状态的研究逐渐转向探索生态系统演变内在机制的过程，而在开发利用和环境管理等人类活动影响下，海岛生态系统是如何维持系统内部的活力和组织自治力以及如何在受到干扰时提升自我恢复力等方面的研究尚不充分。

（3）环境管理的生态系统途径早已被公认为是适宜管理策略的基础。由于海岛生态系统的复杂性和动态性所致，科学客观的评价生态系统状况本身就是正在发展的研究方向，然而如何将生态系统评价的研究成果用于指导决策、服务于管理，如何通过生态系统管理与调控措施，使得海岛生态系统更利于保持和恢复健康状态等方面的研究工作，目前尚不完善，也更值得进行更深入的探索和研究。

1.3 海岛生态系统面临的威胁

18 世纪开始的工业革命拉开了人类大规模改造大自然的序幕，第二次世界大战后，随着科学技术和社会生产力的迅速发展，人类改造自然的能力空前扩大，对环境的污染和资源的破坏也日趋严重，相继出现了气候变暖、臭氧层破坏、酸雨污染、水资源危机、森林锐减、土壤侵蚀和沙漠化、有毒化学物质扩散、海洋环境污染、过度捕捞、生物多样性锐减等全球性环境问题，这一系列环境问题已经导致了全球生态系统的日趋衰退。

1956—2005 年近 50 年来全球变暖趋势是每 10 年升高 0.13℃（0.10~0.16℃），几乎是过去 100年的两倍；海平面上升速度与温度升高的趋势相一致，1961—2003 年海平面以每年 1.8 mm（1.3~2.3 mm）的平均速度上升；全球 CO_2 浓度从工业革命前的 $280×10^{-6}$ 上升到了 2005 年的 $379×10^{-6}$，据冰芯研究证明，2005 年大气 CO_2 浓度远远超过了过去 65 万年来自然因素引起的变化范围（$180×10^{-6}~300×10^{-6}$）（A Report of the Intergovernmental Panel on Climate Change，2008）；全世界半数湿地已经消失，大面积毁林造成世界森林面积至少减少了一半，约 2/3 的农田受到了土壤退化的影响（宋延巍，2006）；世界上仍然有 70% 的人喝不到安全卫生的饮用水，世界上每天有 2.5 万人由于饮用污染的水而得病或由于缺水而死亡；全球荒漠化面积已近 $40×10^8$ hm²，约占全球陆地面积的 1/4，已影响到全世界 1/6 的人口、100 多个国家和地区；全世界每年产生的有毒有害化学废物达 $3×10^8$ ~$4×10^8$ t，尤其是持久性有机污染物，对陆地和海洋生态系统都产生了很大的干扰和危害；近几十年来，人类对海洋生物资源的过度利用和对海洋日趋严重的污染，造成全球范围内的海洋生产力和海洋环境质量出现明显退化，2/3 以上的海洋鱼类已被最大限度或过度捕捞，特别是有数据资料的25% 的鱼类，由于过度捕捞已经灭绝或濒临灭绝，另有 44% 的鱼类的捕捞量已达到生物极限（http://zhidao.baidu.com）；当前地球上生物多样性损失的速度比历史上任何时候都快，1970—2006 年期间，全球野生脊椎动物的物种种群数量平均减少了 31%，热带地区和淡水生态系统的情况尤其严重，分别减少了 59% 和 41%，在对 47 677 种物种进行评估后，其中有 36% 的物种被认为面临着灭绝的威胁（生物多样性公约秘书处，2010）。

全球环境问题已严重威胁全人类的生存和发展，生态危机已经超越局部区域而具有全球性质，海岛生态系统也不能幸免。海岛由于所处地理环境相对封闭和独立，生态系统较为脆弱且稳定性较差，极易在受到外界干扰后快速退化且难以在短时间内恢复。造成海岛生态系统退化的威胁主要来自自然灾害和人为活动，有时甚至两者叠加发生作用，海岛生态系统退化的过程由所受干扰的强度、持续时间和规模所决定。

全球气候变化对海岛生态系统带来的负面影响是多尺度、多全方位、多层次的，海平面上升致使海水入侵，改变了岛陆和岛滩的生态环境，严重的则会导致某些海岛上的滨海湿地、红树林等生态系统以及沙滩、海岸地貌等多种旅游资源遭到毁灭性的破坏；海水温度升高会造成珊瑚的死亡和白化，影响红树林的分布界限，也会使得海洋浮游、游泳等生物群落结构显现变化；海洋酸化会影响到以碳酸盐为骨骼的生物的代谢过程与生活史，并通过食物网影响到整个生态系统的结构、功能和服务。自然灾害是地理环境演化过程中的异常事件，具有区域性、不确定性和不可避免性等特点，海岛的地理位置决定其所在海域自然灾害频发，台风、海啸、地震、火山爆发、海岸侵蚀等海洋灾害的发生对海岛生态系统产生极为不利的严重影响。

人类活动的干扰是影响海岛生态系统的主要因素，随着海岸带地区经济快速发展和人口趋海聚集，陆地径流、工业和生活排污、农业面源、海水养殖、垃圾倾倒等产生的污染物入海通量仍会持续增大，进一步导致海岛周围海域水质不断恶化和富营养化，严重威胁着海洋生物个体质量和生物多样性，甚至由此导致的赤潮灾害也会造成海岛生态系统遭受危害和海岛居民经济损失；人类开发活动和城市扩张建设日益增多，围填海、海水养殖、挖沙采石、建桥筑堤、建港辟航、油气储备等海洋、海岸带工程大规模建设实施，直接造成海岛自然岸线、滩涂湿地、珊瑚礁或红树林的丧失，更甚者整个岛屿（礁）也全部被炸平或侵占；海岛及周围海域具有丰富的植被、鸟类、贝类、虾蟹、鱼类等生物资源，许多种类甚至是珍贵稀有的动植物，长期以来人们开发利用海岛资源的手段大多是粗放式、掠夺式，缺乏统一规划和科学管理，使得海岛生物资源面临着滥捕滥采的严重威胁；海岛是最易受到外来物种威胁的一类生态系统，其生境相对隔离和封闭，海岛生物在相当长的时期内保持着独特的自然状态和演替规律，形成其独特的生物区系，并且海岛生物通常是在较低竞争、捕食及疾病威胁下演化的，因此当岛上生物群落遭到竞争力较强的外来种入侵后，原有的生态平衡容易被打破，一部分防卫和抗干扰能力差的生物物种就可能消失。自 17 世纪以来，地球上 90%的鸟类、爬行类、两栖类及几乎一半哺乳类动物的灭绝均发生在海岛上，主要原因是人类移居及外来物种的引入；Morgan 和 Woods 在其对西印度群岛的研究中，亦估计自 4 500 年前人类抵达这些群岛后，约 37 种哺乳类灭绝；Olson 和 James 估计 50%的夏威夷原生鸟种在波里尼西亚人（夏威夷原住民）抵达后陆续灭绝；而自人类航海盛行后，海岛物种的灭绝更加快速，全球约 93%灭绝的鸟种为海岛鸟类。因此，海岛生态系统的保护是人类所面临的极为重要的一项任务。

2 中国海岛概况

2.1 海岛数量及分布特征

2.1.1 海岛数量

我国不同地区对海岛的叫法不一。在长江口以北地区一般称为"岛""坨"，浙江省多将海岛称为"山"，福建省和台湾省多将海岛称为"屿"，广东省将一些海岛称为"礁""沙""洲"，广西壮族自治区多称海岛为"墩"，海南省则将一些海岛称为"石""角"。

我国是世界上海岛数量最多的国家之一，在所管辖的 $300 \times 10^4 \ km^2$ 的海域中，星罗棋布地分布着大小不一、成千上万的海岛，如此众多的海岛其具体数量到底是多少？关于我国海岛"家底"问题的答案是随着客观条件的变化以及人们对海岛的认识和研究不断加深而逐渐明确的：① 新中国成立以来，国防建设不断加强，海洋国土争端和海洋划界争议等历史遗留问题逐步得以和平协商解决或统一思想，部分存有争议的海岛或岛礁的主权归属进一步明确；② 海岛数量的确定取决于海岛岸线数据的分辨率和量算尺度，随着海洋综合调查船数量、性能及科考能力的提升，调查、测绘仪器设备精密度和先进性逐步提高，雷达、卫星定位和遥感等先进技术的广泛应用，我国海洋调查及海洋测绘体系不断完善，海岛方面的综合调查和测绘成果也不断推陈出新；③ 随着人们对海岛概念和保护的理解逐渐加深，海岛调查和统计结果的界定范围不断地加以调整，如第一次全国海岛资源综合调查工作实施中重点调查了"面积等于和大于 $500 \ m^2$ 的岛屿，除有特殊意义的海岛以外，面积小于 $500 \ m^2$ 的岛屿以及港、澳、台地区的海岛暂缓调查"（《全国海岛资源综合调查报告》编写组，1996），而在"我国近海海洋综合调查与评价"专项（908 专项）海岛调查成果整理中，"补充了香港和澳门的海岛信息，并将具有特殊意义的低潮高地（干出礁、干出沙）和暗礁、暗沙等一并收入"（国家海洋局，2012）。

1988—1995 年，我国首次开展的"全国海岛资源综合调查"经调查并反复核实，我国面积在 $500 \ m^2$ 以上的岛屿共计 6 961 个（面积小于 $500 \ m^2$ 的海岛因只对部分进行了概查，故未作统计，另外台湾的 224 个海岛、香港的 183 个海岛和澳门的 3 个海岛，暂缓调查），其中有人常住岛 433 个，人口 453 万，岛岸线长 12 710 km，岛屿总面积 6 691 km²（见表 2-1）（《全国海岛资源综合调查报告》编写组，1996）。此后，大部分正式出版著作及刊物中公开发布的有关我国海岛具体数量的数据也基本引自首次全国海岛调查成果，2000 年出版的《中国海岛》一书中提到"我国仅面积大于 $500 \ m^2$ 的海岛就有 6 500 多个，岛屿总面积约 $8 \times 10^4 \ km^2$，约占我国陆地面积的 8%，岛屿岸线长于 14 000 km，有常住居民的岛屿 460 多个"（杨文鹤，2000），2008 年 7 月由国家海洋局发布的海洋行业标准《全国海岛名称与代码》（HY/T 119—2008）中提到"我国有面积大于 $500 \ m^2$ 的海岛数量是 6 972 个"，"2012 年 4 月由国家海洋局正式公布的《全国海岛保护规划》中则提到'我国拥有面积大于 $500 \ m^2$ 的海岛 7 300 多个，海岛陆域总面积近 $8 \times 10^4 \ km^2$，海岛岸线总长 14 000 多 km²'。"

表 2-1 第一次全国海岛调查海岛的数量、面积、岸线长度

省级行政区	数量/个	面积/km²	岸线长度/km
辽宁	265	191.54	686.70
河北	132	8.43	199.09
天津	1	0.015	0.56
山东	326	136.31	686.23
江苏	17	36.46	67.76
上海	13	1 276.19	356.13
浙江	3 061	1 940.39	4 792.73
福建	1 546	1 400.13	2 804.30
广东	759	1 599.93	2 416.15
广西	651	67.10	860.90
海南	231	48.73	309.05
合计	6 961	6 690.82	12 709.51

注：①表中数据不含海南本岛和台湾、香港、澳门等所属岛屿；

②全国海岛总数中已删除某些岛屿归属有争议而重复计算的岛数。

2003 年国务院批准立项的 908 专项将海岛调查列为主要任务之一，该项调查成果经整理和集成后形成了《中国海岛（礁）名录》（国家海洋局，2012），此次调查确认我国海岛数量为 10 312 个（含港、澳、台地区），海岛陆域总面积 77 224 km²，海岛岸线总长 16 775 km（见表 2-2）。

表 2-2 908 专项海岛调查海岛的数量、面积、岸线长度

省级行政区	数量/个	面积/km²	岸线长度/km
辽宁	402	501.5	901.5
河北	92	69.6	232.8
天津	1	0.013	0.5
山东	456	111.2	561.4
江苏	32	59.0	94.3
上海	26	1 550.4	407.5
浙江	3 820	1 818.0	4 496.7
福建	2 215	1 155.8	2 502.8
广东	1 350	1 472.2	2 174.7
香港	291	309.4	558.8
澳门	1	17.2	28.4
广西	721	155.6	671.2
海南	606	33 888.6	2 221.0
台湾	337	36 122.1	1 923.9
合计	10 312	77 224.3	16 775.4

注：①部分省际间尚未确定行政归属的海岛，暂分别计入各有关省（市），全国合计时去除重复的海岛数据；

②台湾岛、海南岛计入海岛数量、面积和岸线长度。

2.1.2 分布特征

我国的海岛位于亚洲大陆以东，太平洋西部边缘，广泛分布在南北跨越 38 个纬度、东西跨越 17 个纬度的海域中。我国最北端的岛屿是辽宁省锦州市的小石山礁，最南端的是海南省南沙群岛的曾母暗沙，最东端的是台湾宜兰县的赤尾屿，最西端是广西壮族自治区东兴市的独墩。我国海岛分布特征如下（国家海洋局，2012）。

（1）我国海岛分布不均，若以海区分布的海岛数量而论，东海最多，约占 66%；南海次之，约占 25%；黄海居第三位，渤海最少。若以省级行政区海岛分布的数量而论，70% 以上的海岛集中分布在浙江、福建、广东三省，广西、海南、山东、辽宁等省区居中，澳门和天津最少。若以气候地带海岛分布的数量而论，约 10% 的海岛分布在温带，即 34°N（苏北灌溉总渠）以北海域，87% 以上的海岛集中分布在亚热带，即 20°N（琼州海峡中线）至 34°N 之间海域，其余海岛广泛分布在热带，即约 4°N（曾母暗沙）至 20°N 之间海域。

（2）从海岛社会属性来看，绝大部分海岛为无居民海岛，有居民海岛仅 569 个，占海岛总数的 5.6%。大陆沿海 11 个省（自治区、直辖市）有居民海岛 526 个，其中省级（副省级）和地（市）级政府驻地岛 3 个，县（市、区）级政府驻地岛 13 个，乡（镇、街道）级政府驻地岛 82 个，村级岛和自然村岛 428 个。

（3）从海岛成因来看，基岩岛的数量最多，占海岛总数的 92.7%；堆积岛的数量次之，占 4.1%，主要分布在渤海和一些河口区；珊瑚岛数量较少，占 2.5%，主要分布在台湾海峡以南海区；火山岛数量最少，主要分布在台湾岛周边，包括钓鱼岛及其附属岛屿等。

（4）从海岛分布位置来看，大部分海岛分布在沿岸区域，距离大陆岸线小于 10 km 的海岛，占海岛总数的 66% 以上；距离大陆岸线大于 100 km 的远岸岛，约占 5%。在沿岸海岛中，有 845 个海岛通过不同方式（桥梁、堤坝、隧道）直接或间接地与大陆相连，占海岛总数的 8.2%。

（5）从海岛分布形态来看，海岛呈明显的链状或群状分布，大多数以列岛或群岛的形式出现，如庙岛群岛、舟山群岛、南日群岛、澎湖列岛、万山群岛、南沙群岛等。

（6）从海岛面积大小来看，面积大于 2 500 km² 的特大岛仅 2 个，为海南岛和台湾岛；面积介于 100 km² 与 2 500 km² 之间的大岛 15 个；面积介于 5 km² 与 100 km² 之间的中岛 134 个；面积小于 5 km² 的小岛和微型岛数量最多，约占我国海岛总数的 98%。

2.2 自然环境特征

2.2.1 气候特征

我国海岛地处太平洋和欧亚大陆之间的过渡地带，遍布渤海、黄海、东海和南海四大海域，南北跨度大，跨越热带、亚热带和温带三个气候带，各岛气候不仅受地理纬度的影响，也受大陆和海洋共同作用的影响，因此各岛的气候特征的变化差异比较大。

温带海岛气候特征总体为一年四季分明，春季，冷暖多变，风多雨少；夏季，温度高，湿度大，降水多；秋季，天高云淡，风和日丽；冬季，严寒少雨雪。各岛日照充实，降水量较小，风和降水有明显的季节变化，灾害天气比较多，以大风、暴雨、大雾和干旱为主。温带海岛的全年日照为 2 500~2 900 h，太阳总辐射为 4 875~5 862 MJ/m²，降水量小于蒸发量。年平均气温一般低于 15℃，气温日较差比较小，一般都小于 7℃。年平均风速为 3.7~7.4 m/s，多年最大风速为 25~

40 m/s，渤海南部、渤海海峡及辽东沿岸各岛风速较大。全年降水量为 600~1 000 mm，但区域分布不均，季节变化大，80%~90% 的降水集中在气温高于 10℃ 的农作物生长季节，气温最高的 6—8 月的降水量占全年的 60%。

北亚热带海岛全年日照时数 1 750~2 300 h，日照百分率 40%~49%，日照时数全年以夏季最多、冬季最少，秋季略多于春季。年平均气温为 15.0~16.5 ℃，最热月出现在 7—8 月，平均气温为 27.4~30.5 ℃，最冷月出现在 1 月，平均气温 3.0~7.5 ℃。受冬、夏季风交替影响，风向季节性变化十分明显，4—8 月份偏东南风是主导风向，冬半年盛行西北风，3 月、9 月和 10 月为冬夏转换季节，多东北风，岛区年平均风速为 3.5~7.0 m/s，风速一般冬季最大，春季最小，秋季大于夏季。年降水量为 900~1 300 mm，受东亚季风进退的影响，夏季降水多而且集中，冬季降水稀少。

中亚热带海岛气候温和湿润，四季分明，热量丰富，水分充沛，属于典型的中亚热带海洋性季风气候区。有三个主要特点：① 气候因素受到浙闽沿岸流和台湾暖流的影响，冬暖夏凉，温度变化和缓，具有陆海过渡性气候的特征，即冬季最冷月气温比大陆高，夏季月气温则比大陆低，年平均气温为 15~20℃，7—8 月气温最高，1—2 月气温最低；② 雨水充沛，光照充足，降水集中在梅雨期和台风期，年均降水量为 1 000~2 000 mm；③ 灾害性天气时有发生，主要是受台风袭击较频繁，海岛区多台风、大风和大雾，对社会生产和居民生活影响很大。

南亚热带海岛受亚热带海洋性季风气候影响突出，春季阴湿多雨雾，夏无酷暑，冬无霜雪，终年气温较高，年平均温度为 15.0~23.5℃。年日照时数为 1 500~2 350 h，日照百分率为 45%~50%。海岛受季风影响，每年 9 月至次年 3 月盛行偏北风，4—8 月盛行偏南风，年均风速为 2.0~10.0 m/s。海岛区干湿季分明，降水充沛，年均降雨量为 1 000~2 800 mm，年均蒸发量为 1 300~2 000 mm，年均相对湿度为 80%~83%。海岛区多干旱、暴雨、热带气旋等灾害性天气。

热带海岛气候特点为：光照长，光能充足，热量丰富；四季不明显，终年高温；干湿季分明，雨期集中，降水充沛，地区分配不均；灾害性天气发生频繁，夏秋多热带气旋和暴雨，冬春多大风和干旱。其中，海南岛海域海岛年日照时数在 2 000 h 以上，太阳总辐射量在 5 100 MJ/m² 以上，年平均气温为 23.5~25.6℃，月平均气温高于 20℃ 的月份在 9 个月以上，年降雨量为 1 200~2 100 mm。西沙群岛年日照时数在 2 800 h 以上，年日照百分率在 65% 以上，太阳总辐射量在 6 000 MJ/m² 以上，年平均气温为 26.5~26.8℃，年降雨量在 1 400 mm 以上。中沙群岛和南沙群岛地处低纬，属赤道气候，四季皆夏，终年高温高湿，年平均气温在 27℃ 以上，年雨量为 1 500~2 000 mm，各月相对湿度在 85% 以上。

2.2.2　海岛地质

我国海岛，特别是基岩岛，它们的形态、面积、地质构造、矿产资源等均受沿海大陆地质的影响，是在地球内、外应力综合作用下形成的。中生代的印支运动对海岛的分布轴向奠定了基础，强烈的地壳运动形成了一系列 NE 向的隆起和坳陷带，它决定了我国海岛的分布方向基本上呈 NE 向延伸。燕山运动早期，大规模的酸性岩浆侵入活动，形成了较多由花岗岩体构成的隆起。喜马拉雅运动产生了一系列 EW 向断裂，把 NE 向隆起带分裂成了若干个孤立的山地，决定了我国海岛分布位置的概貌。第四纪的冰后期，海平面逐渐上升，使原来与我国大陆连为一体的较低陆地变为浅海大陆架，而当时较高的山地、丘陵则露出海面变成海岛，这时候我国海岛的基本形态和面貌就形成了。

温带海岛绝大多数属于大陆岛，沿海岛屿无论地层还是地质构造的特点均与相邻的海岸带地层和构造体系密切相关。温带海岛地质构造上属中朝准台地的胶辽台隆和扬子准台地的连云港—灌南台隆，出露的地层主要有太古界的鞍山群、东海群，下元古界的辽河群、胶东群、胶南群，中元古界的长城群、粉子山群、海州群，上元古界的前震旦系、震旦系，古生界的寒武系、奥陶系，中生界的侏罗系、白垩系，新生界的新近系等地层。辽东沿海的岛屿早期侵入岩以花岗岩类为主，晚期以潜火山岩为主，鲁东沿海的岛屿侵入岩不发育，出露较少，岩性以酸性-中酸性岩为主。

北亚热带海岛中长江口北支均为沙质冲积岛，分布的底层主要是新生界松散至半胶结沉积岩。崇明岛、长兴岛和横沙岛3个岛全部被第四纪松散沉积物所覆盖，基底岩层由志留系、上侏罗系、新近系及中生代燕山期花岗岩组成，统称前第四系。浙江海岛处于浙闽沿海燕山期火山活动带北段，燕山晚期火山作用强烈，岩浆活动频繁，地质构造复杂。

中亚热带海岛大多以基岩质海岛为主，部分河口和沿海岸区分布有少量沙泥岛，其物质组成主要是花岗岩、火山岩、变质岩或松散冲积物。沿海岛屿是大陆地块向海延伸的一部分，是大陆地壳的相对下降部分，这决定了岛屿总体分布方向与海岸线方向是一致的，明显受 NE 向或 NNE 向构造控制。

南亚热带海岛由华南地层组成，基本上由火山岩和燕山期侵入岩及变质岩组成。其中，福建海岛位于我国东南部新华夏巨型构造体系的东延部分，属于南岭纬向构造和华夏式构造体系的复合地段，海岛岩性几乎都是由酸性、中酸性及基型火山岩、侵入岩及动力变质岩所组成。广东海岛沿岸展布严格受地质构造的控制，具明显的方向性，以由花岗岩、火山岩、变质岩或沉积岩等组成的基岩海岛为主，第四纪松散层组成的海岛次之。广西海岛在大地构造上位于一级构造单元华南褶皱系的西南端，属北部湾坳陷、钦州残余地槽两个二级构造单元，其地层构成主要包括志留系、石炭系、侏罗系、第三系和第四系等。

在热带区域中，海南岛周围海域的海岛出露的地层有中奥陶统榆红组第二段、下志留统陀烈组、下白垩统鹿母湾组第一段至第二段、晚白垩世火山岩、第三系上新统长流组和海口组第一段及第二段、第四系上更新统道堂组第一段、中全新统海成一级阶地沉积层、晚全新统烟墩组和晚全新统河口三角洲沉积层，本区海岛岩性主要为印支期或燕山期侵入岩，其次为晚更新世基性或晚白垩世酸性火山岩，零星分布变质岩。西沙群岛处在大陆型地壳与大洋型地壳过渡的边缘，由于南海海盆的南北向扩张，使西沙基底构造线呈 EW 向展布，以后叠加 NW—SE 向和 SW 向压缩作用，使第三纪沉积形成一系列较明显的 NE—SW 向隆起、凹陷和断裂。西沙群岛的地层包括中元古界蓟县系抱板群、新近系中新统和上新统、第四系下更新统、中更新统、上更新统生物沉积和风成沉积、全新统。中沙群岛为新生代从南海北部华南陆块拉张出来的漂离岛块，地质构造与西沙群岛相似，并与西沙一起构成西沙—中沙隆起带，成为东沙、南沙两陆块的中央对称轴。南沙群岛陆块是新生代从南海北部、中沙、西沙群岛附近的华南陆块拉张出来的，地质构造大体上为南北分带，东西分块的格局，断裂形成有印支期、燕山期和喜山期，这三大体系的复合奠定和形成了南沙群岛海域现今的格局。曾母地堑带是紧靠加里曼丹和纳土纳群岛发育的盆地，为晚期第三纪走滑拉张形成，是一种复杂的构造带，与南沙断块差异较大，岩石层与地壳厚度均薄。

2.2.3 海岛地貌

我国绝大多数海岛的地貌构架基本上是大陆向海的延伸，并与沿海大陆地貌的成因和年龄相近、性质类同。我国海岛地貌类型包罗万象，虽然有的类型不如大陆地貌典型，但是基本涵盖了几乎大陆所具有的地貌类型，主要包括火山地貌、构造地貌、侵蚀剥蚀地貌、冲积地貌、洪积地貌、海成地貌、湖成地貌、风成地貌、喀斯特地貌、黄土地貌、重力地貌、地震地貌和人为地貌等。海岛地貌形态各异，高差悬殊，具有很高的生态价值、科学价值和观赏价值。

温带海岛地貌类型多样，其中：侵蚀剥蚀地貌是一种分布很广泛的海岛地貌类型，基岩海岛大多都有此类地貌类型，海拔相对较高，向海坡度较大，形成的丘陵或台地通常顶部平坦，四周陡峭，组成物一般为片麻岩、片岩和石英岩；洪积地貌广布于地面有较大起伏的海岛，洪积台地或洪积平原均较为常见，由第四纪松散沉积物组成，为黄色亚黏土或亚砂土夹碎石，内有砂层和砾石透镜体；海成地貌也是分布普遍的海岛陆上地貌，包括海积台地、潟湖平原、海积平原等，海拔相对较低，向海坡度较小，组成物为碎石、砂质黏土或砂；此外，还有风成地貌、黄土地貌、重力地貌、地震地貌等分布于小部分海岛上。

北亚热带海岛中，位于长江入海口处的海岛如兴隆沙和崇明岛，属于三角洲平原地貌类型，是在长江口特有的河流–海洋动力和泥沙条件下形成的海积–冲积沙岛。浙江省海岛地质构造上系雁荡山脉和天台山脉向海域的自然延伸体，并呈现丘陵山地为主的地貌形态，海岛东西成列，南北如链，面上呈群，近岸岛屿量多、面大、地势较高，远岸岛屿散少、面小、地势低。浙江省海岛除零散堆积平原外多为丘陵山地，它们地势较低，一般为海拔 50~200 m，岛岸曲折，湾岙众多，水道交错，航门遍布。

中亚热带海岛中，浙江省海岛的陆域地貌类型主要包括侵蚀剥蚀丘陵、洪积平原、洪积冲积平原、海积冲积平原、海积平原和风成沙地等。福建省海岛由于受地质构造的控制，造成了闽江口以北和以南的海岛地貌某些特征有较大差异，闽江口以北的海岛基本上都是单个基岩岛，地貌类型多为侵蚀剥蚀地貌的高丘陵、低丘陵和残丘陵以及堆积地貌的洪积平原、洪冲积平原和海积平原等。

南亚热带海岛地貌和海岸滩地类型丰富多样，地貌类型有低山、丘陵、台地（阶地）、海积平原、洪积平原、风成沙地和火山地貌等，海岸类型有砂质海岸、三角洲海岸、溺谷湾海岸、红树林海岸、珊瑚礁海岸和火山侵蚀堆积岸等。福建省闽江口以南的海岛多数由岛连岛构成，它们通过沙洲把几个基岩岛联结而成，面积较大的海岛其地貌类型有高丘、低丘和红土台地，还有大小不一的海积平原、风成沙地等。广东省海岛大部分由基岩丘陵组成，面积 1 km² 左右的基岩岛，地貌类型较简单，多为低丘陵海岛；一些面积 2~3 km² 的淤积岛也较单一，为海积平原海岛；但面积较大的海岛，则往往由丘陵、台地（阶地）、平原和风成沙地等多种地貌类型组合而成。广西海岛构成大体分 3 类，涠洲岛和斜阳岛等属于第四纪火山喷溢堆积而成的岛屿，以火山岩构成的火山地貌为特征，南部沿岸以海蚀地貌为主，北部沿岸以海积地貌为主；龙门岛群、犀牛角附近和铁山港内的岛屿多为基岩岛，以侵蚀剥蚀丘陵和多级基岩剥蚀台地为特征；江平三岛则由晚第四纪海积沙泥所构成，以海积地貌为主。

热带海岛中，海南岛周围海域的海岛陆域地貌类型主要为侵蚀剥蚀丘陵、冲积海积平原、海积阶地、现代沙堤沙地和火山岩台地等，潮间带地貌主要有基岩砾石滩、沙滩、泥滩、礁坪和红树林滩等，水下地貌主要有低潮线以下的水下滩槽、水下斜坡和潮流槽系等。西沙群岛构成的主体是礁盘，大部分岛屿四周由沙堤或砾堤环绕，一些沙洲的主体是阶地，在各沙岛沿岸均分布有沙砾滩。中沙群岛的主体为中沙大环礁，礁环为彼此间断的暗沙群，形成独立的个体。南沙群岛众多的岛、礁、沙、滩星罗棋布，海底槽沟纵横交错，地貌复杂，多为环礁类型，并以大环礁为主，台礁次之，塔礁及礁丘较少。

2.2.4 海洋水文

1）海水温度

海水温度的分布与变化，除取决于海区的热量平衡状况外，还与地理环境（如地理纬度、海区形状、海岸类型）、水团流系、海流强弱、气象条件等有关（乔方利，2012）。

渤海是深入中国大陆的浅海，孤立程度和封闭性较强。冬季（2月）盛行干燥而寒冷的偏北风，垂直对流混合强，使表、底层水温平面分布形式基本相同，水温全年最低，在-1.5~3.6℃之间，近岸水温低、远岸水温高，沿岸及海上甚至有程度不同的结冰现象；春季（5月）天气回暖，表、底层水温分别为10~17℃和7~17℃，沿岸水升温比远岸水快，呈现沿岸水温高而海区中央水温低的特点；夏季（8月）太阳辐射最强，水温达全年最高，表、底层水温分别为24~27℃和16~27℃，仍呈现近岸水温高于远岸、湾顶水温高于湾口的形势，此外，垂直方向上，以10 m层为界限，海水层化现象最强；秋季（11月）由于沿岸降温比海区中央快，使得渤海水温平面分布又出现沿岸水温低、海区中央水温高的形式，表、底层水温分别为8~13℃和9~13℃。

黄海具有明显的季风气候特征。冬季（2月）表层水温在0~13℃之间，有1支高温水舌自济州岛西南海域向西北伸展，沿途再转向北上进入北黄海，再折西进入渤海海峡，这就是传统观念的黄海暖流及其余脉的路径；春季（5月）因沿岸水温升温比远岸和海区中央的要快，致使冬季以高温暖水舌伸展为主体的现象消失，代之而起的是随纬度增加而递减的分布形式，水平分布比较均匀，表层水温在11~18℃之间；夏季（8月）表层水温在23~26℃之间，高温水舌伸展不太显著，呈现水温沿岸低海区中央高、北黄海比南黄海低的特点；秋季（11月）表层水温基本上随纬度增高而递减，等温线分布比较均匀，水温在12~19℃之间。

东海中流系和水系复杂，地区差异显著，水温特征多样。冬季（2月）等温线密集，冷、暖水舌清晰，地区差异悬殊，反映了流系的配置，其中，黑潮区水温达20~23℃，东海东北部水温为12~19℃，西部的浙江省和福建省沿岸水温为5~12℃，受台湾暖流北上影响，台湾海峡水温增至12~20℃；春季（5月）水温比冬季上升了3~13℃，其中，黑潮区水温为23~27℃，东北部水温为17~21℃，西部浙、闽沿岸水温为18~23℃，西北部水温为15~18℃，台湾海峡地区水温为20~27℃；夏季（8月）表层水温在26~29℃之间，近岸和外海水温差异不大，水平分布较均匀，也凸显不出台湾暖流的暖水舌特征；秋季（11月）水温明显下降，沿岸地区降温比海区中央要快，黑潮区水温为24~26℃，东北部水温为17~22℃，西部浙、闽沿岸水温为17~22℃，西北部水温为17~20℃，台湾海峡地区水温为22~26℃。

南海处于印度季风与亚洲季风的中间地带，夏季盛行西南季风，冬季受强大的东北季风控制，较强的海面风场和海面热收支是影响温度场变化的主要因素。冬季表层水温在20~28℃之间，其中，北部陆架区水温为20~24℃，中沙群岛及南沙群岛深水海区水温达25~27℃，曾母暗沙一带海域水温高达27℃；春季为季风转型季节，太阳辐射迅速增加，北部陆架区水温升至24~27℃，中沙群岛及南沙群岛深水海区表层水温为28~29℃，曾母暗沙海域出现了温度大于29℃的暖水区；夏季南海太阳辐射继续增加，表层水温在28~30℃之间；秋季也是季风的转型季节，随着太阳辐射减弱，表层水温降温较明显，北部陆架区水温为26~27.5℃，南部深水海区表层水温为28~29℃。

2）海水盐度

我国海岛区海水盐度的地理分布和时间变化比较复杂，主要是受低盐的沿岸流和外海高盐水所制约，另外蒸发量和降水量也会产生一定影响（乔方利，2012）。

相对黄、东、南海而言，渤海面积最小，深度最浅，但流入渤海的河流众多，淡水的输入量相对比较大，因此，渤海是四大海域中盐度最低的海域，年平均盐度在30.0左右。受沿岸水及黄海暖流余脉控制，渤海盐度的平面分布显现出海区中央和东部高，向北（东北）、西、南三面沿岸递减的特点。

黄海没有大的河流流注入海，因此没有显著的江河入海的冲淡水现象，渤海盐度分布比较均匀，其平面分布十分有规律，几乎终年都有一支由南向北的高盐水舌存在，盐度值由南向北逐渐递减。冬季黄海表层盐度在31.0～34.0之间；春季在29.0～33.0之间；夏季表层盐度降至全年最低，在28.0～32.0之间；秋季表层盐度普遍上升，在31.0～33.0之间。

东海西接陆地，有长江、钱塘江、闽江等众多河流入海，东临太平洋，并有黑潮流经东海的东南隅，故东海盐度分布的特点是西低东高，东西向反差大。冬季表层盐度在19.0～34.75之间，其中，西岸的沪、浙、闽沿岸一带盐度值为19.0～30.0，黑潮区为34.75，对马暖流区为34.5，台湾海峡为29.7～34.5；春季表层盐度在13.00～34.75之间，其中，西岸的沪、浙、闽沿岸一带盐度值为13.0～31.0，黑潮区为34.50～34.75，对马暖流区为34.0～34.5，西北部海域为30.0～33.0，台湾海峡海域为30.0～34.0；夏季表层盐度最低，在12.0～34.5之间，河口附近区域盐度层化更为剧烈，沪、浙、闽沿岸盐度值为12.0～33.0，黑潮区为34.0～34.5，对马暖流区为31.5～33.5，西北部海域为28.0～31.0，台湾海峡为32.0～34.0；秋季沿岸冲淡水势力大减，海水处于增盐季节，表层盐度在15.0～34.75之间，沪、浙、闽沿岸盐度值为15.0～32.0，黑潮区为34.50～34.75，对马暖流区为33.0～34.0，西北部海域为31.0～33.0，台湾海峡海域为32.0～34.5。

南海地处低纬海域，幅员辽阔，与周边海域有多种形式的水体交换，盐度较高，在32～34.4之间。南海表层盐度总体呈现由东向西逐渐递减的特点，北部沿岸海域由于江河入海径流的汇入，表层盐度较低，西侧海域表层盐度高于东侧，南海海盆区盐度分布则较均匀，南部海域表层盐度随纬度递减而降低。

3）潮汐

（1）潮汐类型

潮汐类型的划分主要以分潮振幅比值 A 来判别（全国海岛资源综合调查报告编写组，1996）。

渤海各岛海域为不正规半日潮区（A 值在0.53～1.07之间）。

黄海和东海除刘公岛、镆铘岛、大榭岛和东山岛海域为不正规半日潮区外（A 值在0.52～0.70之间），其余各岛海域均为正规半日潮区（A 值小于0.50）。

南海各岛海域潮汐类型比较齐全，其中，广东沿岸海岛主要为不正规半日潮区（A 值在0.85～1.95之间），广东红海湾—碣石湾和海南的铜鼓嘴以南到感恩角、后海至东营以及西沙群岛为不正规全日潮区（A 值在2.14～3.92之间），海南感恩角以北至后海和广西各岛海域为正规全日潮区（A 值在4.57～8.83之间）。南沙海域东南部，包括南沙大部分海域为不正规全日潮区，南沙海域西北部为正规全日潮区，西南部大约5°N以南以及曾母暗沙以西的小部分海域为不正规半日潮区。

（2）潮差

潮差是反映潮汐特征变化的一项重要标志，潮差的大小直接反映出潮汐的强弱。因潮差受海岸形态、径流和气象等因素的影响，所以潮差的地理分布差异较大，潮差以东海最大，渤海和南海最小（全国海岛资源综合调查报告编写组，1996）。

渤海各岛海域平均潮差一般在 220 cm 以内，最大潮差不超过 390 cm，以岔尖堡岛群和菊花岛海域潮差最大，蚂蚁岛海域潮差较小。

黄海各岛海域平均潮差在 300 cm 以内，最大潮差不超过 400 cm，以大鹿岛海域潮差最大，渤海海峡和成山头附近各岛以及南长山岛海域潮差较小。

东海各岛海域潮差最大，平均潮差在 350 cm 以上，最大潮差不超过 500 cm，其分布趋势呈由东向西、由北向南、由湾口向湾顶逐渐增大的特点，海岛海域最大潮差区在浙江省乐清湾和福建省北部海域，浙江省梅山岛以北海域和福建省的紫泥岛、东山岛两岛海域潮差相对较小。

南海各岛海域潮差较小，平均潮差在 250 cm 以内，最大潮差不超过 570 cm，其分布趋势呈由东向西、由南向北逐渐增大的特点。其中，广东省沿岸潮差较小，平均潮差在 200 cm 以内，广西壮族自治区各岛海域平均潮差在 230 cm 以上，海南省沿岸潮差以西部沿海最大，平均潮差为 171 cm，东部和南部最小，平均潮差为 82 cm。西沙海域为弱潮区，平均潮差为 92 cm。

（3）潮时

涨、落潮历时的大小，反映了地形和径流对潮波作用的情况（全国海岛资源综合调查报告编写组，1996）。

渤海除菊花岛海域平均涨潮历时较平均落潮历时长 23 min 外，其他岛区落潮历时均大于涨潮历时，石臼坨岛附近的大清河口历时差最大，平均落潮历时长 2 h 36 min。

黄海各岛落潮历时基本大于涨潮历时，北部各岛海域历时差较小，长山群岛海域历时差为 7 min，南部各岛海域历时差较大，麻姑岛和秦山岛等岛海域平均落潮历时长 1 h 以上。

东海各岛海域涨、落潮历时差别较大，差值大的海域可达 4~6 h 以上，长江、钱塘江、瓯江、闽江等江口附近，落潮历时明显大于涨潮历时，而在一些开阔的浅湾，由于径流小、浅滩面积大，涨潮历时大于落潮历时。

南海各岛海域涨、落潮历时差差异也较大，汕头–大亚湾海域各岛以及湛江–茂名海域，涨潮历时大于落潮历时，历时差在 2 h 以内；珠江口、川山和阳江海域落潮历时大于涨潮历时，历时差在 1 h 30 min 至 2 h；广西沿岸的海岛海域平均涨潮历时长 2~3 h；海南沿岸海岛涨潮历时长 30 min 至 4 h。

2.2.5　海岛土壤

海岛陆域土壤少，地层薄而贫瘠，但土壤种类齐全，全国海岛共划分出滨海盐土、沼泽土、潮土、风沙土、火山灰土、粗骨土、石质土、水稻土、草甸土、磷质石灰土、薄层土、紫色土、灰化土、棕壤、褐土、黄棕壤、黄壤、红壤、赤红壤、砖红壤、燥红土 21 个土类 58 个亚类。受生物、气候等影响，海岛土壤的水平分布自北向南依次为暖温带棕壤、北亚热带黄棕壤、中亚热带黄壤和红壤、南亚热带赤红壤、热带砖红壤。由于各海岛间有海水隔开以及地貌的变化，土壤的气候带分布不如大陆和海岸带有较好的连续性，而是在气候分带的前提下，作星状的不连续分布（杨文鹤，2000）。

2.2.6　海岛植被

海岛植被不仅在植物区系方面极富特色，而且各植被类型的种类组成、层次结构和外貌形态与大陆地区的植被也存在相似与差异。由于海岛历史上受人为干预较大，因此海岛植被建群种种类较贫乏，优势种相对明显。海岛植被以针叶林、草丛、农作物群落为主体。海岛植被在种类组成上最显著的特点是各群落的各层片中往往拥有一定的滨海或海岛特有优势（建群）种和伴生种。沿海各省海岛植被种类组成为：辽宁省海岛有维管束植物116科，421属，814种；河北省海岛有维管束植物44科，119属，157种；山东省海岛有维管束植物176科，673属，1 023种；江苏省海岛有维管束植物96科，297属，420种；浙江省海岛有维管束植物195科，909属，1 998种；福建省海岛有维管束植物173科，701属，1 198种；广东省海岛有维管束植物191科，720属，1 360种；广西壮族自治区海岛有维管束植物172科，567属，899种；海南省海岛有维管束植物145科，501属，753种。

海岛植被的分布具有明显的地带性和非地带性两大特点。其中，地带性分布的植被多为成林的高等植物，热带的南海诸岛分布常绿阔叶林，向北过渡到亚热带的东海南部诸岛分布具有季雨林成分的过渡性常绿阔叶林，但亚热带典型的常绿阔叶林只分布到浙江中部海岛，向北逐渐减少，而落叶阔叶林种类有所增加，出现向暖温带过渡的常绿落叶阔叶混交林，但海岛植被这种有明显的纬向变化的种类及区系均不占优势，地带性植被常绿阔叶林的建群成分的典型代表与同纬度大陆地区相比明显不同。非地带性的广布种多为草甸、沼泽和水生及沙生、盐生的植被，构成各海岛共有的主要植被（杨文鹤，2000）。

海岛野生植物已被列入国家级保护的珍稀、濒危植物种类共有29种。其中，列入国家一级保护植物的有3种，分别是茶科的金花茶和桫椤科的桫椤树，均分布在广西海岛，还有桦木科的普陀鹅耳枥，仅分布在浙江舟山群岛的普陀岛；列入国家二级保护植物的有7种，分别是樟科的舟山新木姜子和油丹、卫矛科的膝柄木、龙脑香科的狭叶坡垒、山榄科的紫荆木、野生荔枝、海南海桑；列入国家三级保护植物的有19种。

2.2.7　海洋生物

我国海域南北跨度大，面积辽阔，岸线漫长，分布着红树林、珊瑚礁、海草床、湿地、河口、海湾、海岛等多种类型典型生境，孕育栖息着丰富多样的海洋生物。我国海洋生物种类数量约占全球海洋生物总数的11%（刘瑞玉，2011），是世界上海洋物种多样性最为丰富的国家之一。根据权威研究结果，1994年，我国海域共记录了海洋生物20 278种（黄宗国，1994）；2008年，共记录了海洋生物22 561种（黄宗国，2008）或22 629种（刘瑞玉，2008）；2011年，共记录到海洋生物约24 100种（刘瑞玉，2011）；2012年，共记录了海洋生物28 000余种（黄宗国，林茂，2012）。

就全国海岛海域海洋生物生态而言，叶绿素 a 平均含量为 1.61 mg/m^3（春季平均值为1.75 mg/m^3，夏季为2.07 mg/m^3，秋季为1.42 mg/m^3，冬季为1.20 mg/m^3）；初级生产力（以碳计，下同）总平均值为271.0 mg/（m^2·d）[春季平均值为266.6 mg/（m^2·d），夏季为484.7 mg/（m^2·d），秋季为206.2 mg/（m^2·d），冬季为126.6 mg/（m^2·d）]；全国海岛海域共鉴定出浮游植物633种，种类组成以硅藻和甲藻为主，平均细胞总密度3 419.69×10^4 cell/m^3；共鉴定出浮游动物615种，种类组成以桡足类和腔肠动物为主，平均生物量为245.62 mg/m^3；共鉴定出潮间带生物2 377种，分别隶属15门329科，平均生物量为1 213.6 g/m^2，平均栖息密度为2 342.77 ind/m^2；共鉴定出浅海底栖动物1 780种，隶属13门367科819属，以软体动物和甲壳动物为主，平均生物量为24.11 g/m^2，平均栖息密度为99.90 ind/m^2；共鉴定出鱼类1 126种，隶属34目139科310属，主要经济鱼类有蓝点鲅、鳓、带鱼、大黄鱼、小黄鱼、银鲳和圆腹鲱等；共鉴定出大型无脊椎动物290种，其中甲壳类264种，头足类26种，主要经济种类有中国对虾、中国毛虾、口虾蛄、三疣梭子蟹、日本蟳、曼氏无针乌贼、日本无针乌贼、杜氏枪乌贼和短蛸等（全国海

岛资源综合调查报告编写组，1996）。

2.3 资源环境特征

2.3.1 港口资源

我国海岛港口资源非常丰富，是沿海港口的重要组成部分。我国海岛多为基岩岛，岸线曲折，岬湾相间，深水岸线长且集中分布，海岛岸线上有百余处优良港址，天然航道和锚地众多，掩护条件好，大多数港址终年不冻。海岛港口资源主要具有以下几个方面的特点。

（1）地理区位优势显著，海岛港址主要分布在我国沿海中部、东南部及南部的重要交通枢纽位置上，背靠我国经济最发达的沿海城市，不仅具有良好的城市依托，还具有发达的交通网络向内地辐射。

（2）深水岸线资源丰富，我国大陆岸线可建5万吨级以上泊位的深水岸线所剩不多，然而海岛深水岸线却相对丰富，如长江三角洲经济区内，70%的深水岸线在岛区，仅舟山港域水深大于10 m的深水岸线就长达280 km，水深大于15 m的深水岸线约198 km，水深大于20 m的深水岸线约108 km，此外，菊花岛、镇锣岛、崇明岛、马迹山、衢山岛、朱家尖、大榭岛、玉环岛、厦门岛、东山岛、琅岐岛、南澳岛、桂山岛等诸多海岛均可建或已建万吨级码头泊位。

（3）航道和锚地条件优良，岛陆和岛岛之间形成的内外航道相连的整体，利于船舶的通航，岛区内主要航道有里长山水道、老铁山水道、南砣矶水道、嵊山北侧水道、马迹山南侧水道、竹屿港至岱衢洋、虾峙门航道、大麦屿航道、海坛海峡、西博寮水道、大西水道和琼州海峡等，海运锚地多集中在岛群之间，具有水深适宜、水域宽阔、海底平坦、浪小流缓、锚抓力强等良好的泊稳条件。

经过多年的发展，我国海岛港口初具规模，逐步形成大、中、小型齐全，客、货、渔功能互补的海岛港口体系。如舟山群岛、厦门岛和海南岛等岛区均已建成大型海岛港口，并跻身于中国沿海25个主要港口，其中，依舟山群岛为主体而建的舟山港，已建成万吨级及以上泊位47个，2011年货物吞吐量达到$2.61×10^8$ t；依厦门岛为主体而建的厦门港，已建成万吨级泊位60余个，2012年货物吞吐量达$1.72×10^8$ t；海南岛良港众多，2009年海口港货物吞吐量为$2 661.8×10^4$ t、洋浦港为$2 397.0×10^4$ t，八所港为$599.6×10^4$ t、三亚港为$87.7×10^4$ t。此外，洋山深水港是一个依托大洋山和小洋山等10余个岛屿为主体的建设中的现代化深水良港，目前已建成运营包括16个深水集装箱泊位在内的30余个泊位，2012年吞吐量通过1 500万标准箱，这进一步提高了上海港的吞吐能力（货物吞吐量达$7.3×10^8$ t，集装箱吞吐量达3 174万标准箱），使上海港成为世界第一大港口。

海岛上中小型港口分布广泛，一般可停靠300~5 000吨级的船只，主要供海岛货运、客运和渔业使用，如大长山岛建有四块石港、蚧巴坨子港、菜园子湾港、鸳鸯坨子港和于家沟港，南长山岛西侧建有长岛港，崇明岛建有南门港码头、堡镇港码头、新河港码头、牛棚港码头、北堡镇码头和北鸽龙港码头等，泗礁山岛建有嵊泗中心渔港，岱山岛建有岱山港，玉环岛建有坎门港、大麦屿港和漩门港，洞头岛建有三盘港、洞头港等，海坛岛建有多处码头，东山岛建有东山港，南澳岛隆澳前江湾港和后江湾港等。

2.3.2 渔业资源

我国岛屿众多，潮间带滩涂及近岸海域宽阔，环境条件优越，是多种鱼、虾、蟹、贝、藻的产卵、育幼、索饵、洄游和生长的优良场所，有大量可供食用、药用和宜于增养殖的海洋生物资源。

我国海岛渔业历时悠久，海岛渔业资源的优势主要表现在以下几方面。

（1）渔业资源可开发面积大，海岛近岸海域鱼类种类繁多、资源丰富，自北向南形成辽东湾渔场、海洋岛渔场、渤海湾渔场、胶州湾渔场、长江口渔场、吕四渔场、舟山渔场、闽东渔场、闽南台湾浅滩渔场、万山渔场、北部湾渔场、昌化渔场等主要捕捞区，海岛散布其中，成为我国海洋渔业作业区和加工基地的主要场所。

（2）渔业资源种类多、质量优、价值高，鱼类适温性上既有暖水性和暖温性种，也有冷水性和冷温性种类，鱼类生态类型中既有洄游性类群，还有近岸性、河口性和岩礁性多种类型，如大黄鱼、带鱼、真鲷、鳓鱼、小公鱼类、鲳鱼、鳗鱼、鲆鲽类、鲈鱼、梭鱼、黄姑鱼、黄鲫、日本鳀、石斑鱼等。

（3）海岛的区位优势突出，有利于发展外海远洋捕捞业和海洋农牧化或工业化养殖。然而，近几十年来由于过度捕捞及管理机制尚不健全，海岛渔业资源呈现严重衰退，传统优质鱼类已不能形成渔汛，渔获物中小型鱼、低龄鱼、低值鱼类比例增加，部分近岸海域已到了"无鱼无渔"难以恢复的程度。

我国海岛渔业的发展虽然经历过起伏，但从总的来看发展还是比较快的。过去，我国海岛渔业是以海洋捕捞渔业为主，生产结构比较单一。改革开放以后，我国海岛渔业的开发认真贯彻"以养为主、捕养加工并举"的方针，海岛渔业生产结构在传统的海洋捕捞基础上，大幅度增加了海水养殖的比重，扭转了海岛渔业生产单一化的局面。海洋捕捞在以近海捕捞为主的基础上，积极发展外海和远海渔业，拓宽了捕捞品种，捕捞产量稳步提高。海水养殖利用海岛港湾和滩涂资源丰富的特点，开展品种多样的海水养殖，如紫菜、牡蛎、缢蛏、鲍鱼、对虾和青蟹等，经过多年的建设，海岛已经成为我国重要的渔业生产基地，如辽宁长海县 2006 年海水产品总产量为 344 928 t，海洋捕捞产量和海水养殖产量分别为 177 186 t 和 167 742 t，海水养殖面积 1 006.08 km^2，渔业生产总产值达 302 617 万元。

2.3.3 旅游资源

我国海岛旅游资源优势主要表现出以下几个方面特征。

（1）气候宜人，空气清新。我国大多数海岛冬无严寒、夏无酷暑、四季分明、空气清新、适宜气温期长，十分有利于开展游览、游泳、垂钓和其他海上活动，为发展海岛旅游提供了得天独厚的自然条件。

（2）波平浪小，沙滩宽展。许多海岛海湾风平浪静，岸线平直，滩缓沙软，海水洁净，阳光充足，非常适宜进行海滨浴场、海洋娱乐和海滨疗养等休闲活动，如大鹿岛、大长山岛、棒槌岛、舟山群岛、桃花岛、岱山岛、洞头列岛、海坛岛、厦门岛、鼓浪屿、东山岛、海陵岛和大洲岛等。

（3）海岛景观千姿百态，具有较高的观赏、科研、教学价值。许多海岛由于地质构造、岩性等差异，在强烈的波浪、潮汐等水动力作用下，海蚀地貌发育，海蚀陡崖、海蚀洞穴、海蚀柱石形态各异，惟妙惟肖，同时辅以美妙的民间故事，更增加了对人们的吸引力，奇特的地貌景观为开展地质作用、海水动力环境、气候变化等方面的研究等提供了天然科研基地，如庙岛列岛的"海上仙山"、涠洲岛的海蚀地貌、南碇岛的"海上石林"、南麂列岛的"海上生物园"、大嵛山的"海上天湖"和南沙群岛的"海底花园"等。

（4）人文景观丰富多彩。历史文化遗迹、海防工程建筑、宗教庙堂、渔乡民俗风情等构成了色

彩斑斓、绚丽多姿的海岛人文旅游景观，是海岛旅游资源重要的组成部分，如长岛县的"东半坡"村落遗迹、普陀山岛的"海上佛国"、湄洲岛的"天后宫妈祖庙"、南澳岛的"雄镇关隘"和江平三岛的"京族文化"等。

2.3.4 淡水资源

海岛淡水资源主要包括地表水和地下水（不含岛外输入淡水），降水是海岛地表水与地下水唯一补给来源。全国海岛降水量基本呈由北向南逐渐增高的趋势，山东省以北海岛多年平均降水量为495~737 mm，江苏省、上海市和浙江省海岛多年平均降水量为782~1 353 mm，福建省、广东省、广西区和海南省海岛多年平均降水量为1 019~2 765 mm。由于海岛降水集中，流程短，地形差，拦蓄条件不好，致使地表水大量流失，此外蒸发量大于降水量也是造成地表水缺乏的主要因素之一，山东省以北海岛多年平均蒸发量为1 452~2 409 mm，江苏省、上海市和浙江省海岛多年平均蒸发量为1 209~1 900 mm，福建省、广东省、广西区和海南省海岛多年平均蒸发量为1 334~2 550 mm。全国海岛地下水资源分布极不均匀，河北省、天津市、山东省和海南省海岛地下水天然资源量小于$500×10^4$ m^3/a，辽宁省、江苏省和广西区海岛地下水天然资源量为$1 000×10^4$~$3 000×10^4$ m^3/a，上海市、浙江省、福建省和广东省海岛地下水天然资源量大于$1×10^8$ m^3/a。我国海岛淡水资源缺乏，除少量海岛外，绝大多数海岛淡水资源量皆小于毗邻大陆地区，西沙群岛和南沙群岛淡水资源更是贫乏，水量有限，水质往往也较差。

2.3.5 森林资源

森林资源是海岛岛陆生物赖以生存的基础资源。据不完全统计，全国海岛森林总面积（有林地面积、灌林面积、四旁树折合面积之和）1 543.1 km^2，森林覆盖率约为25.6%。海岛活立木总蓄积量348.6×10^4 m^3，其中林分蓄积量288.9×10^4 m^3，占总蓄积量的83%；疏林蓄积量3.5×10^4 m^3，占总蓄积量的1%；四旁树及散生木蓄积量56.1×10^4 m^3，占总蓄积量的16%。海岛有林地主要由防护林、用材林、经济林、薪炭林、特种用途林和竹林构成。

2.3.6 矿产资源

我国海岛矿产资源包括固体矿产资源和周围海域海底油气资源。在固体矿产资源中，全国海岛金属矿产资源较为贫乏，非金属矿产资源相对丰富，尤其是建筑材料矿产分布广且储量大。海岛矿产种类包括黑色金属、有色金属、稀有金属、冶金辅助原料、化工原料、建筑材料、燃料、其他非金属矿产等。初步统计探明储量的矿产约32种，优势矿产主要有石油、天然气、煤、钛铁矿、铁矿、型砂、标准砂、玻璃砂、花岗岩、黏土、建筑砂等（杨文鹤，2000）。

海岛上矿产资源分布极不平衡，各海区海岛的矿产种类、矿种数量和矿产储量均不相同。东海区海岛的矿产资源最为丰富，矿种多，金属矿产较为丰富，优势矿种为型砂、标准砂、玻璃砂、高岭土、黏土矿、花岗岩、建筑石料等；其次是南海区海岛，优势矿种为石油、天然气、钛铁矿、泥炭、玻璃砂等，尤其在南沙群岛周围海域，蕴藏着丰富的油气资源，据估算，约有140×10^8 t石油和22.5×10^{12} t石油当量的天然气；黄、渤海区海岛矿产资源种类单一，资源贫乏。

2.3.7 可再生能源

海岛可再生能源包括太阳能、风能和海洋能。

我国海岛由于地理位置的差异，太阳能资源分布并不均匀。山东省及其以北的海岛、福建省厦门岛至广东省南澳岛、海南岛西南部和西沙群岛等太阳年总辐射量为 $5\,000\sim6\,200\ MJ/m^2$，年日照时数为 $2\,500\sim2\,900\ h$，日照百分率为 $50\%\sim60\%$，为太阳能资源较丰富的海岛。广西区西部沿海和浙江省舟山群岛至福建省中部的海岛太阳年总辐射量小于 $4\,200\ MJ/m^2$，日照时数不足 $2\,000\ h$，日照百分率低于 45%，为太阳能资源贫乏海岛。

我国大部分海岛年平均风速大于 $5.0\ m/s$，离岸岛屿的有效风能密度为 $200\sim750\ W/m^2$，有效风时数为 $5\,500\sim8\,200\ h$，近岸岛屿的有效风能密度大于 $150\ W/m^2$，有效风时数大于 $4\,000\ h$，是我国有效风能密度较大的地区。我国已在辽宁省长兴岛、浙江省嵊泗岛、下大陈岛、福建省海坛岛和广东省南澳岛等岛屿上建设了风力发电场，其中被誉为"中国风电开发的先锋"的广东省南澳岛风电场 2007 年总装机容量达 $12.5\times10^4\ kW$，年发电量达 $1.67\times10^8\ kW\cdot h$，福建省海坛岛长江澳风力发电场 2007 年总装机容量为 $10.6\times10^4\ kW$，年发电量高达 $2.8\times10^8\ kW\cdot h$。

海洋能包括潮汐能、波浪能、潮流能、温差能和盐差能等。全国海岛潮汐能资源分布总趋势是浙江省中部至福建省中部沿岸海岛最为丰富，其次是辽东半岛东侧沿岸、广西区西部沿海及山东半岛南侧沿岸的海岛。其中，辽宁省长山群岛的塞里岛、大龙口和菜园子坝址可开发装机容量共 $3\,489\ kW$，年发电量为 $766\times10^4\ kW\cdot h$；浙江省经对 129 处海岛坝址的计算，可开发潮汐能总装机容量为 $11.79\times10^4\ kW$，年发电量为 $2.26\times10^8\ kW\cdot h$；福建省经对 6 个岛屿及其附近的 12 处坝址统计，可开发潮汐能总装机容量为 $164.26\times10^4\ kW$，年发电量为 $45.14\times10^4\ kW\cdot h$。

全国沿岸岛屿波浪能能流密度分布是长江口、浙江省中部至福建省海坛岛以北、渤海海峡和西沙群岛等区域岛屿最高，浙江省北部、广东省东部、福建省海坛岛以南及山东半岛南部海域岛屿次之，渤海、黄海北部和北部湾、海南岛等海域岛屿最低。

全国沿岸岛屿周围的潮流能能流密度分布为东海沿岸岛屿最大，黄、渤海沿岸岛屿相对较小，南海沿岸岛屿最小。

尽管我国海洋可再生能源技术已有较快发展，具备了相当的技术基础，但在海岛上的工程应用尚处于起步阶段，所建工程项目多为试验性。目前我国已建成的海岛可再生能源工程中，只有风力发电较为成熟，容量达到兆瓦级，可并入电网，实现商业化运营；其他形式的海岛可再生能源工程数量有限，基本上都处于工程示范阶段或实验室阶段，装机容量一般在千瓦级，不具备商业化运营条件，未能并入电网。

2.4 社会经济发展特征

2.4.1 社会经济发展特征

我国海岛社会经济发展具有以下特征。

（1）经济总量小，结构单一。海岛经济是以海洋资源开发为基础发展起来的资源型经济，2007 年全国海岛地区生产总值约 2 238 亿元，占 11 个沿海省（自治区、直辖市）地区生产总值的 1.4%，海洋渔业产值占海岛地区生产总值的比重普遍较大，其次是港口航运业和旅游业。

（2）独立性差，天然外向。绝大多数海岛面积较小，资源种类单一，市场容量有限，因此，海岛经济的发展，一方面要靠从岛外输入大量的资源、人才及技术，另一方面海岛生产的产品又需要销往岛外，通过岛外市场纳入社会经济大循环中。

（3）人口总量少，分布集中。2007 年全国海岛人口约 547 万人（未统计海南岛本岛，台湾、香港和澳门所辖岛屿），其中98.5%的人口居住在行政建制为市县乡级的中心岛屿上，如山东省庙岛列岛、上海崇明岛、浙江省舟山群岛、福建省厦门岛和广东省南澳岛等。

（4）无居民海岛使用类型多样。全国已经开发利用的无居民海岛1 900余个，其中，特殊用途海岛1 020个，公共服务用岛365个，旅游娱乐用岛73个，农林牧渔业用岛340个，工业、仓储、交通运输用岛49个，可再生能源、城乡建设等其他用岛80余个。

历史上由于海岛与大陆之间被海水分隔，交通和能源等公共设施不能共享，大多数海岛面临着缺水、缺电、交通不便等难题，近年来随着沿海地区对海洋和海岛资源依赖和经济发展需求的增长，我国海岛基础设施条件也不断改善，体现在以下几个方面。

（1）交通设施建设不断加强。通过新建、扩建海岛港口码头，增加公路通车里程，提高公路等级，在陆连岛和近陆岛建成的人工海堤上修建公路或铁路，在一些大岛上开辟汽车轮渡交通，新建和扩建海岛机场等措施，显著地改善了海岛的交通条件。

（2）海岛水、电、通信等基础设施建设有所改善。通过采取拦蓄地表水、开采地下水、岛外引水工程和岛内供水工程及利用蓄水池、运水船等方式，极大地缓解了海岛淡水资源紧缺的状况，大部分乡镇级以上海岛生活和农田用水基本能得到有效供应；各乡镇级以上海岛几乎都铺设有海底电缆，由大陆向海岛供电，这是海岛供电的主要形式，一些有条件的海岛利用风能、太阳能或潮汐能等多种可再生能源发电加以补充，基本上可满足海岛居民生产生活用电；全国海岛基本建立起市、县为中心的连接乡镇、村的邮电通信网络，通信信号基本覆盖到所有海岛，但还有很多小岛的邮电通信行业依然比较落后。

（3）海岛社会事业蓬勃发展。兴建了一批中小学校，并在一些大岛成立了少量的大中专院校和科研院所，基本普及了九年制义务教育，扫除了青壮年文盲；贯彻以预防为主的方针，极大地改善了卫生医疗机构、卫生设施和医疗条件；兴建了少年宫、老年活动中心、剧院、广播电视、图书馆及室内体育场等一批文化、体育设施，加强了乡镇文化中心建设，丰富了人民群众的业余生活。

2.4.2 存在的主要问题

由于海岛分布的不均匀性，使得海岛开发和保护之间并不平衡，我国海岛开发建设、保护与管理工作中还面临一些问题，主要有以下几个方面。

（1）海岛数量减少。20世纪90年代初期，由于盲目开发利用海岛，海岛开发秩序混乱，炸岛炸礁、填海连岛、采石挖砂等严重改变海岛地形地貌的事件时有发生，致使海岛数量不断减少。据2005年全国人大环境与资源保护委员会法案室赴辽宁省开展的海岛调研结果表明，从1996年全国海岛综合调查结束以来，辽宁省海岛数量明显减少，由于围、填海或者连岛大坝造成陆连岛达32个，因淤积等原因造成的陆地岛有16个，海岛减少比例超过18%。

（2）海岛生态环境和自然景观破坏严重。海岛开发建设过程中，由于缺乏明确的政策指导和规划，盲目性和随意性比较突出，围填海和桥隧港航等海洋工程建设、排放污水和倾倒垃圾、肆意乱采矿产资源和生物资源等诸多人类活动，对海岛生物多样性、生态环境和自然景观等造成的破坏日益加重。

（3）部分海岛开发粗放单一。目前我国部分地区海岛，尤其是无居民海岛的开发多局限于粗放开发的原始阶段，旅游、港口等社会经济效益显著的开发利用活动较少，海岛的综合价值没能得到实现。另外，由于大多数无居民海岛的开发缺乏科学管理，没有合理的开发利用规划，自由度较大，海岛资源得不到合理利用，不能形成规模经济，产业布局也不尽合理，开发利用的效益相对低下。

（4）无居民海岛开发秩序混乱。无居民海岛开发缺乏统一规划与管理，海岛资源保护意识比较淡薄。一些单位和个人将无居民海岛视为无主地，随意占用、使用、买卖和出让，进行资源开采、旅游开发、工程建设等活动，甚至有一些海岛被部门或者单位违法占有，其他人甚至管理人员登岛受到阻挠，影响国家正常的科学调查、研究、监测和执法管理活动。

（5）海岛地区基础设施和社会事业建设落后。海岛布局分散的特点决定了海岛地区基础设施共享性差、建设成本高，导致海岛地区交通、水电、通信及防灾等基础设施建设落后。此外，海岛地区医疗卫生、科技、文化和教育等各项社会事业建设普遍滞后。

（6）特殊用途海岛保护力度不够。我国海岛中有些为领海基点岛或军事控制区，有的海岛上具有非常典型的、有代表性的生态系统，有的海岛是海洋珍稀濒危生物的繁衍场所和栖息地，有的海岛上具有经济价值和科学文化价值很高的历史遗迹和自然景观等，这些海岛的保护与管理，关系到国家主权和国防安全，关系到海洋生物多样性的保育和海洋生态服务功能的维持，但目前却普遍缺乏强效有力的保护措施与管理制度。

3 海岛生态系统评价方法

　　海岛生态系统评价是海岛生态系统保护与管理的基础，建立一套科学有效的海岛生态系统评价方法，可为评价海岛生态系统状况、编制海岛生态规划、强化海岛生态系统管理和促进海岛生态系统健康发展提供技术支撑。

　　本研究主要从指标体系、评价标准、赋值方法、权重分配、状态分级等方面构建了海岛生态系统状态评价方法。首先，基于海岛生态系统概念，从环境质量、生物生态和景观生态三大方面构建完整的指标体系；其次，借鉴国内外相关的标准、基准、文献资料及其他研究成果，确定各指标的评价标准；再次，确定各指标的分值计算方法和权重；最后，计算海岛生态系统综合评价指数并进行状态分级分析。

3.1 指标体系构建

3.1.1 构建原则

　　1）综合性和代表性原则

　　海岛生态系统庞大且复杂，根据地域范围、生态环境特征以及由生态环境不同引起的生物群落差异性等因素，可分为岛陆生态系统、潮间带生态系统和近海生态系统3个子系统，如果细致全面地将其反映则可能需要近百个指标因子，这不但需要有相当的数据资料支撑，并且在计算时极有可能出现所选指标过于复杂，使得权重均衡而掩盖了一些突出因子和突出问题，故在构建指标体系时，尽量选取具有代表性且综合性强的指标来反映海岛生态系统的主要特征，避免选择意义相近、重复地指标，使指标体系简洁易用。

　　2）可获取性和易操作原则

　　所选取的指标应该以生态环境常规监测和社会统计中普遍选用的指标为基础，同时考虑数据资料获取的方便性以及量化计算时的易操作性。

　　3）现实性和时间限制性原则

　　指标体系的建立应以可持续发展理念为基础，并应当严格限制研究时间的节点，因为研究区域的生态系统是不断变化的时间系统和多层次的空间系统，可持续发展或系统健康需要通过一定的时间尺度才能得到反映，所以指标体系的建立应充分考虑动态变化的特点，以便准确的反映社会经济与生态环境系统互相影响的整个过程。

3.1.2 指标筛选

　　海岛生态系统指在海岛及其周边海域一定范围内的生物群落与周围环境组成的统一的自然整体。基于海岛生态系统概念，本研究分别从环境质量、生物生态和景观生态三个方面分析和筛选评价指标。

1）环境质量

包括地表水和海水在内的水环境是污染物最直接的受体，尤其海水是生活、工业和农业等废水废物的最终载体，水环境质量的优劣是海岛生态系统健康与否的最重要的体现。沉积物质量与水环境质量息息相关，沉积物是水体多相生态系统的主要成分，是各类污染物在广泛空间和长时间内的聚集处，纳入水体的有机物和重金属等在物理沉淀、化学吸附和迁移转化等反应作用下由水相转入固相；生物体质量也与水环境质量、沉积物质量密切相关，海洋生物栖息生活在水体和底质环境中，通过摄食吸收将栖息环境中部分污染物尤其是重金属或持久性有机污染物富集到体内，通过食物链积聚并向更高营养级的消费者传递，进而对环境和人类健康造成不利影响，故沉积物质量和生物体质量也是海岛生态系统环境状态的重要反映。土壤是海岛重要资源之一，是支撑岛陆上动植物生长繁殖的重要营养库，土壤环境质量也是海岛生态系统的重要的表现之一。因此，本研究分别选取了土壤环境质量、地表水环境质量、海水环境质量、潮间带沉积物质量和潮间带生物质量做为评价海岛生态系统环境质量的二级指标。

2）生物生态

海岛岛陆生物生态主要包括了野生植物和野生动物两大方面，可以表征生态特征的有植物种类、植物群系、群落特征、植被覆盖率、生长状况以及动物种类、种群数量、相对密度、分布范围等多项指标。除少数有居民的特大岛和大岛外，目前我国关于海岛陆域生态调查中野生动植物资源的种类、数量和分布等方面的统计资料尚不够系统和翔实，即便可以获取动植物调查的原始数据，需对各指标重新进行统计分析的工作量非常巨大，具体操作实施起来极其困难。植被覆盖率可以通过解译遥感图像来获取，获取方式和途径相对容易，同时也是反映岛陆自然性的重要指标之一。部分海岛植物的建群种或优势种，亦或部分陆生脊椎动物（如鸟类、兽类、爬行类或两栖类）的本地种或关键种，是植物学家或动物学家重点关注和研究的对象，公开发表的报告、论文和专著等相关科研成果也相对丰富，可以考虑通过分析其种群数量的变化趋势来评价岛陆生态系统状态。因此，本研究选择了植被覆盖率、岛陆生物本地种或关键种的种类数及种群数量变化做为岛陆生物的评价指标。

海岛潮间带和近海生物群落结构较为复杂，包含了浮游植物、浮游动物、底栖生物、游泳生物等多种生物群落，这些在海洋生物生态调查中属于常规调查内容，但由于调查方法、采样工具、采样努力和鉴定者水平的不同而造成的监测数据差异较大，此外，海洋生物生态的调查结果与调查时间、范围、频次和水深等要素均存在着较大的相关性，这在一定程度上反映了海洋科学问题的复杂性和特殊性。鉴于此，潮间带和近海生物生态推荐采用香农–威纳多样性指数这一指标来反映生物群落状态，这是因为该指数可以通过对海洋生物的种类、生物量或生物密度加以计算获取，并综合反映了测量群落的异质性或均匀性，具有广泛的代表性。因此，本研究选取了潮间带底栖生物多样性指数做为潮间带生物的评价指标，选取了叶绿素a含量、浮游植物多样性指数、浮游动物多样性指数、大型底栖生物多样性指数和游泳动物多样性指数等做为近海海域生物的评价指标。

对于海岛而言，与大陆隔绝成为独立的地理单元，形成了特殊的生物结构，海岛食物链结构相对简单，更加剧了其生态系统的脆弱性和不稳定性，一旦某一环节的捕食者或被捕者出现短缺或者过盛，整个生态系统就容易失去平衡。海岛在演化过程中更加缺乏抵御外敌的生理机制，外来物种一旦侵入，容易侵占本地物种生境并取而代之。因此，外来入侵物种给海岛生态系统带来的影响是不容忽视的，本研究选取了入侵物种的危害面积及程度这一定性指标进行评价。

珍稀濒危物种是由于物种自身的原因或受到人类活动或自然灾害的影响而有灭绝危险的野生动植物，它们往往在生物进化或生态系统演化过程中占有重要地位，并在维持区域生物多样性和遗传多样性方面起着决定性作用。因此，本研究选取珍稀濒危物种或特有物种的种类以及数量变化这一指标进行评价。

3）景观生态

景观格局的形成反映了不同的景观生态过程，并在一定程度上影响着景观的演变过程，从某种意义上说，景观格局是各种景观生态演变过程中的瞬间表现。然而由于生态过程的复杂性和抽象性，很难定量地、直接地研究生态过程的演变特征，许多生态学家往往通过研究景观格局的变化来反映景观生态过程。本研究以景观生态学理论为基础，根据海岛生态塑造过程划分不同的景观生态类型，依据海岛的景观自然分异特征识别景观生态结构要素，从宏观角度分析海岛景观生态状况，选择自然性这个具有代表性又易于获取的指标作为表征景观结构的指标。本研究在景观生态指标筛选过程中还考虑过破碎度、多样性指数、优势度、镶嵌度和聚集度等景观指数，但实践应用过程中发现岛屿具有面积狭小、景观类型单一等生态特点，诸多景观指数并不适用于小尺度地理空间分异研究，而岛屿生物地理学中认为岛屿生物群落结构平衡和系统稳定与其面积大小和自然性高低的关系最为密切，因此，本研究仅选择了自然性作为景观生态方面的评价指标。

3.1.3　指标体系

在准确理解海岛生态系统的概念和内涵的基础上，通过相关文献整理总结、会议讨论和专家咨询等方式，并充分遵循以上指标筛选原则，以环境质量、生物生态和景观生态为一级指标，下分二级指标 11 个和三级指标若干，建立了完整的海岛生态系统状态评价指标体系，具体见表 3-1。

由于我国海岛数量多、分布范围广、类型齐全，海岛自然环境和物质组成等属性差异较大，归一的评价标准难以概括全面，因此，指标体系构建过程中，不同性质特点的海岛选择其评价指标也可有所侧重，结合评价数据的获取难易程度，将评价指标分为必选指标和可选指标两大类：必选指标即海岛生态系统评价中的通用指标；可选指标即反映一些独特海岛特有性质的指标，在这些可选指标中下一级子指标（即第三级指标）可根据不同海岛的生态环境特征进行适当的丰富和调整，如对于珊瑚岛的近海海域水环境质量可优先选择透明度做为评价指标。

表 3-1　海岛生态系统状态评价指标体系

一级指标	二级指标	三级指标	单位	
环境质量	岛陆土壤环境质量	六六六、滴滴涕和重金属等	mg/kg	○
	岛陆地表水环境质量	溶解氧、化学需氧量、氨氮、总磷、总氮、石油类和重金属等	mg/L	○
	潮间带沉积物质量	有机碳、硫化物、石油类和重金属等	10^{-6}	●
	潮间带生物质量	石油烃、六六六、滴滴涕和重金属等	mg/kg	○
	近海海域水环境质量	溶解氧、化学需氧量、无机氮、活性磷酸盐、石油类、重金属和透明度*	mg/L	●

续表

一级指标	二级指标	三级指标	单位	
生物生态	岛陆生物	植被覆盖率	%	●
		本地种或关键种的种类及数量变化	%	○
	潮间带生物	底栖生物多样性指数	无量纲	●
	近海海域生物	叶绿素 a 含量	mg/m³	●
		浮游植物多样性指数	无量纲	●
		浮游动物多样性指数	无量纲	●
		大型底栖生物多样性指数	无量纲	●
		游泳生物多样性指数	无量纲	○
	入侵物种	危害面积及程度	无量纲	○
	珍稀濒危物种 （或特有物种）	种类及数量变化	%	●
景观生态	景观结构	自然性	%	●

注：●为必选指标，○为可选指标；＊透明度适用于珊瑚岛。

3.2 标准确定

3.2.1 环境质量

对于环境质量以及污染物排放方面的诸多环境保护标准，以科学研究成果和技术发展水平为制定基础和依据，至今业已形成了一套由国家级标准和地方级标准构成的较为完整的体系。在进行海岛生态系统中的土壤环境、地表水环境、海水环境、海洋沉积物环境、海洋生物质量等方面的评价工作时，参照已正式颁布实施的国家、行业及地方环境质量标准，并考虑海岛所处区域的环境功能区划和海洋功能区划等实际需求，确定相应的基准作为评价标准。参考的国家标准主要包括《土壤环境质量标准》（GB 15618—1995）、《地表水环境质量标准》（GB 3838—2002）、《海洋沉积物质量》（GB 18668—2002）、《海洋生物质量》（GB 18421—2001）、《海水水质标准》（GB 3097—1997）等，具体评价标准以及对应分值见表3-2至表3-6。

表3-2 海岛岛陆土壤环境质量评价标准

指标	pH	级别			
		Ⅰ	Ⅱ	Ⅲ	Ⅳ
镉 /（mg/kg）	≤7.5	(0, 0.2]	(0.2, 0.3]	(0.3, 1.0]	(1.0, +∞)
	>7.5	(0, 0.2]	(0.2, 0.6]	(0.6, 1.0]	(1.0, +∞)
汞 /（mg/kg）	<6.5	(0, 0.15]	(0.15, 0.30]	(0.30, 1.5]	(1.5, +∞)
	6.5≤pH≤7.5	(0, 0.15]	(0.15, 0.50]	(0.50, 1.5]	(1.5, +∞)
	>7.5	(0, 0.15]	(0.15, 1.0]	(1.0, 1.5]	(1.5, +∞)

指标	pH	级别			
		I	II	III	IV
砷 /（mg/kg）	<6.5	(0, 15]	(15, 40]		(40, +∞)
	6.5≤pH≤7.5	(0, 15]	(15, 30]	(30, 40]	(40, +∞)
	>7.5	(0, 15]	(15, 25]	(25, 40]	(40, +∞)
铜 /（mg/kg）	<6.5	(0, 35]	(35, 150]	(150, 400]	(400, +∞)
	≥6.5	(0, 35]	(35, 200]	(200, 400]	(400, +∞)
铅 /（mg/kg）	<6.5	(0, 35]	(35, 250]	(250, 500]	(500, +∞)
	6.5≤pH≤7.5	(0, 35]	(35, 300]	(300, 500]	(500, +∞)
	>7.5	(0, 35]	(35, 350]	(350, 500]	(500, +∞)
铬 /（mg/kg）	<6.5	(0, 90]	(90, 150]	(150, 300]	(300, +∞)
	6.5≤pH≤7.5	(0, 90]	(90, 200]	(200, 300]	(300, +∞)
	>7.5	(0, 90]	(90, 250]	(250, 300]	(300, +∞)
锌 /（mg/kg）	<6.5	(0, 100]	(100, 200]	(200, 500]	(500, +∞)
	6.5≤pH≤7.5	(0, 100]	(100, 250]	(250, 500]	(500, +∞)
	>7.5	(0, 100]	(100, 300]	(300, 500]	(500, +∞)
镍 /（mg/kg）	<6.5	(0, 40]		(40, 200]	(200, +∞)
	6.5≤pH≤7.5	(0, 40]	(40, 50]	(50, 200]	(200, +∞)
	>7.5	(0, 40]	(40, 60]	(60, 200]	(200, +∞)
六六六 （mg/kg）		(0, 0.05]	(0.05, 0.5]	(0.5, 1.0]	(1.0, +∞)
滴滴涕 /（mg/kg）		(0, 0.05]	(0.05, 0.5]	(0.5, 1.0]	(1.0, +∞)
赋值		[70, 100]	[40, 70)	[0, 40)	0

注：①重金属（铬主要是三价）和砷均按元素量计，适用于阳离子交换量大于5 cmol（+）/kg的土壤，若阳离子交换量不大于5 cmol（+）/kg，其标准值为表内数值的半数；

②六六六为四种异构体总量，滴滴涕为四种衍生物总量；

③［ ］表示闭区间，（ ）表示开区间。

表3-3 海岛岛陆地表水环境质量评价标准

指标	级别			
	I	II	III	IV
溶解氧/（mg/L）	[6, +∞)	[3, 6)	[2, 3)	(0, 2)
化学需氧量 （COD）/（mg/L）	(0, 15]	(15, 30]	(30, 40]	(40, +∞)
五日生化需氧量 （BOD₅）/（mg/L）	(0, 3]	(4, 6)	(6, 10]	(10, +∞)
氨氮 （NH₃-N）/（mg/L）	(0, 0.5]	(0.5, 1.5]	(1.5, 2.0]	(2.0, +∞)
总磷/（mg/L）	(0, 0.025]	(0.025, 0.1]	(0.1, 0.2]	(0.2, +∞)

指标	级别			
	I	II	III	IV
总氮/（mg/L）	(0, 0.5]	(0.5, 1.5]	(1.5, 2.0]	(2.0, +∞)
铜/（mg/L）		(0, 1]		(1, +∞)
锌/（mg/L）	(0, 1.0]		(1.0, 2.0)	(2.0, +∞)
砷/（mg/L）	(0, 0.05]		(0.05, 0.1]	(0.1, +∞)
汞/（mg/L）	(0, 0.00005]		(0.00005, 0.001]	(0.001, +∞)
镉/（mg/L）	(0, 0.005]		(0.005, 0.01]	(0.01, +∞)
铬（六价）/（mg/L）	(0, 0.05]		(0.05, 0.1]	(0.1, +∞)
铅/（mg/L）	(0, 0.01]	(0.01, 0.05]	(0.05, 0.1]	(0.1, +∞)
石油类/（mg/L）	(0, 0.05]	(0.05, 0.5]	(0.5, 1.0]	(1.0, +∞)
赋值	[70, 100]	[40, 70)	[0, 40)	0

表 3-4 海岛潮间带沉积物质量评价标准

指标	级别			
	I	II	III	IV
有机碳（×10⁻²）	(0, 2.0]	(2.0, 3.0]	(3.0, 4.0]	(4.0, +∞)
硫化物（×10⁻⁶）	(0, 300.0]	(300.0, 500.0]	(500.0, 600.0]	(600.0, +∞)
石油类（×10⁻⁶）	(0, 500.0]	(500.0, 1000.0]	(1000.0, 1500.0]	(1500.0, +∞)
汞（×10⁻⁶）	(0, 0.20]	(0.20, 0.50]	(0.50, 1.00]	(1.00, +∞)
镉（×10⁻⁶）	(0, 0.50]	(0.50, 1.50]	(1.50, 5.00]	(5.00, +∞)
铅（×10⁻⁶）	(0, 60.0]	(60.0, 130.0]	(130.0, 250.0]	(250.0, +∞)
锌（×10⁻⁶）	(0, 150.0]	(150.0, 350.0]	(350.0, 600.0]	(600.0, +∞)
铜（×10⁻⁶）	(0, 35.0]	(35.0, 100.0]	(100.0, 200.0]	(200.0, +∞)
铬（×10⁻⁶）	(0, 80.0]	(80.0, 150.0]	(150.0, 270.0]	(270.0, +∞)
砷（×10⁻⁶）	(0, 20.0]	(20.0, 65.0]	(65.0, 93.0]	(93.0, +∞)
六六六（×10⁻⁶）	(0, 0.5]	(0.50, 1.0]	(1.00, 1.5]	(1.5, +∞)
滴滴涕（×10⁻⁶）	(0, 0.02]	(0.02, 0.05]	(0.05, 0.1]	(0.1, +∞)
多氯联苯（×10⁻⁶）	(0, 0.02]	(0.02, 0.2]	(0.2, 0.6]	(0.6, +∞)
赋值	[70, 100]	[40, 70)	[0, 40)	0

表 3-5　海岛潮间带生物质量评价标准

指标	级别			
	I	II	III	IV
总汞（×10⁻⁶）	(0, 0.05]	(0.05, 0.10]	(0.10, 0.30]	(0.30, +∞)
镉（×10⁻⁶）	(0, 0.2]	(0.2, 2.0]	(2.0, 5.0]	(5.0, +∞)
铅（×10⁻⁶）	(0, 0.1]	(0.1, 2.0]	(2.0, 6.0]	(6.0, +∞)
铬（×10⁻⁶）	(0, 0.5]	(0.5, 2.0]	(2.0, 6.0]	(6.0, +∞)
砷（×10⁻⁶）	(0, 1.0]	(1.0, 5.0]	(5.0, 8.0]	(8.0, +∞)
铜（×10⁻⁶）	(0, 10]	(10, 25]	(25, 50]	(50, +∞)
锌（×10⁻⁶）	(0, 20]	(20, 50]	(50, 100]	(100, +∞)
石油烃（×10⁻⁶）	(0, 15]	(15, 50]	(50, 80]	(80, +∞)
六六六（×10⁻⁶）	(0, 0.02]	(0.02, 0.15]	(0.15, 0.50]	(0.50, +∞)
滴滴涕（×10⁻⁶）	(0, 0.01]	(0.01, 0.10]	(0.10, 0.50]	(0.50, +∞)
赋值	[70, 100]	[40, 70)	[0, 40)	0

注：①以贝类去壳部分的鲜重计；
　　②六六六含量为四种异构体总和；
　　③滴滴涕含量为四种异构体总和。

表 3-6　海岛近海海域水环境质量评价标准

指标	级别			
	I	II	III	IV
透明度*/（m）	[10, 40)	[10, 4)	[4, 0)	—
溶解氧/（mg/L）	[5, +∞)	[4, 5)	[3, 4)	(0, 3)
化学需氧量/（mg/L）	(0, 3)	(3, 4]	(4, 5)	(5, +∞]
无机氮/（mg/L）	(0, 0.30]	(0.30, 0.40]	(0.40, 0.50]	(0.50, +∞)
活性磷酸盐/（mg/L）	(0, 0.015]	(0.015, 0.030]	(0.030, 0.045]	(0.045, +∞)
汞/（mg/L）	(0, 0.00005]	(0.00005, 0.0002]	(0.0002, 0.0005]	(0.0005, +∞)
镉/（mg/L）	(0, 0.005]	(0.005, 0.008]	(0.008, 0.010]	(0.010, +∞)
铅/（mg/L）	(0, 0.005]	(0.005, 0.010]	(0.010, 0.050]	(0.050, +∞)
总铬/（mg/L）	(0, 0.10]	(0.10, 0.20]	(0.20, 0.50]	(0.50, +∞)

指标	级别			
	I	II	III	IV
砷 / (mg/L)	(0, 0.030]	(0.030, 0.040]	(0.040, 0.050]	(0.050, +∞)
铜 / (mg/L)	(0, 0.010]	(0.010, 0.030]	(0.030, 0.050]	(0.050, +∞)
锌 / (mg/L)	(0, 0.050]	(0.050, 0.10]	(0.10, 0.50]	(0.50, +∞)
石油类 / (mg/L)	(0, 0.05]	(0.05, 0.3]	(0.3, 0.5]	(0.5, +∞)
氰化物 / (mg/L)	(0, 0.05]	(0.05, 0.10]	(0.10, 0.20]	(0.20, +∞)
硫化物 / (mg/L)	(0, 0.05]	(0.05, 0.10]	(0.10, 0.25]	(0.25, +∞)
挥发性酚 / (mg/L)	(0, 0.005]	(0.005, 0.010]	(0.010, 0.050]	(0.050, +∞)
六六六 / (mg/L)	(0, 0.002]	(0.002, 0.003]	(0.003, 0.050]	(0.050, +∞)
滴滴涕 / (mg/L)	(0, 0.00005]	(0.00005, 0.00008]	(0.00008, 0.0001]	(0.0001, +∞)
苯并 (a) 芘 / (μg/L)	(0, 0.00005]	(0.00005, 0.0001]	(0.0001, 0.0025]	(0.0025, +∞)
赋值	**[70, 100]**	**[40, 70)**	**[0, 40)**	**0**

注：*透明度适用于珊瑚岛。

3.2.2 生物生态

生物生态方面评价标准的确定应密切联系生态阈值，生态阈值现象普遍存在于自然生态系统中，它表明了生态系统状态和功能发生转变的过程。然而，不同类型生态系统的生态阈值性质及其在不同空间尺度上的表现存在很大的不确定性，同时物种之间也存在着生态特性的差异，即使具有相似生态特征的物种也对生境的改变有着不同的反应变化，这为确定不同生态系统的生态阈值和制定相关标准带来了巨大的困难。

生物生态方面并无太多的评价标准可依，本研究通过参考国内外的文献资料和研究成果，如《近岸海洋生态健康评价指南》（HY/T 087-2005）等，或通过统计分析新中国成立以来所开展的全国范围的且较为系统综合的海洋生物调查资料，并从中得出一些普遍规律而确定。此外，本研究认为在海岛潮间带和近海海洋生物生态的评价过程中，生物多样性指数是一个可以综合并较好地反映生物群落结构特征的指数，且在海洋生物方面应用较为广泛，该指标可优先考虑。在实际应用中，如无法获取生物多样性指数时，可以采用以历史最优值作为参照基准，将其与现状值进行对比，依据各项指标变化率的大小来判断生态环境的变化情况，推荐参照 20 世纪 90 年代初完成的第一次全国海岛综合调查数据。具体见表3-7。

表3-7 海岛生物生态方面评价标准

指标层		级别			
		I	II	III	IV
岛陆生物	岛陆植被覆盖率（%）	[70, 100]	[30, 70)	[0, 30)	—
	本地种或关键种的种类数变化率（%）	[0, 5]	(5, 10]	(10, 15]	(15, 100]
	本地种或关键种的数量变化率（%）	[0, 25]	(25, 50]	(50, 75]	(75, 100]
潮间带生物	底栖生物多样性指数	[3, 4]	(2, 3]	[0, 2]	—
近海海域生物	叶绿素a含量	[2, 4]	[1, 2) 或 (4, 5]	[0, 1) 或 (5, 10]	(10, +∞)
	浮游植物多样性指数	[2, 3]	(1, 2]	[0, 1]	—
	浮游动物多样性指数	[2, 3]	(1, 2]	[0, 1]	—
	大型底栖生物多样性指数	[2, 3]	(1, 2]	[0, 1]	—
	游泳生物多样性指数	[2, 3]	(1, 2]	[0, 1]	—
入侵物种	危害面积及程度	无危害或较小	一般	较大	严重
珍稀濒危物种（或特有物种）	物种种类减少率（%）	[0, 5]	(5, 10]	(10, 15]	(15, 100]
	物种数量变化率（%）	[0, 5]	(5, 10]	(10, 15]	(15, 100]
赋值		[70, 100]	[40, 70)	[0, 40)	0

生物多样性指数统一采用香农-威纳多样性指数（Shannon-Wiener index）。
浮游生物多样性指数采用式（3-1）计算：

$$H' = -\sum_{i=1}^{s} P_i \log_2 P_i \tag{3-1}$$

式中：H'为多样性指数；S为样本种数；P_i为第i种的个数与该样本总个数之比值。

底栖生物和游泳生物多样性指数采用式（3-2）计算：

$$H' = -\sum_{i=1}^{s} (w_i/w) \log_2 (w_i/w) \tag{3-2}$$

式中：H'为多样性指数；S为样本种数；w_i为第i种的生物量；w为样本总生物量。

3.2.3 景观生态

景观自然性是自然景观的基本属性，用于表征自然生态景观的侵扰程度，以景观的自然构成表征景观自然性。选取景观自然构成比例为评价指标，即自然景观类型面积占景观总面积的比例。一个区域尤其是海岛的自然景观比例越高，表明其受到的人为干扰越小，自然生境受破坏程度越低，生态系统结构越稳定，功能也越丰富。对于海岛而言，人类活动较为集中并改变原有自然属性的区域主要发生在岛陆和潮间带区域，所以本研究中自然性指标的计算范围原则上仅包括海岛岛陆和潮间带区域。自然性评价标准具体见表3-8。

表 3-8　海岛景观生态方面评价标准

指标层	单位	级别		
		I	II	III
自然性	%	[70, 100]	[40, 70)	[0, 40)
赋值		**[70, 100]**	**[40, 70)**	**[0, 40)**

自然性采用式（3-3）计算：

$$P(\%) = A/TA \times 100 \qquad (3-3)$$

式中：P 为景观自然构成比例；A 为自然景观类型的总面积；TA 为景观总面积。

　　本研究中的海岛景观分类参照了《土地利用现状分类》（GB/T 21010-2007）以及《海岛海岸带卫星遥感调查技术规程》（国家海洋局 908 专项办公室，2005），采用二级景观生态分类系统：第一级作为分类的高级单位，依据人类活动影响程度将研究区划分为自然生态景观、半自然生态景观和人工生态景观；第二级作为分类的基本单位，主要依据植被类型、土地类用方向、景观功能等将研究区景观划分为 9 类，具体见表 3-9。

表 3-9　全国海岛土地利用分类

一级类	二级类	三级类
自然景观	①林地	有林地、经济林、保护林、特种林、灌木林地、疏林地、未成林造林地、迹地、苗圃等
	②草地	天然草地、海滨草地、山坡草地、人工草地、荒草地
	③岛陆水体湿地	河流及溪流水面、河流滩地、内陆湖泊水面、内陆湖泊滩涂、内陆沼泽湿地、水库水面、芦苇地、盐碱地、沼泽地等
	④潮间带滩涂	岩滩、泥滩、生物滩、砾石滩涂等
	⑤其他土地	沙地、裸土地、裸岩石砾地等
半自然景观	⑥耕地	水田、望天田、水浇地、旱地、畜禽饲料地、设施农业用地、农田水利用地、田坎、晒谷场等用地、农村道路等
	⑦园地	果园、桑园、茶园、橡胶园、龙眼、荔枝园、柑橘园、其他园地等
	⑧养殖盐田	水生动物养殖塘池、盐田等
人工景观	⑨建设用地	商业用地、金融保险用地、餐饮旅馆业用地、其他商服用地、工业用地、采矿地、仓储用地、公共基础设施用地、瞻仰景观休闲用地、机关团体用地、教育用地、科研设计用地、文体用地、医疗卫生用地、慈善用地、城镇单一住宅地、城镇混合住宅地、农村宅基地、空闲宅基地、铁路用地、公路用地、民用机场、河港码头用地、管道运输用地、街巷、海滨大道、水工建筑用地、军事用地、使领馆用地、宗教用地、监教场所用地、墓葬地、已开发但未利用土地等

3.3　赋值方法

　　根据各评价指标的评价标准及其赋值范围，采用隶属度赋值法，采用式（3-4）或式（3-5）计算。

$$Y = \frac{F_{\max} - F_{\min}}{B_{\max} - B_{\min}}(X - B_{\min}) + F_{\min}$$

（递增型，参考标准与对应分值呈正向变化） （3 - 4）

$$Y = F_{\max} - \frac{F_{\max} - F_{\min}}{B_{\max} - B_{\min}}(X - B_{\min})$$

（递减型，参考标准与对应分值呈反向变化） （3 - 5）

式中：Y 为评价指标的赋值；X 为评价指标的量值；$B_{\max}$ 和 $B_{\min}$ 分别为评价指标参考标准的最大值和最小值；$F_{\max}$ 和 $F_{\min}$ 分别为参考标准对应分值的最大值和最小值。

3.4 权重确定

影响因素层和指标层的各评价指标的权重是科学表达评价结果的关键。不同评价指标对目标层的贡献大小不一，这种评价指标对被评价对象影响程度的大小称为评价指标的权重，它反映了各评价指标属性值的差异程度和可靠程度。目前确定权重的方法大致有主观赋权法和客观赋权法两类。主观赋权法是一类根据专家主观上对各指标的重视程度来决定权重的方法，如智暴法、德尔菲法、层次分析法、模糊综合评价法等。用主观赋权法确定指标的权重，通常要求在相关领域内的若干专家依靠个人的经验对问题作出判断，此法可以较好地反映研究区域特征和问题。客观赋权法所依据的赋权信息来源于客观数据，根据各指标间的相关程度和变异程度来确定权重，如主成分分析法、因子分析法和熵值法等。利用客观赋权法确定权值，一般能客观反映出指标间的内在联系，并避免人为因素带来的偏差，但需要有大量的调查数据作支持，数据的多寡和准确性直接影响最终结果的误差大小。

本研究采取智暴法的主观赋权法确定各级指标权重。于 2006 年 5—10 月期间，向全国海洋学、环境科学、生态学等方面共 51 位专家发放了《海岛生态系统评价指标权重》调查问卷，通过对专家的打分结果进行统计分析，得到一、二级指标的权重。根据调查问卷规则，环境质量、生物生态和景观生态 3 项一级指标权重之和等于 1，各项一级指标下的二级指标权重之和也等于 1。三级指标则采用等权重，即同级指标下的所有参评要素被认为对目标层的贡献大小一致，具体见表 3-10。

表 3-10 海岛生态系统评价指标权重

一级指标	权重	二级指标	权重
环境质量	0.336	岛陆土壤环境质量	0.180
		岛陆地表水环境质量	0.218
		潮间带沉积物质量	0.153
		潮间带生物质量	0.193
		近海海域水环境质量	0.256
生物生态	0.425	岛陆生物	0.254
		潮间带生物	0.223
		近海海域生物	0.185
		入侵物种	0.189
		珍稀濒危物种	0.149
景观生态	0.239	景观结构	1

3.5 综合评价

在指标体系、评价标准及权重确定的基础上，对海岛生态系统状态进行综合评价。综合评价包括两部分内容：①对评价指标体系中的各级指标逐一进行量化评价，并计算分析各单项指标（因子）的时空分布、变化规律及其存在的主要问题；②通过计算得到海岛生态系统综合评价指数 EI（Evaluation Index，EI），综合评判分析海岛生态系统状态。

1）单因子评价

单因子评价通过实测数据与评价标准进行对比，对海岛评价指标体系中的各单项指标（因子）的量值大小和时空分布特征等进行分析评价。环境质量方面侧重分析评价营养盐、重金属和石油类等因子是否超标、超标程度以及受污染原因等；生物生态方面侧重分析评价海岛生物的种类、生物量、密度和群落结构特征等因子的组成规律和季节变化；景观生态方面侧重分析评价海岛岛陆及潮间带范围内的土地利用格局及变化趋势。

2）综合评价

为了更加直观地评价海岛生态系统，本研究采用 0~100 连续尺度的综合评价指数 EI，采用式（3-6）计算。

$$EI = W_{env}I_{env} + W_{bio}I_{bio} + W_{land}I_{land} \tag{3-6}$$

式中：EI 为海岛生态系统综合评价指数；I_{env} 为环境质量指数；I_{bio} 为生物生态指数；I_{land} 为景观生态指数；W_{env} 为环境质量权重，具体值见表3-10；W_{bio} 为生物生态权重，具体值见表3-10；W_{land} 为景观生态权重，具体值见表3-10。

其中：

环境质量指数 I_{env} 采用式（3-7）计算：

$$I_{env} = \sum_{i=1}^{n=5} W_i I_i \tag{3-7}$$

式中：I_{env} 为环境质量分值；I_i 分别为岛陆土壤质量、岛陆地表水环境质量、潮间带沉积物环境质量、潮间带生物质量和近海海域水环境质量五部分的分值；W_i 为权重，具体值见表3-10。

生物生态指数 I_{bio} 采用式（3-8）计算：

$$I_{bio} = \sum_{i=1}^{n=5} W_i I_i \tag{3-8}$$

式中：I_{bio} 为生物生态分值；I_i 分别为岛陆生物、潮间带生物、近海海域生物、入侵物种和珍稀濒危物种五部分的分值；W_i 为权重，具体值见表3-10。

景观生态指数 I_{land} 采用式（3-9）计算：

$$I_{land} = WI \tag{3-9}$$

式中：I_{land} 为景观生态分值；I 为景观自然性分值；W 为权重，具体值见表3-10。

3.6 状态分级

由于计算所得的综合指数值往往不符合人们判断"好"和"差"的习惯，因此采用级差标准化的方法，将指标的标准化值和综合指数值转换为等级值，即建立评判集与标准化值的概念关联。定义当 EI 为 0 时，表明海岛生态系统状况已经完全恶化；当 EI 为 100 时，表明海岛生态系统处于最佳状态，基本未受到人类活动的干扰影响。采用等间距法将海岛生态系统综合评价指数划分为5

个等级，将 0~100 的连续数之间隔 20 由小到大分为五段：0~20、20~40、40~60、60~80 和 80~100，分别对应于生态系统状况很差、差、一般、良、优五种状态，由此确定待评价海岛生态系统处于何种状态。具体见表 3-11。

表 3-11　海岛生态系统状态分级

级别	对应分值	生态系统状态描述
优	[80, 100]	环境质量优越，基本未受到污染；生物多样性高，生物群落的组成与结构稳定，特有种或关键种保育情况良好；景观自然性高，景观格局结构与功能稳定；生态系统健康，服务功能可持续发展
良	[60, 80)	环境质量较好，受到轻微污染；生物多样性较高，生物群落的组成与结构基本稳定，特有种或关键种保育情况较好；景观自然性较高，景观格局结构与功能较稳定；海岛受到轻微程度的外部压力干扰，生态系统较健康，服务功能正常发挥
一般	[40, 60)	环境质量中等，已受到了一定程度的污染；生物多样性一般，生物群落的组成与结构发生了一定程度的改变，特有种或关键种种群密度有一定的减少；景观自然性中等，景观格局结构与功能发生了一定程度的改变；海岛受到一定程度的外部压力干扰，生态系统亚健康，服务功能尚正常发展
差	[20, 40)	环境质量较差，已受到了较重程度的污染；生物多样性较低，生物群落的组成与结构发生了较大程度的改变，特有种或关键种种群密度较大幅度的减少；景观自然性较低，景观格局结构与功能发生了较大程度的改变；海岛受到较大程度的外部压力干扰，生态系统不健康，服务功能发展受限
很差	[0, 20)	环境质量恶劣，已受到了严重的污染；生物多样性很低，生物群落的组成与结构不稳定，特有种或关键种急剧减少或濒临灭绝；景观自然性较低，景观格局结构与功能不稳定；海岛受到严重的外部压力干扰，生态系统极不健康，且在短期内难以恢复，服务功能严重退化或丧失

3.7　重点海岛筛选

我国海岛数量多，仅面积大于 500 m² 的海岛有 7 300 多个；分布范围广，南北跨越 38 个纬度、东西跨越 17 个经度的海域；类型齐全，包括了世界海岛分类的所有类型。因此，对海岛逐个评价不但工作量巨大且现有数据难以支撑，故有必要筛选出一些具有典型性和代表性的海岛，采用以点带面的方式进行重点评价，以掌握全国海岛生态系统状况。筛选重点海岛时主要从以下几个方面考虑。

（1）根据海岛的区位条件和自然环境状况等，按照自然海域和气候地带的不同对全国海岛进行分区（杨文鹤，2000）（见表 3-12）。

（2）根据不同分类方式的海岛类型，如按照有无人常住可分成有居民岛和无居民岛，按照面积大小可分为特大岛、大岛、中岛和小岛，按照物质组成可分为基岩岛、沙泥岛和珊瑚岛，按照海岛成因可分为大陆岛、海洋岛和冲积岛，按照离岸距离可分为陆连岛、沿岸岛、近岸岛和远岸岛。

表 3-12　全国海岛分区

分区	岛区	具体范围
按自然海域分区	渤海海岛区	包括分布在渤海海域中的全部岛屿。渤海东面与黄海的分界线为辽宁省老铁山角与山东省蓬莱角之间的连线
	黄海海岛区	包括分布在黄海海域中的全部岛屿。黄海的南界为江苏省启东嘴与韩国济州岛之间的连线
	东海海岛区	包括分布在黄海海域中属于我国的全部岛屿，岛屿数量约占全国海岛总数的 65.6%。东海的南界是福建省最南端的东山岛与台湾岛南端的鹅銮鼻之间的连线
	渤海海岛区	包括分布在南海海域中属于我国的全部岛屿，岛屿数量约占全国海岛总数的 24.8%
按气候地带分区	温带（南温带）海岛区	包括辽宁、河北、天津、山东等省、市的全部岛屿和江苏省 34°N（苏北灌溉总渠）以北的全部海岛
	北亚热带海岛区	包括江苏省的两个海岛、上海市的全部海岛和浙江省 29°30′N（象山港）以北的全部海岛
	中亚热带海岛区	包括浙江省 29°30′N 以南的全部海岛和福建省 26°N（闽江口）以北的全部海岛
	南亚热带海岛区	包括福建省 26°N 以南的全部岛屿和广东省、广西壮族自治区的全部岛屿
	热带海岛区	海南省及其以南的全部海岛

（3）根据海岛的开发利用和生态保护条件等，如筛选有居民重点岛时侧重考虑那些受人为活动干扰较大或开发前景优势明显的海岛，筛选无居民重点岛则侧重考虑植被覆盖好、珍稀濒危物种集中、生物多样性丰富等具有典型生态特征或列入自然保护区的海岛。

根据上述条件，全国共筛选出 45 个重点海岛进行分析和评价（图 3-1），重点海岛名录见表 3-13。

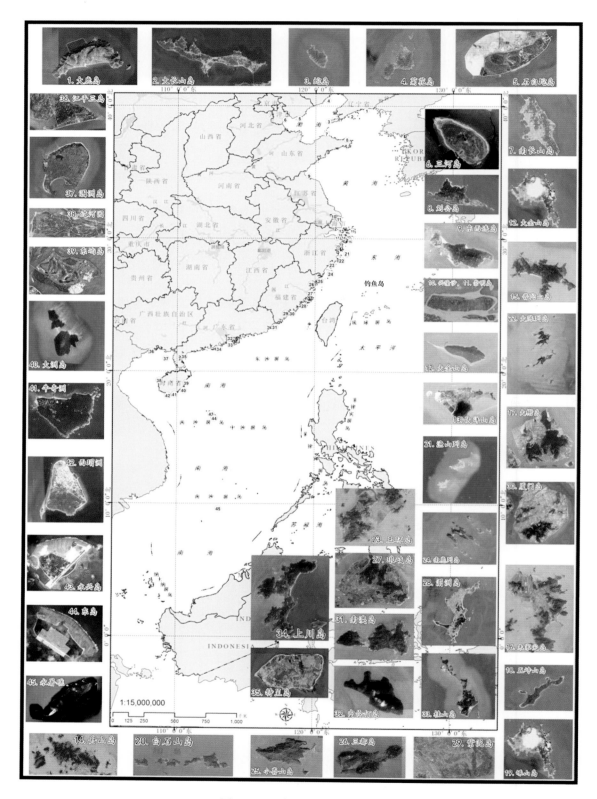

图 3-1　重点海岛分布示意图

表 3-13 重点海岛基本特征

序号	海岛	隶属省(区)市	气候带	中心位置	面积/km²	人口/人	海岛类型	开发类型	生态特征
1	大鹿岛	辽宁省	南温带	39°45′33″N,123°44′08″E	3.69	2 957	基岩岛沿岸岛	旅游、养殖、港口	该岛位于黄海北部,岛陆地势起伏,三面为陡峭石崖,只有南部为柔细松软的沙滩。岛区气候湿润,年均气温为8.4℃,雨量充沛,年均降水量为820~1 080 mm。岛上植物花卉及鸟类众多,素有"海上百花园"和"百鸟园"之称,环岛近岸海域海洋生物资源丰富
2	大长山岛	辽宁省	南温带	39°16′30″N,122°34′30″E	25.69	23 982	基岩岛近陆岛	港口、养殖、旅游	该岛位于黄海北部,是我国最北的海岛县——长海县政府所在地。该岛东西长17.13 km,南北宽1.9 km,呈长方形。岛陆西部山峦重叠,沟谷交错。岸线曲折,北倾地势平缓,南岸有开阔滩涂。岛区年均气温10℃,东部森林覆盖率达63%,中南部建有海岛型园林公园。年均降水量640 mm。岛陆森林覆盖率高,透明度高,是多种鱼虾蟹贝类栖息繁殖的优良场所周围海域水温适中
3	蛇岛	辽宁省	南温带	38°56′59″N,120°58′43″E	0.76	—	基岩岛近陆岛	旅游、保护区	该岛位于渤海辽东湾东侧,岛陆地势西南高,东北低,主峰海拔216 m。岛区气候属温带季风型,年均气温10℃,雨量适中,年均降水量为610 mm。岛陆植被覆盖率70%以上,植物种类200余种,现鸟类170余种。岛上栖息着超过1.5万条黑眉蝮蛇,是世界上唯一的只生存单一蝮蛇的海岛,是进行生态科学研究的理想基地和天然药物资源宝库,于1981年批准建立国家级自然保护区
4	菊花岛	辽宁省	南温带	40°30′00″N,120°48′00″E	11.71	2 637	基岩岛沿岸岛	港口、养殖、旅游	该岛位于渤海辽东湾西侧,岛陆地势东南高,西北低,东部大架山海拔195.2 m,山势险峻。岛区气候属温带季风型,年均气温8.7℃,年均降水量600 mm。岛上旅游资源丰富,有唐王洞、大龙宫寺景区等,怪石滩景区素有"北方佛岛"之称。岛陆植被生长较好,覆盖率较高,环岛海域生物资源丰富,盛产多种鱼虾蟹贝,是渔业生产的天然基地
5	石臼坨岛	河北省	南温带	39°08′12″N,118°49′46″E	3.42	48	沙泥岛沿岸岛	旅游	该岛位于唐山市乐亭县西南部海域,是华北第一大岛。岛区属暖温带半湿润季风气候类型,年平均气温10℃,年平均降水量600 mm。该岛是经潮流作用形成的蚀余性沙岛,由入海泥沙组成,滩涂平坦。岛上沙丘密布,岛陆植被覆盖率达89%,植被群落复杂多样,有包括北方习见的蒲提树、小叶朴、木丝楠等168种植物。滩涂广阔,咸淡水及食物丰富,成为鸟类栖息的良好条件,共发现鸟类19科56种408种,二类保护鸟类49种,一类保护鸟类12种,其中包括国家一类保护动物大鸨及副其实的"鸟岛",其主要有黑嘴鸥,半璞鸥、细嘴浜鹬等

续表

序号	海岛	隶属省（区）市	气候带	中心位置	面积/km²	人口/人	海岛类型	开发类型	生态特征
6	三河岛	天津市	南温带	39°07'00"N, 117°43'00"E	0.015	—	沙泥岛 沿岸岛	旅游	该岛位于天津市滨海新区，是天津海域唯一列入中国海岛志的岛屿。该岛形成于明代，明嘉靖年间为防止倭寇进犯而造炮台，拓宽蓟运河河道时，因施工困难，遂将炮台遗址保留下来，形成一座位于未定新河、潮白新河和蓟运河三条河汇流处的人工岛；1974年，该岛脱离陆地而形成，此后，由于潮汐河和水流的作用，泥沙不断淤积在岛周围，形成了淤泥质潮滩。因岛上的北塘炮台遗迹尚存，该岛又称"炮台岛"，北塘炮台遗址作为近现代重要史迹及代表性建筑已列为天津市滨海新区重点文物保护单位
7	南长山岛	山东省	南温带	37°55'00"N, 120°44'30"E	10.42	16 082	基岩岛 沿岸岛	养殖、旅游、港口	该岛位于黄、渤二海交汇处，属亚洲东部季风气候区大陆性气候，年均气温11.0℃，年均降水量500 mm。岛陆药用植物资源十分丰富，共发现122科547种，名贵药材有灵芝、元胡、黄芩、茵陈蒿和知母等。该环岛海域水流通畅，水质肥沃，理化因子稳定，适宜各种海珍品繁衍和生长，盛产皱纹盘鲍、刺参、光棘球海胆、虾夷扇贝、栉孔扇贝等多种海珍品
8	刘公岛	山东省	南温带	37°30'06"N, 122°11'06"E	1.85	195	基岩岛 沿岸岛	渔业、旅游	该岛位于山东半岛最东端的威海湾内，属温带季风气候区半湿润温气候类型，汉代刘公刘母传说，又有清朝北洋海军提督署、水师学堂、古炮台等甲午战争遗址，还有众多英租时期遗留下来的欧式建筑，素有"东隅屏藩"和"不沉的战舰"之称。岛陆北部海蚀崖直立陡峭，南部平缓绵延，森林覆盖率达87%，有"海上仙山"和"世外桃源"的美誉
9	东西连岛	江苏省	南温带	34°45'24"N, 119°28'02"E	5.42	5 090	基岩岛 陆连岛	港口、旅游	该岛位于海州湾南端，是江苏省第一大基岩岛，最高峰大桅尖山高358 m。最高峰大桅尖山，夏季平均气温26.1℃，冬季平均气温1.1℃，年降水量878 mm。岛上分布有14科24属25种滨海沙生植物，群落组成大多为旱生或中生草本，典型沙引草、无翅猪毛菜、短生苔草、筛草、沙滩黄芩、珊瑚菜等，其中珊瑚菜已列入《中国珍稀濒危植物名录》。环岛周围海域海洋生物资源丰富，软体动物100多种，鱼类80余种，虾类25种，蟹类38种
10	兴隆沙	江苏省	北亚热带	31°43'45"N, 121°26'30"E	36.63	3 348	沙泥岛 沿岸岛	农业、养殖	该岛位于长江口北支，与崇明岛接壤，东部为珍禽自然保护区，鸟类资源丰富，如白头鹤、白枕鹤、丹顶鹤等。岛被覆盖较好。岛屿土地资源丰富，地形平坦，土壤肥沃，耕地连种范围广，复种指数高。附近的长江口水域，水产资源丰富，滩涂养殖条件优越

续表

序号	海岛	隶属省（区）市	气候带	中心位置	面积/km²	人口/人	海岛类型	开发类型	生态特征
11	崇明岛	上海市	北亚热带	31°37'47"N, 121°23'30"E	1 225.00	633 000	沙泥岛 沿岸岛	农业、养殖、工业、自然保护区	该岛位于长江口，是中国第三大岛，也是全世界最大的河口冲积岛，被誉为"长江门户、东海瀛洲"。岛区气候属典型的亚热带季风气候。四季分明，冬冷干冷，夏季温暖和湿润。崇明东滩2005年经批准建国家级自然保护区，野生动物资源丰富，有国家级保护动物32种，珍贵鸟类有鸳鸯、大小野天鹅、白天鹅、白枕鹤、灰鹤等。海洋生物资源丰富，主要有黄鱼、带鱼、鲳鱼、墨鱼、海蜇、虾、梭子蟹、鳗蜓等
12	大金山岛	上海市	北亚热带	30°41'29"N, 121°25'14"E	0.23	—	基岩岛 沿岸岛	自然保护区	该岛位于杭州湾口北部，平面形态略呈菱形，中部宽阔，西部狭窄，是上海市面积最大、海拔最高的基岩海岛，也是"金山三岛海洋生态自然保护区"中最大的岛屿。岛上植被属中亚热带地带性植被，受人类影响较小，仍保持着原始植被状态。岛上植被较茂盛，落叶阔叶林有野桐、黄檀、算盘子群落，常绿阔叶林有红楠群落和青冈栎群落
13	嵊山岛	浙江省	北亚热带	30°43'24"N, 122°49'01"E	4.47	10 802	基岩岛 近岸岛	渔业	该岛位于嵊泗列岛最东，长江和钱塘江入海口交汇处，处在舟山渔场的中心位置。嵊山岛属典型的北亚热带海洋季风区，常年温和湿润，四季分明，冬无严寒，夏无酷暑，日照充足。环岛海域为嵊山渔场的主体区域，盛产带鱼、乌贼、鲳鱼、虾、梭子蟹、鳗鱼、大黄鱼、石斑鱼等。该岛旅游资源丰富，是嵊泗列岛国家级风景名胜区的重要组成部分，东崖绝壁尤为壮观
14	大洋山岛	浙江省	北亚热带	30°35'25"N, 122°04'22"E	6.56	9 256	基岩岛 近岸岛	工业、渔业	该岛位于杭州湾口，为崎岖列岛主岛，岛屿四周为山，中间谷地较开阔，是中国最古老的海洋渔汛发祥地。岛区四季气候宜人，岛区自然资源优势。小城镇建设已初具规模，目前已初步形成石料开采、水产加工、船舶修造等具有海岛特色的工业体系
15	五峙山岛	浙江省	北亚热带	30°13'00"N, 121°53'20"E	4.67	—	基岩岛 近岸岛	自然保护区	该岛位于舟山岛西北，与主岛相距7 km，是浙江省唯一的海洋鸟类自然保护区。岛陆自然灌木丛覆盖率高，在此繁殖栖息的鸟类达2万余只，分属6目9科42种，其中留鸟6种，夏候鸟19种，冬候鸟17种。夏季的数量优势、留鸟为环颈鸻，冬季和矶鹬，黄鹂及白鹡鸰，苍鹭和暗绿绣眼鸟，还发现黄嘴白鹭和黑嘴端凤头燕鸥两种国家级保护鸟类

续表

序号	海岛	隶属省（区）市	气候带	中心位置	面积/km²	人口/人	海岛类型	开发类型	生态特征
16	舟山岛	浙江省	北亚热带	30°01′12″N, 122°06′01″E	502.60	440 000	基岩岛 近岸岛	农业、渔业和工业	该岛位于杭州湾口南侧，为舟山群岛主岛，是浙江第一大岛，中国第四大岛。岛陆原生植被破坏程度高，尚存赤皮青冈、普陀樟、野大豆等珍稀濒危植物，此外还有赤楹生河麂种群，为全国野生河麂种群的主要分布区。岛上尚保留着一定数量的野生河麂种群，盛产大黄鱼、小黄鱼、带鱼、墨鱼、虾、蟹、海蜇等海产品。旅游资源丰富，主要旅游名城定海，中国渔都沈家门和黄杨尖等景区等
17	普陀山岛	浙江省	北亚热带	29°58′49″N, 122°23′07″E	16.03	4 263	基岩岛 近岸岛	旅游	该岛是舟山群岛中的一个小岛，传为观音大士显化道场，素有"海天佛国"的美誉，是我国的四大佛教名山之一，也是全国首批确定的44个国家级风景名胜区。岛上以旅游业为主，普陀山的胜景集于海、山、沙、石于一体，具有悠久的宗教文化历史。岛屿的自然景观及人文景观，鸟语花香，古樟遍野，古树名木多，语话花香，百年以上大树66种，1 221株，维管植物有900种，有普陀鹅耳枥、普陀樟、舟山新木姜子、野大豆、寒竹、全缘冬青等国家级保护植物。此外，还有陆栖脊椎动物103种，鸟类资源60种，黄嘴白鹭、黑鸢、雀鹰、赤腹鹰等，穿山甲、水獭、獐、赤腹鹰等
18	大榭岛	浙江省	北亚热带	29°55′27″N, 121°57′31″E	28.37	23 278	基岩岛 沿岸岛	工业	该岛位于宁波北仑区北部，地处长江黄金水道和黄金海岸线的"T"形交会点。岛区属亚热带季风湿润气候，四季分明，气温适中，年均气温为16.3℃，年均降水量1 297 mm。该岛濒临国际深水航道，有山群岛作天然屏障，海域水深流急，具有较大的海洋自净能力，深水岸线的潜力优势有利于建现代化港口码头，有利于海岛产业的布局，现在大榭岛已建成宁波三大主导产业，形成了能源中转、临港石化、港口物流等城市生态系统已经广泛替代原生态系统
19	朱家尖岛	浙江省	北亚热带	29°52′55″N, 122°24′36″E	75.84	26 406	基岩岛 沿岸岛	旅游	该岛位于舟山群岛东南部莲花洋上，属于亚热带海洋性季风气候，四季分明，终年多雨，温和湿润。岛屿属丘陵和海积平原地貌，中部和西北部平原沃野，东南部海岸曲折，山势挺拔，礁石岬角众多，与普陀山并称为"普陀山海重点风景名胜区"。岛上现存有普陀樟、舟山新木姜子、龙须藤、野须藤、珊瑚菜、纤叶钗子股等国家珍稀植物，红山茶、刺楸、珊瑚菜、纤叶钗子股、全缘冬青等

续表

序号	海岛	隶属省（区）市	气候带	中心位置	面积/km²	人口/人	海岛类型	开发类型	生态特征
20	白石山岛	浙江省	中亚热带	29°29′57″N，121°35′21″E	1.135	60	基岩岛沿岸岛	农业、养殖、旅游	该岛位于浙江省象山港内，隶属于宁波县象山县强蛟镇，是强蛟群岛12座小岛中的一个小岛。岛上共有5座山峰，幅地面积大，岛上生态良好，植被茂盛，基本保持了原生态的自然环境，周边海水清澈，自然环境优越
21	渔山列岛	浙江省	中亚热带	28°53′06″N，122°15′30″E	12	331	基岩岛近岸岛	渔业、旅游	该列岛位于浙江省宁波象山羊岛东南，由13岛41礁组成。渔山列岛处于南北洋流交汇带，并受台湾暖流影响，营养盐丰富，海洋生物资源丰富，为浙江传统渔场，被誉为"亚洲第一钓场"，盛产带鱼、大黄鱼、小黄鱼、鲳鱼、鳓鱼、鳗鱼、石斑鱼及虾、蟹等，还有贻贝、紫菜、羊栖菜、石花菜等贝藻类，共计300余种
22	大陈列岛	浙江省	中亚热带	28°26′45″N，121°53′10″E；28°29′33″N，121°53′54″E	17.5	5 256	基岩岛近岸岛	渔业、军事、旅游	该列岛位于浙江省台州湾东南面，由上、下大陈等29个岛屿组成，岛陆森林覆盖率达56%。岛区具典型的亚热带海洋性季风型气候，省国家一级渔港，是国家级森林公园和浙江省海钓的基地。环岛海域处于沿海低盐水系和外海高盐水系的交汇区，初级生产力水平较高，兼之海底平缓，成为众多结群性鱼类生长繁殖、索饵洄游的良好场所，历来渔产丰富，盛产带鱼、黄鱼、墨鱼、鲷鱼、石斑鱼、海蜇、梭子蟹、虾类等，是浙江省第二大渔场
23	玉环岛	浙江省	中亚热带	28°08′19″N，121°11′58″E	174.27	208 644	基岩岛沿岸岛	旅游、港口、工业、渔业	该岛位于乐清湾东岸，瓯江口以外，是浙江省第二大岛。1977年岛屿北端漩门堵港工程完成，实现了与大陆间的公路连接。岛上向富山海域深广，玉环海洋景观于一体，基础设施逐步完善，渔农工商贸日益迅速。近年来城镇化发展迅速，渔农工商贸皆十分活跃，是浙中南地区最为繁荣的旅游海岛，有"东海碧玉"之称，为沿海县市经济建设中的后起之秀
24	南麂列岛	浙江省	中亚热带	27°27′43″N，121°02′55″E	12	1 950	基岩岛近岸岛	渔业、旅游、自然保护区	该列岛位于温州市敖江口外海域，由大小52个岛屿组成，其中稻桃山为中国大陆领海基点之一。岛区属于中亚热带海洋性季风气候，年均气温16.5℃，年均降水量1 063.4 mm。岛面积不大，陆生生物种类繁多，脊椎动物4纲17目32科55种，植物89科253属317种。该岛是海岛鸟栖息繁殖与越冬场，已记录鸟类约40种，以雀形目和鸥形目鸟类为主。环岛海域因岛舌台湾暖流与江浙沿岸流流的两个水系控制，流系复杂，锋面发达，故海洋生物资源特别丰富，已初步查明海洋生物共1 851种，其中贝类421种，大型底栖藻类178种，微小型藻类459种，鱼类397种，甲壳类257种和其他海洋生物157种。1990年成为中国首批5个海洋类型的自然保护区之一，是中国唯一的国家级贝藻类海洋自然保护区，被誉为"贝藻王国"，于1999年被联合国教科文组织列为世界生物圈保护区网络

中国 海岛生态系统评价

序号	海岛	隶属省（区）市	气候带	中心位置	面积/km²	人口/人	海岛类型	开发类型	生态特征
25	小箭山岛	福建省	中亚热带	26°55'48"N，120°18'00"E	3.32	136	基岩岛 沿岸岛	渔业、旅游	该岛为福瑶列岛中的一个岛屿，位于大箭山岛西侧，年均温15.1℃，年均降水量1850 mm。岛陆沿岸因被海水冲刷风化，基岩裸露，礁石林立，海蚀地貌十分突出，构成奇特的景观。岛上植被茂密，鸟类资源丰富。大小箭山岛雄踞闽东渔场，是福建省重要渔业生产基地，海洋游泳生物共136种，其中鱼类96种，甲壳类36种，头足类4种，优质品种有黑鱼、大黄鱼、四指马鲅、鲷鱼、黄姑鱼、鲷鱼、鳗鱼、马鲛鱼、日本鳗、中华小沙丁鱼、三疣梭子蟹、哈氏仿对虾和杜氏枪乌鲅等。栖息着上万只只海鸥和海蛎和其他候鸟
26	三都岛	福建省	中亚热带	26°39'00"N，119°42'00"E	24.71	9 180	基岩岛 沿岸岛	军事港口	该岛位于三都澳内，是其中最大的岛屿，素有"海上明珠"之称。年均气温18.9℃，年均降水量1643.2 mm，年均蒸发量为1453.7 mm，环岛海域水质良好，营养物质含量高，利于海洋生物繁殖，已记录鱼类182种，其中暖水性种118种，暖温性种64种。环岛海域中由海洋暖水动物繁排组成的"海上浮城"是全国现存最大的大黄鱼养殖基地。年平均风速3.2 m/s。
27	琅岐岛	福建省	中亚热带	26°06'00"N，119°36'00"E	72	66 699	基岩岛 沿岸岛	渔业、港口、旅游	该岛为福建省第四大岛，位于闽江口，三面环海，东面临海，与马祖列岛、台湾岛一水之隔。该岛地处河海交汇处，温盐适宜，营养丰富，鲷鱼和鳗鱼等多种经济鱼类，盛产大黄鱼、带鱼、墨鱼、马鲛鱼、鲷鱼临海，风景优美。该岛靠山临海，人文名胜和文物古迹众多，是旅游观光休闲的好去处。日本对虾和黄螺也很丰富，全岛森林覆盖率达20%，自然条件非常优越。
28	湄洲岛	福建省	南亚热带	25°04'00"N，119°07'30"E	14.21	32 156	基岩岛 沿岸岛	旅游、养殖	该岛位于湄洲湾口，是海上和平女神妈祖的故乡，岛区属典型的亚热带海洋性季风气候，冬无严寒，夏无酷暑，年均气温19.9℃，年均降水量1240.9 mm，年均湿度77%。岛陆原生植被多遭受破坏，目前多为次生林，素有"南国蓬莱"美称。该岛具有得天独厚的滨海风光和自然资源，是国家4A级旅游景区，2006年湄洲祖庙被评为国家重点文物保护单位，2009年中国首个"妈祖信俗"列入了《世界人类非物质文化遗产名录》，这是中国首个世界级信俗类非物质文化遗产
29	紫泥岛	福建省	南亚热带	24°28'00"N，117°52'00"E	46.99	50 925	沙泥岛 沿岸岛	农业、养殖、自然保护区	该岛地处九龙江入海口，由浒茂、乌礁两岛组成，岛区属南亚热带海洋性季风气候，年均气温21℃，年均降水量1405.2 mm，蒸发量1548.6 mm。该岛是闽南地区闻名的鱼米之乡，水产、禽畜、食用菌、蔬菜、粮食为该镇五大特色。沿岸滩涂红树林广布，为九龙江口红树林省级自然保护区的主体部分，主要保护对象为红树林共5科7属10种，主要有秋茄、木榄、红海榄、白骨壤等，面积约344.3 hm²，此外，区内还分布有野生脊椎动物21目54科211种，海洋生物231种，其中鱼类129种

续表

序号	海岛	隶属省（区）	市	气候带	中心位置	面积/km²	人口/人	海岛类型	开发类型	生态特征
30	厦门岛	福建省		南亚热带	24°27′00″N, 118°07′00″E	129.51	350 100	基岩岛 陆连岛	旅游、港口、自然保护区	该岛地处福建省东南沿海，九龙江入海口处的金厦海湾内，是我国东南沿海的重要港口之一，是闽南金三角经济中心。岛区属南亚热带季风气候，温暖潮湿，气候宜人，年均气温20.9℃，年均降水量1 143.2 mm，年均风速3.4 m/s。该岛风景绮丽，名胜古迹多不胜数，是中外驰名的海滨旅游城市。环岛植被资源十分丰富，植物种类共约156科530属749种。陆岛海域中海洋生物多属于河口港湾和沿海广布种，具有典型闽南亚热带海洋生物系特点，现已记录海洋生物5 713种，约占全国的28%。2000年由国务院批准建立厦门珍稀海洋物种国家级自然保护区，主要保护物种为文昌鱼、中华白海豚和鹭鸟
31	南澳岛	广东省		南亚热带	23°26′22″N, 117°02′42″E	105.24	64 372	基岩岛 近岸岛	旅游、渔业	该岛位于粤东海面，台湾海峡的西南口，是广东省唯一的海岛县，北回归线贯穿海岛中部，属南亚热带海洋性气候，年均气温21.5℃，年均日照1 855.5 h，年均降水量1 351 mm。岛陆上分布鸟类13目28科51种，包括白腹海雕鸟和鹭等国家级保护动物。环岛海域受高温低盐的粤东排淡水、高温高盐的台湾暖流西支水、低温高盐的闽浙沿岸水、高温高盐的南海低层水这五股不同属性的水系交汇影响，水中营养物质较高，造成海洋生物多样性较高，现已记录鱼类700多种，虾蟹类40多种，浮游生物较多，贝类500多种，藻类近百种
32	内伶仃岛	广东省		南亚热带	22°25′00″N, 113°48′00″E	5.54	—	基岩岛 近岸岛	自然保护区	该岛位于珠江口内伶仃洋东侧，处在深圳、珠海、香港、澳门之间。本岛为丘陵海岸基岩岛，地势东高西低，最高的尖峰山海拔340.9 m，岛区属南亚热带季风气候，年平均气温22℃，雨量充沛，年降雨量2 055.8 mm。该岛保存着较好的原生性南亚热带季绿季雨林，植物种类繁多，有维管植物619种。其中有白桂木、野生荔枝等为国家重点保护植物。岛上野生动物资源也十分丰富，两栖爬行类动物30余种，鸟类近110种，昆虫类447种，国家二级保护兽类猕猴总数达900多只，此外还有水獭、穿山甲、黑耳鸢、蟒蛇、虎纹蛙等重点保护动物。为保护内伶仃岛的猕猴种群，1988年起，内伶仃岛被列为国家级自然保护区，近年来，岛上微甘菊等生物入侵现象严重，已危及本土植被及猕猴等动物的生存
33	桂山岛	广东省		南亚热带	22°08′10″N, 113°49′20″E	3.60	879	基岩岛 近岸岛	渔业、旅游	该岛位于珠江口外侧，万山群岛西北部，为万山群岛经济政治中心，由桂山岛、中心洲、牛头岛三岛连岛组成。该岛地处热带北线，深受热带季风气候的孕育。该岛所处的万山群岛海域位于珠江河口咸淡水交汇地带，素有"万山渔汛"之称，营养物质丰富，浮游生物多样，是鱼类贝类等觅食和栖息的理想场所，常见经济鱼类39种，是广东省六大渔场之一。此外，国家珍稀物种中华白海豚种也经常在附近海域出没

续表

序号	海岛	隶属省（区）市	气候带	中心位置	面积/km²	人口/人	海岛类型	开发类型	生态特征
34	上川岛	广东省	南亚热带	21°40′00″N, 112°47′00″E	137.17	14 934	基岩岛 近岸岛	渔业、农业	该岛是川山群岛的一部分，地处广东省台山市西南海域。环岛海域既得珠江径流带来的丰富营养物质之利，又受外海高盐水的影响，故海水肥沃，水交换好，海洋生物多样性较高，海岛植被覆盖率较高，有飞沙滩、金沙滩、银沙滩等诸多绵延细腻的海滩，有"南海碧波出芙蓉"之称。该岛旅游资源丰富。银沙滩分布有被誉为"植物王国钻石"的珍稀植物竹柏60 hm²。1990年建立广东台山上川岛猕猴自然保护区，总面积达2 232 hm²，主要保护对象为国家二级保护动物猕猴及其栖息环境，区内现有猕猴500余只
35	特呈岛	广东省	南亚热带	21°09′30″N, 110°25′40″E	3.15	3 540	基岩岛 沿岸岛	养殖、旅游	该岛位于湛江市湛江湾水道中间，岛内地势平坦，空气清新，风光秀丽，四季如春。岛上红树林沿岛南部、东南部潮间带状分布，面积50.7 hm²，该岛的红树群落是雷州半岛红树林中生长势最好的，也是全国海岸中长势最好的、漂亮的红树群落之一，红树林植被组成以白骨壤及老鼠簕和黄槿等树种为主，此外，还有木榄、秋茄、无瓣海桑、海漆、海芒果、黄槿等树种
36	江平三岛	广西区	南亚热带	21°33′57″N, 108°07′31″E	20.8	8 770	沙泥岛 陆连岛	农业、旅游	该岛由沥尾、巫头、山心三岛组成，是我国京族的唯一聚集地，为东兴市江平镇所辖，历史上经多次围海造田，沥尾岛与巫头岛已连成一片，且与大陆相连成半岛，山心岛为江河河口岛，也有海堤与大陆相连。岛处北回归线以南，年均气温22.5℃，年均湿度83%，年均降水量2 766 mm，岛陆植被组合类型多样，分布到常绿季雨林，过渡到常绿季雨林；沥尾村和巫头村则由沙堤滩红树林到田头，过渡接露兜簕群落，向陆接露兜簕群落进入到木麻黄林带，再过渡到红鳞蒲桃林。该岛旅游资源丰富。已建立"京岛旅游度假区"
37	涠洲岛	广西区	南亚热带	21°02′27″N, 109°06′43″E	24.98	15 620	基岩岛 近岸岛	旅游、渔业、自然保护区	该岛位于北部湾中部，是我国年龄最轻的古火山岛，也是中国最美丽的十大海岛之一，现为国家4A级旅游景点，具有丰富的景观资源、珊瑚礁资源丰富。岛区属南亚热带海洋性季风气候，年均气温23.0℃，年均降水量1 393.8 mm。岛上植被茂密，环岛海域年均水温24.6℃，年均盐度32.0，透明度在2.5 m以上。岛上奇特的海蚀、海积地貌，火山熔岩及绚丽多姿的活珊瑚类型为最，风光秀美，素有南海"蓬莱岛"之称。1982年建立自治区级涠洲岛珊瑚礁类自然保护区，主要保护对象为140余种候鸟及其栖息环境，火山熔岩及珊瑚礁主要分布于该岛北、东、西南面，是广西沿海唯一的珊瑚礁群，已记录珊瑚26科43种

续表

序号	海岛	隶属省（区）市	气候带	中心位置	面积/km²	人口/人	海岛类型	开发类型	生态特征
38	过河园	海南省	热带	19°18′58″N，108°40′14″E	1.05	8	沙泥岛沿岸岛	林业	该岛为河流携带冲积物多年堆积而成，陆域植物有木麻黄、台湾相思和药用植物候椰等
39	东屿岛	海南省	热带	19°08′36″N，110°34′47″E	1.72	641	沙泥岛沿岸岛	农业、旅游	该岛位于琼海市博鳌镇的三江入海口，为河口冲积岛。岛上植被茂盛，种类丰富。岛陆土壤肥沃，适于发展农业生产被主要有经济植物，热带药用植物和农作物等
40	大洲岛	海南省	热带	18°40′23″N，110°28′55″E	4.42	60	基岩岛沿岸岛	渔业、自然保护区	该岛位于海南省万宁市东南部的海面上，又称燕窝岛，是中国唯一的金丝燕栖息地。"东方珍品"大洲燕窝即产于此。岛上植被茂盛，种类丰富，密度大，高等植物有121科395属577种，其中海南特有的植物达23种，珍稀濒危植物有海南苏铁、海南龙血树、野龙眼、野荔枝和毛茶等。岛上野生动物也非常丰富，仅鸟类就多达27科47属81种，主要有鹧鸪鸟、老鹰、海燕、鹭和金丝燕等。该岛处于琼东上升流显著海区，附近有太阳河等人海径流，海域富含大量的有机营养物质，海洋生物种类非常丰富，生物量高，故形成著名的大洲渔场，产有墨鱼、乌贼、马鲛鱼、旗鱼、鲷鱼、鲥鱼、带鱼、龙虾、鲍鱼、海胆和紫菜等多种名贵海产品。1990年，建立大洲岛国家级海洋生态气候自然保护区
41	牛奇洲	海南省	热带	18°18′41″N，109°45′41″E	1.05	3	基岩岛沿岸岛	旅游	该岛位于三亚市北部的海棠湾内，也叫蜈支洲岛，是海南旅游资源和水产资源丰富，岛上林木高大挺拔，灌木茂密。该岛周围为数不多有淡水资源丰富被植被的小岛，沙滩洁白平缓，海域水清见底，能见度较高，盛产夜光螺、海参、龙虾、马鲛鱼、海胆和鲷鱼等
42	西瑁洲	海南省	热带	18°14′10″N，109°22′09″E	2.12	2 631	基岩岛沿岸岛	工业、渔业	该岛位于三亚市三亚湾内，是海南岛周围的第二大岛。该区域属热带海洋性气候，年均气温27℃。岛上地势南北低，山地约占60%。该岛是海南较古老的海岛渔村之一，至今已有400多年的开发历史，环岛海域海水透明度达10 m以上，水产资源丰富。盛产鲍鱼、龙虾、珍珠贝和海蟹等
43	永兴岛	海南省	热带	16°50′04″N，112°20′31″E	2.00	243	珊瑚岛远岸岛	旅游、军事	该岛位于西沙群岛东部的宣德群岛中部，是南海诸岛中面积最大的岛屿，也是海南省三沙市人民政府驻地，是一座由白色珊瑚、贝壳沙堆积在礁平台上而形成的珊瑚岛。岛区属热带季风气候，终年高温，雨量充沛，年均气温26.5℃，年均降水量1 509.8 mm。岛上最多的是椰树、枇杷树、羊角树、马王腾、马风桐、美人蕉、野菠萝、野稗麻、野槟花等也随处可见

续表

序号	海岛	隶属省（区）市	气候带	中心位置	面积/km²	人口/人	海岛类型	开发类型	生态特征
44	东岛	海南省	热带	16°39′54″N,112°43′30″E	1.71	—	珊瑚岛远岸岛	军事、自然保护区	该岛位于西沙群岛东部的宣德群岛东岛环礁中，是上升礁和珊瑚贝壳沙体复合组成的岛屿，是西沙群岛中面积第二大岛。岛陆植被覆盖率高，野生植物种类多，主要有白避霜花、草海桐、银毛树和海人树等，林间栖息着40余种6万多只海鸟，素有"鸟岛"之称。主要有白鲣鸟、褐鲣鸟、红脚鲣鸟、小军舰鸟、黑枕燕鸥、暗绿绣眼鸟及其生境。1980年设立东岛省级自然保护区，主要保护国家二级重点保护白鲣鸟及其生境。环岛珊瑚礁生境保存较好，造礁珊瑚42种，覆盖率高达57%，其间栖息着石斑鱼、鲨鱼、绿海龟、玳瑁、龙虾、海参、海胆、马蹄螺、篱凤螺、砗磲、冠螺和鹦鹉螺等多种热带海洋生物
45	永暑礁	海南省	热带	9°37′00″N,112°58′00″E	110	—	珊瑚岛远岸岛	军事	该岛位于南沙群岛中部海域，九章群礁和尹庆群礁的中间，地理位置优越，战略价值极高。该岛区属热带海洋性季风气候，年均气温28℃，年均降雨量2 800 mm。该岛为一个环形珊瑚礁，环岛海域的鱼类属于印度洋–太平洋热带动物区系，以珊瑚礁鱼类和热带大洋性鱼类占绝大多数，约535种

4 重点海岛环境质量现状评价

海岛生态系统中环境质量现状评价包括岛陆地表水环境质量、岛陆土壤环境质量、近海海域水环境质量、潮间带沉积环境质量和潮间带生物体质量五个方面。由于大部分海岛缺少环境背景调查研究的基础，收集的历史数据资料存在年代久远或零碎残缺等问题，908 专项综合调查任务中也没有安排海岛地表水和土壤环境方面的调查工作，因此，难以组织充分的科学数据评价反映海岛地表水质量和土壤质量状况。本章侧重分析评价近海海域水环境质量、潮间带沉积环境质量和潮间带生物体质量三个方面，值得注意的是地表水和土壤是岛陆生态环境的重要支撑，对于海岛生态系统评价的作用不容忽视，在数据资料充分的情况下，应结合其他方面综合评价。

4.1 近海海域水环境质量

重点海岛近海海域水环境质量评价工作以 908 专项中海洋水体环境调查化学数据成果为基础，筛选海岛周边 20～30 m 等深线以内海域的调查站位数据资料进行整理、分析和评价，涉及 45 个重点海岛 125 个调查站位，重点海岛近海海域水环境质量调查站位详见表 4-1 和图 4-1 至图 4-5。

表 4-1 全国重点海岛近海海域水环境化学调查站位

气候带	重点岛	调查站位	北纬	东经	数据来源
温带	大鹿岛	ZD-DL198	39.6700°	123.5497°	908 专项辽宁省水体环境调查
		LN-BHH02	39.7297°	123.7800°	
	大长山岛	C902	39.1797°	122.4897°	908 专项 ST02 区块水体环境调查
		C903	39.0700°	122.6097°	
	蛇岛	JC-BH021	39.0000°	121.0000°	908 专项 ST01 区块水体环境调查
	菊花岛	ZD-LDW006	40.4900°	120.9097°	908 专项辽宁省水体环境调查
		ZD-LDW039	40.3297°	120.7697°	
	石臼坨岛	HBBZ06	39.0497°	119.0400°	908 专项河北省水体环境调查
		HBBZ07	38.9200°	118.8700°	
		ZD-BDH076	39.2000°	119.0497°	
		ZD-TJ077	39.0700°	118.7397°	908 专项天津市水体环境调查
		ZD-TJ087	39.1197°	117.9500°	
	三河岛	TJ09	39.0797°	117.8100°	908 专项天津市水体环境调查
		TJ05	38.9297°	117.8900°	
	南长山岛	C108	37.9097°	120.9897°	908 专项 ST02 区块水体环境调查
		JC-BH043	38.0000°	120.4397°	908 专项 ST01 区块水体环境调查
	刘公岛	SW005	37.3500°	122.6597°	908 专项山东省水体环境调查
		SW007	37.2800°	122.6297°	
		SW008	37.2700°	122.6597°	
	东西连岛	JC-HH149	34.9900°	119.2997°	908 专项江苏省水体环境调查
		JC-HH187	34.6700°	119.5900°	

续表

气候带	重点岛	调查站位	北纬	东经	数据来源
北亚热带	兴隆沙	SB03	31.7244°	121.6539°	908 专项上海市水体环境调查
		SB04	31.7153°	121.7103°	
		JS26	31.7211°	121.6356°	908 专项江苏省水体环境调查
	崇明岛	SB13	31.3906°	121.8811°	908 专项上海市水体环境调查
	大金山岛	N4-2	30.6872°	121.4783°	908 专项 ST04 区块水体环境调查
	嵊山岛	O7-4	30.6631°	122.7581°	908 专项 ST04 区块水体环境调查
		O7-5	30.6711°	122.8783°	
	大洋山岛	N3-6	30.6681°	122.0475°	908 专项 ST04 区块水体环境调查
		N3-8	30.6061°	122.2097°	
	舟山岛	N12-4	30.1222°	121.8111°	908 专项 ST04 区块水体环境化学
		N12-6	30.1614°	121.9069°	
		N5-10	30.2200°	122.0178°	
		O5-1	30.1000°	122.4397°	
	五峙山岛	N11-4	30.2500°	121.7739°	908 专项 ST04 区块水体环境调查
		N12-6	30.1614°	121.9069°	
		N5-8	30.3089°	121.8397°	
	普陀山岛	O5-1	30.1000°	122.4397°	908 专项 ST04 区块水体环境调查
		O5-2	30.0817°	122.5203°	
	大榭岛	N12-2	30.0244°	121.7614°	908 专项 ST04 区块水体环境调查
		N12-6	30.1614°	121.9069°	
	朱家尖岛	O5-1	30.1000°	122.4397°	908 专项 ST04 区块水体环境调查
		O5-2	30.0817°	122.5203°	

续表

气候带	重点岛	调查站位	北纬	东经	数据来源
中亚热带	白石山岛	XS-1	29.4593°	121.5901°	908 专项浙江省水体环境调查
		XS-4	29.4626°	121.5377°	
		XS-5	29.5097°	121.5404°	
		XS-6	29.5170°	121.5901°	
		XS-7	29.5259°	121.6580°	
	渔山列岛	JZ0604	28.7691°	122.3761°	908 专项 ST05 区块水体环境调查
		JZ0605	28.8356°	122.1246°	
		ZD-ZS516	28.8602°	122.0001°	
	大陈列岛	JZ0802	28.2080°	121.8750°	908 专项 ST05 区块水体环境调查
		JZ0703	28.5000°	122.0000°	
	玉环岛	YQ-4	28.2678°	121.1990°	908 专项浙江省水体环境调查
		YQ-6	28.1975°	121.1574°	
		YQ-8	28.1833°	121.1667°	
		YQ-10	28.1517°	121.1319°	
		YQ-12	28.0996°	121.0999°	
		YQ-14	28.0489°	121.1016°	
		YQ-18	28.0027°	121.1293°	
		YQ-17	28.0231°	121.1672°	
	南麂列岛	JZ1203	27.3265°	121.0029°	908 专项 ST05 区块水体环境调查
		JC-DH468	27.3888°	120.8749°	
	小崳山岛	JC-DH491	26.8862°	120.2700°	908 专项 ST06 区块水体环境调查
		JC-DH492	26.8287°	120.3726°	
	三都岛	FS21	26.7011°	119.7069°	908 专项浙江省水体环境调查
		FS23B	26.6608°	119.8203°	
		FS26	26.6475°	119.6514°	
		FS28	26.6094°	119.7369°	
	琅岐岛	MJ25	26.0904°	119.7524°	908 专项福建省水体环境调查
		MJ29	26.0914°	119.7011°	
		ZD-MJK548	26.1155°	119.6621°	
		MJ30	26.0333°	119.7752°	

气候带	重点岛	调查站位	北纬	东经	数据来源
	湄洲岛	XM08	24.9826°	119.0979°	908 专项福建省水体环境调查
		ZD-MJK578	25.0257°	119.2506°	
		XM07	25.1360°	119.2097°	
	紫泥岛	ZN03	24.4612°	117.8043°	国家海洋局第三海洋研究所，2009
		ZN04	24.4380°	117.8312°	
		ZN13	24.4587°	117.9293°	
		ZN15	24.4238°	117.9270°	
	厦门岛	XM05	24.5200°	118.0680°	国家海洋局第三海洋研究所，2007
		XM07	24.4700°	118.0540°	
		XM13	24.4100°	118.0870°	
		XM14	24.4640°	118.1960°	
		XM18	24.5640°	118.1260°	
		XM21	24.5620°	118.1810°	
南亚热带	南澳岛	GD-A2	23.5022°	117.0822°	908 专项广东省水体环境调查
		GD-A1	23.4792°	116.9933°	
		GD-A5	23.4311°	116.9281°	
		GD-A4	23.4403°	116.8967°	
		GD-A6	23.3922°	116.8628°	
		GD-G1	23.3439°	117.0900°	
	内伶仃岛	ZD-ZJK127	22.4656°	113.7845°	908 专项 ST07 区块水体环境调查
		ZD-ZJK126	22.4438°	113.7517°	
		ZD-ZJK130	22.3707°	113.7713°	
		ZD-ZJK138	22.3415°	113.8549°	
	桂山岛	ZD-ZJK146	22.1802°	113.8226°	908 专项 ST07 区块水体环境调查
		ZD-ZJK050	22.0708°	113.8290°	
	上川岛	ZD-ZJK090	21.7343°	112.9646°	908 专项 ST07 区块水体环境调查
		ZD-ZJK097	21.4960°	112.9296°	
		ZD-ZJK106	21.5664°	112.6431°	
	特呈岛	GD-D1	21.0836°	110.4500°	908 专项广东省水体环境调查
		GD-D2	21.0869°	110.5261°	

气候带	重点岛	调查站位	北纬	东经	数据来源
南亚热带	涠洲岛	ST09-B36	20.9187°	109.3551°	
		ST09-B35	20.8471°	109.3065°	
		ST09-B32	21.1902°	109.2888°	
		ST09-B30	20.9912°	109.1521°	908 专项 ST09 区块水体环境调查
		ST09-B29	20.9039°	109.0946°	
		ST09-B26	21.2315°	108.8709°	
		ST09-B24	21.0559°	108.8210°	
	江平三岛	GX-GX17	21.5399°	108.2160°	
		GX-GX19	21.4681°	108.1694°	908 专项广西壮族自治区水体环境调查
		GX-GX18	21.4494°	108.0888°	
热带	过河园	J46	19.4079°	108.6298°	908 专项 ST09 区块水体环境调查
		J51	19.2404°	108.5315°	
	东屿岛	JC-NH660	19.1806°	110.7269°	908 专项 ST08 区块水体环境调查
		JC-NH659	19.1439°	110.8025°	
	大洲岛	JC-NH661	18.8306°	110.6056°	908 专项 ST08 区块水体环境调查
		JC-NH674	18.5914°	110.2925°	
	牛奇洲	JC-NH677	18.2947°	110.1400°	908 专项 ST08 区块水体环境调查
		ZD-HN820	18.0594°	109.7036°	
	西瑁洲	HN08/J56	19.0418°	108.5471°	
		HN06/H05	18.2882°	109.0952°	908 专项海南省水体环境调查
		HN05/H11	18.2491°	108.9235°	
		HN04/H17	18.1891°	109.2984°	
	永兴岛		—		李颖虹等，2004；周静等，2007
	东岛		—		李颖虹等，2004；周静等，2007；海南省海洋厅等，1999
	永暑礁		—		林洪瑛等，2001

评价内容包括溶解氧、无机氮、活性磷酸盐、石油类和重金属（砷、铜、铅、锌、镉、汞）等海水化学要素，采用单因子评价法和综合指数评价法相结合的方法开展评价，统一执行《海水水质标准》（GB 3097—1997）中的第二类标准。

单因子评价法采用式（4-1）计算：

$$P_i = \frac{C_i}{S_i} \tag{4-1}$$

式中：P_i 为第 i 项因子的环境质量指数；C_i 为第 i 项因子的调查统计浓度值；S_i 为第 i 项因子的评价参考标准值。

综合指数评价法采用式（4-2）计算：

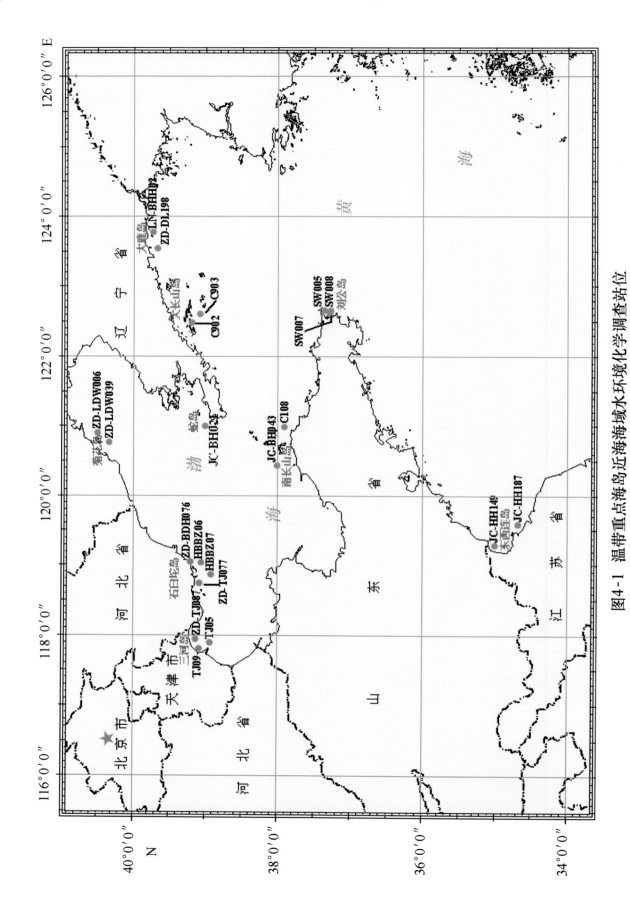

图4-1 温带重点海岛近海海域水环境化学调查站位

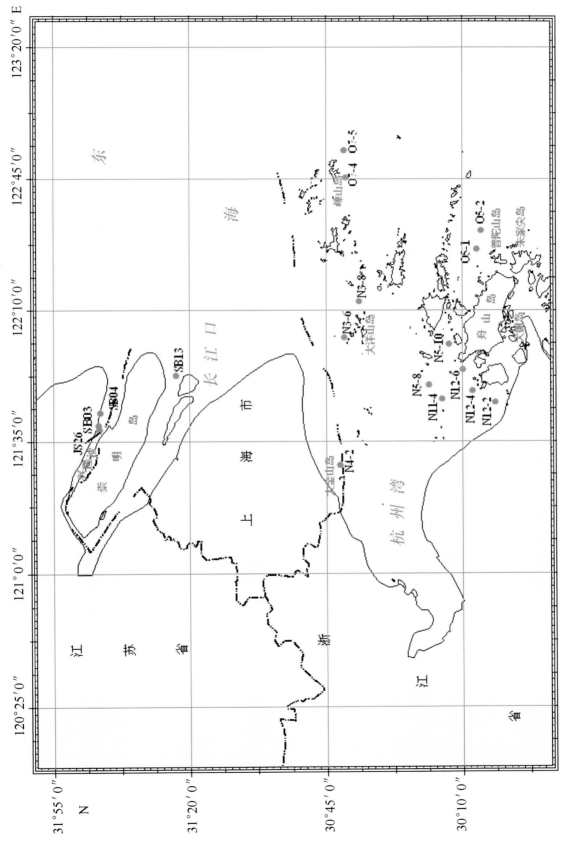

图 4-2 北亚热带重点海岛近海海域水环境化学调查站位

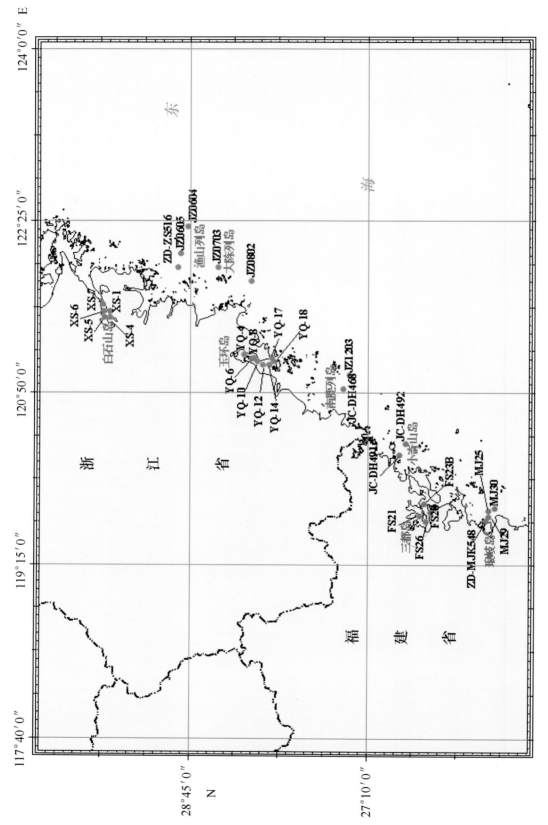

图4-3 中亚热带重点海岛近海海域水环境化学调查站位

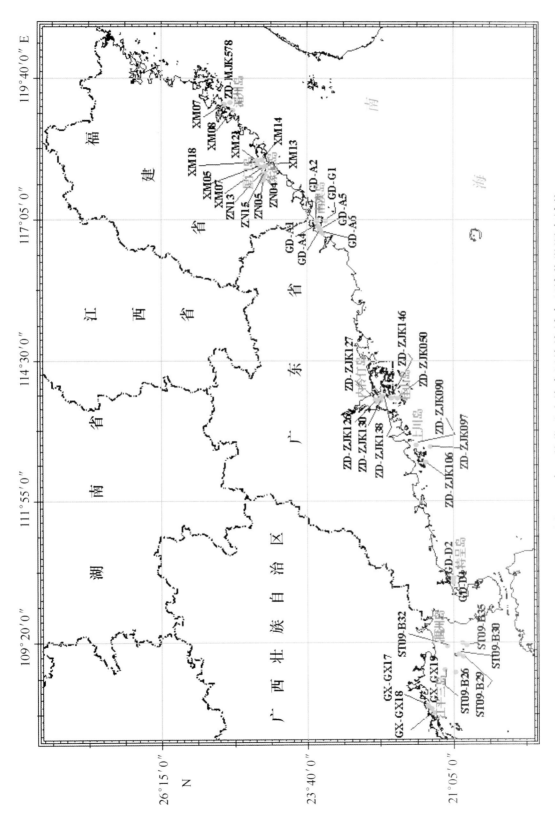

图 4-4 南亚热带重点海岛近海海域水环境化学调查站位

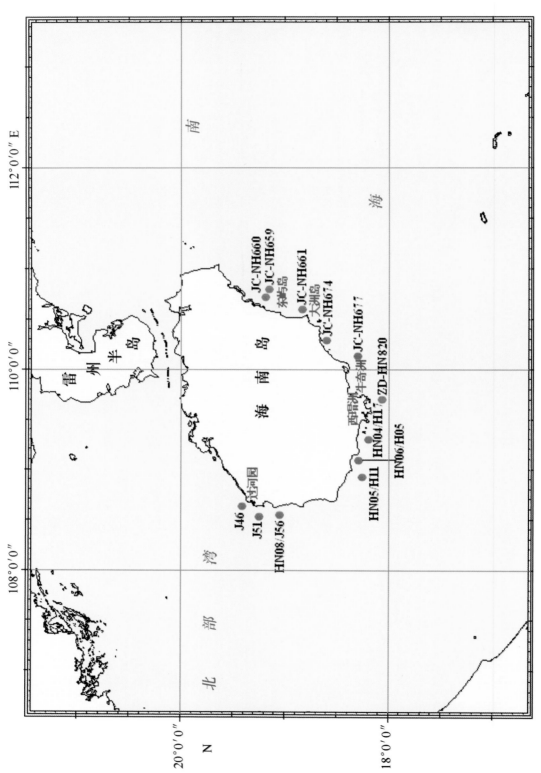

图4-5 热带重点海岛近海海域水环境化学调查站位

$$WQI = \frac{1}{n}\sum_{i=1}^{n} P_i \qquad\qquad (4.2)$$

式中：WQI 为海水水质综合指数，$WQI \leqslant 0.75$ 表示海水水质清洁，$0.75 < WQI \leqslant 1.0$ 表示海水水质轻度污染，$1 < WQI \leqslant 1.25$ 表示海水水质中度污染，$WQI > 1.25$ 表示海水水质严重污染；P_i 为第 i 项因子的环境质量指数；n 为所有参评因子的项数。

4.1.1 温带海岛

温带重点海岛近海海域水环境质量总体保持良好状态，大部分评价因子均可满足《海水水质标准》（GB 3097—1997）二类标准，无机氮、活性磷酸盐和石油类在部分海岛周围海域中的含量出现了超出二类标准的现象。其中，无机氮总体含量介于 0.01~0.81 mg/L 之间，均值为 0.19 mg/L，可以满足二类标准，在三河岛（0.49 mg/L）周围海域超出二类甚至三类标准，但满足四类标准；活性磷酸盐总体含量介于 0.001~0.245 mg/L 之间，均值为 0.022 mg/L，可以满足二类标准，在大长山岛（0.052 mg/L）和三河岛（0.039 mg/L）周围海域超出二类标准；石油类总体含量介于 0.005~0.178 mg/L 之间，均值为 0.043 mg/L，可以满足二类标准，在大鹿岛（0.051 mg/L）和南长山岛（0.080 mg/L）周围海域超出二类标准，但符合三类标准。温带重点海岛近海海域水环境质量调查统计结果具体见表 4-2。

表 4-2　温带重点海岛近海海域水环境主要因子含量

重点岛		溶解氧 /（mg/L）	无机氮 /（mg/L）	活性磷酸盐 /（mg/L）	石油类 /（mg/L）	铜 /（μg/L）
大鹿岛	范围	6.62~11.81	0.03~0.20	0.001~0.049	0.030~0.093	1.53~9.09
	均值	9.51	0.14	0.023	0.051	3.221
大长山岛	范围	7.12~10.75	0.03~0.11	0.001~0.171	0.020~0.039	0.1~1.3
	均值	9.01	0.07	0.052	0.030	0.700
蛇岛	范围	6.88~10.64	0.15~0.22	0.005~0.245	—	—
	均值	8.78	0.19	0.016		
菊花岛	范围	7.28~11.28	0.05~0.26	0.001~0.025	—	—
	均值	8.75	0.16	0.012		
石臼坨岛	范围	7.01~11.64	0.01~0.44	0.005~0.064	0.026~0.088	0.28~2.13
	均值	8.65	0.15	0.017	0.042	1.134
南长山岛	范围	7.67~10.62	0.014~0.22	0.002~0.065	0.011~0.178	0.8~4.08
	均值	9.05	0.09	0.018	0.080	2.034
刘公岛	范围	6.12~11.62	0.09~0.58	0.004~0.025	0.010~0.085	1.83~6.64
	均值	8.87	0.27	0.015	0.045	3.368
东西连岛	范围	3.3~11.03	0.04~0.27	0.003~0.018	0.022~0.036	0.9~1.6
	均值	7.41	0.15	0.008	0.028	1.175
三河岛	范围	6.57~11.34	0.21~0.81	0.008~0.091	0.005~0.057	0.813~3.821
	均值	8.41	0.49	0.039	0.025	2.126
总计	范围	3.3~11.81	0.01~0.81	0.001~0.245	0.005~0.178	0.1~9.09
	均值	8.72	0.19	0.022	0.043	1.965

重点岛		铅 /（μg/L）	锌 /（μg/L）	镉 /（μg/L）	汞 /（μg/L）	砷 /（μg/L）
大鹿岛	范围	0.21~6.33	18.95~84.92	0.11~0.66	0.003~0.113	0.48~3.54
	均值	1.980	36.571	0.278	0.055	1.173
大长山岛	范围	1.9~2.43	4.2~12.5	0.13~0.25	0.013~0.08	1.54~4.26
	均值	1.310	8.350	0.190	0.047	2.900
蛇岛	范围	—	—	—	—	—
	均值	—	—	—	—	—
菊花岛	范围	—	—	—	—	—
	均值	—	—	—	—	—
石臼坨岛	范围	0.275~1.669	3.27~14.33	0.045~0.241	0.01~0.077	0.69~1.4
	均值	0.814	6.894	0.108	0.026	1.063
南长山岛	范围	0.49~4.82	12.6~18.6	0.102~0.18	0.004~0.068	1.26~1.88
	均值	1.865	16.500	0.135	0.030	1.638
刘公岛	范围	0.152~5.1	14.1~36.8	0.135~2.21	0.03~0.134	0.64~4.3
	均值	1.776	27.188	0.865	0.131	2.556
东西连岛	范围	0.56~5.7	16.2~29.8	0.081~0.143	0.071~0.251	0.988~1.94
	均值	2.983	20.670	0.116	0.171	1.467
三河岛	范围	0.1043~2.779	7.25~34.0	0.011~0.104	0.028~0.226	0.803~2.326
	均值	0.609	22.328	0.068	0.095	1.384
总计	范围	0.104~4.82	3.27~84.92	0.011~2.21	0.003~0.251	0.48~4.26
	均值	1.619	19.786	0.251	0.079	1.740

从海水水质综合指数法计算结果来看，海水水质综合指数介于0.27~0.58之间，均值为0.40，表明温带海岛近海海域水质处于清洁状态。各重点海岛周围海域水环境质量状况从优到差依次为：石臼坨岛、东西连岛、南长山岛、大长山岛、大鹿岛、刘公岛、菊花岛、三河岛、蛇岛。具体结果如图4-6所示。

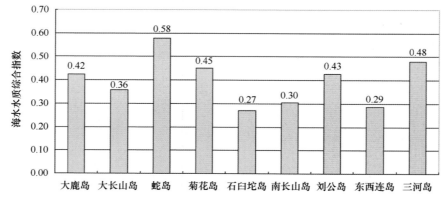

图4-6 温带重点海岛近海海域水质综合指数

4.1.2 北亚热带海岛

北亚热带重点海岛近海海域水环境质量总体情况一般，大部分评价因子均可满足《海水水质标准》（GB 3097—1997）二类标准，无机氮、活性磷酸盐和石油类在部分海岛周围海域中的含量出现了超出二类标准的现象。其中，无机氮总体含量介于未检出至 2.86 mg/L 之间，均值为 0.78 mg/L，超出了二类标准 1.8 倍，甚至都不能满足四类标准，除嵊山岛外各重点海岛海域无机氮含量均超出二类标准，其中崇明岛（1.59 mg/L）和大金山岛（1.54 mg/L）超标最为严重；活性磷酸盐总体含量介于 0.001 ~ 0.152 mg/L 之间，均值为 0.033 mg/L，超出二类标准，但可以满足四类标准，崇明岛、大金山岛、舟山岛、朱家尖岛、大榭岛和五峙山岛 6 个海岛海域活性磷酸盐含量超出二类标准，其中崇明岛（0.045 mg/L）和大金山岛（0.045 mg/L）超标最为严重；石油类总体含量介于未检出至 1.110 mg/L 之间，均值为 0.107 mg/L，超出海水水质二类标准，但可以满足三类标准，崇明岛、大金山岛、舟山岛、嵊山岛、大榭岛和五峙山岛 6 个海岛海域石油类含量超出二类标准，其中嵊山岛（0.308 mg/L）超标最为严重。北亚热带重点海岛近海海域水环境质量调查统计结果具体见表 4-3。

表 4-3　北亚热带重点海岛近海海域水环境主要因子含量

重点岛		溶解氧 / （mg/L）	无机氮 / （mg/L）	活性磷酸盐 / （mg/L）	石油类 / （mg/L）	铜 / （μg/L）
兴隆沙	范围	3.06 ~ 10.10	ND ~ 1.87	0.009 ~ 0.052	0.004 ~ 0.100	0.6 ~ 2.7
	均值	7.43	0.89	0.030	0.048	1.829
崇明岛	范围	6.34 ~ 11.98	0.21 ~ 2.86	0.010 ~ 0.152	0.016 ~ 0.229	0.7 ~ 3.9
	均值	8.62	1.59	0.045	0.068	2.582
大金山岛	范围	6.61 ~ 10.56	0.83 ~ 2.35	0.001 ~ 0.059	0.020 ~ 0.045	0.9 ~ 4.0
	均值	8.68	1.54	0.045	0.067	2.166
舟山岛	范围	5.37 ~ 9.90	0.26 ~ 0.93	0.017 ~ 0.048	0.005 ~ 0.477	0.5 ~ 2.6
	均值	8.01	0.66	0.033	0.116	1.289
嵊山岛	范围	3.38 ~ 11.20	0.07 ~ 0.34	0.004 ~ 0.026	0.008 ~ 1.110	0.5 ~ 1.4
	均值	7.20	0.18	0.016	0.308	0.815
大洋山岛	范围	6.09 ~ 9.92	0.33 ~ 0.71	0.021 ~ 0.034	—	—
	均值	8.15	0.54	0.027		
朱家尖岛	范围	5.08 ~ 9.63	0.14 ~ 0.66	0.010 ~ 0.034	0.005 ~ 0.097	0.5 ~ 2.6
	均值	7.65	0.40	0.033	0.040	1.300
普陀山岛	范围	5.08 ~ 9.63	0.14 ~ 0.66	0.001 ~ 0.034	0.005 ~ 0.097	0.5 ~ 2.6
	均值	7.65	0.40	0.022	0.040	1.293
大榭岛	范围	5.54 ~ 9.86	0.52 ~ 1.97	0.032 ~ 0.053	0.030 ~ 0.477	0.75 ~ 2.4
	均值	8.16	0.81	0.039	0.147	1.325
五峙山岛	范围	5.54 ~ 9.98	0.52 ~ 0.93	0.032 ~ 0.051	ND ~ 0.447	0.8 ~ 2.3
	均值	8.16	0.80	0.039	0.127	1.376
总计	范围	3.38 ~ 11.98	ND ~ 2.86	0.001 ~ 0.152	ND ~ 1.110	0.5 ~ 4.0
	均值	7.97	0.78	0.033	0.107	1.553

续表

重点岛		铅 /（μg/L）	锌 /（μg/L）	镉 /（μg/L）	汞 /（μg/L）	砷 /（μg/L）
兴隆沙	范围	0.2~6.1	1.1~42.7	ND~2.830	ND~0.223	1.0~29.1
	均值	2.249	22.516	0.435	0.113	5.297
崇明岛	范围	0.1~2.7	ND~30.1	0~0.121	0.014~0.170	2.2~4.6
	均值	1.657	18.574	0.058	0.068	2.846
大金山岛	范围	0.1~3.5	ND~21.4	0.039~0.173	0.044~0.146	1.4~3.3
	均值	1.693	11.288	0.114	0.098	2.420
舟山岛	范围	0.1~1.6	1.6~22.3	0.030~0.900	0.044~0.170	2.6~5.0
	均值	0.741	7.425	0.269	0.107	3.825
嵊山岛	范围	ND~0.9	ND~5.6	0.030~0.320	0.050~0.110	1.6~2.6
	均值	0.498	2.350	0.123	0.072	2.000
大洋山岛	范围	—	—	—	—	—
	均值	—	—	—	—	—
朱家尖岛	范围	0.5~1.6	3.4~9.6	0.030~0.450	0.155~0.170	2.6~5.0
	均值	0.940	6.125	0.173	0.162	4.225
普陀山岛	范围	0.5~1.6	3.4~9.6	0.030~0.450	0.155~0.170	2.6~5.0
	均值	0.953	6.125	0.173	0.162	4.225
大榭岛	范围	0.1~1.1	ND~22.3	0.090~0.900	0.044~0.060	2.6~4.0
	均值	0.450	6.250	0.309	0.052	3.113
五峙山岛	范围	0.1~1.1	1.6~22.3	0.070~0.900	0.044~0.140	2.6~4.7
	均值	0.414	8.025	0.260	0.093	3.438
总计	范围	ND~6.1	ND~42.7	ND~2.830	ND~0.223	1.0~29.1
	均值	1.066	9.853	0.213	0.103	3.488

注："ND"表示"未检出"。

从海水水质综合指数法计算结果来看，海水水质综合指数介于 0.22~1.35 之间，均值为 0.76，表明北亚热带海岛近海海域水质处于轻度污染状态。各重点海岛周围海域水环境质量状况从优到差依次为：大榭岛、普陀山岛、朱家尖岛、兴隆沙、舟山岛、五峙山岛、嵊山岛、大金山岛、崇明岛、大洋山岛，其中大榭岛、普陀山岛、朱家尖岛、兴隆沙和舟山岛 5 个海岛近海海域水质处于清洁状态，五峙山岛、嵊山岛和大金山岛 3 个海岛近海海域水质处于轻度污染状态，崇明岛近海海域水质处于中度污染状态，大洋山岛近海海域水质处于重度污染状态，这与大洋山岛周围海域水质参与评价的因子较少（仅无机氮和活性磷酸盐两项）存在一定关系。具体结果如图 4-7 所示。

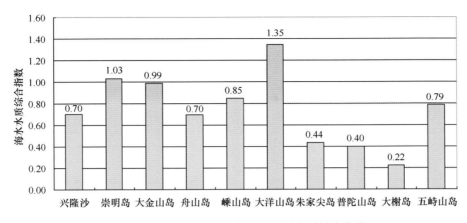

图 4-7　北亚热带重点海岛近海海域水质综合指数

4.1.3　中亚热带海岛

中亚热带重点海岛近海海域水环境质量总体情况一般，大部分评价因子均可满足《海水水质标准》（GB 3097—1997）二类标准，无机氮、活性磷酸盐和石油类在部分海岛周围海域中的含量出现了超出二类标准的现象。其中，无机氮总体含量介于 0.02~1.19 mg/L 之间，均值为 0.46 mg/L，超出了二类和三类标准，但可以满足四类标准，除渔山列岛外其余各重点海岛海域无机氮含量均超出二类标准，其中白石山岛（0.76 mg/L）、琅岐岛（0.69 mg/L）和玉环岛（0.61 mg/L）超标较为严重；活性磷酸盐总体含量介于 0.002~0.128 mg/L 之间，均值为 0.035 mg/L，超出二类标准，但可以满足四类标准，其中琅岐岛（0.031 mg/L）、小嵛山岛（0.043 mg/L）、玉环岛（0.034 mg/L）和大陈列岛（0.033 mg/L）略超二类标准，白石山岛（0.073 mg/L）超标最为严重，甚至不能满足四类标准；石油类总体含量介于 0.01~0.17 mg/L 之间，均值为 0.042 mg/L，满足二类标准，仅玉环岛（0.076 mg/L）和白石山岛（0.078 mg/L）海域中石油类含量超出二类标准，但满足三类标准。中亚热带重点海岛近海海域水环境质量调查统计结果具体见表 4-4。

表 4-4　中亚热带重点海岛近海海域水环境主要因子含量

重点岛		溶解氧 /（mg/L）	无机氮 /（mg/L）	活性磷酸盐 /（mg/L）	石油类 /（mg/L）	铜 /（μg/L）
琅岐岛	范围	5.37~8.70	0.17~1.19	0.008~0.093	0.01~0.04	0.07~1.21
	均值	7.68	0.69	0.031	0.032	0.838
三都岛	范围	4.52~6.76	0.14~0.50	0.009~0.035	—	—
	均值	5.72	0.31	0.021	—	—
小嵛山岛	范围	5.64~8.99	0.04~0.51	0.011~0.128	0.01~0.03	0.64~0.79
	均值	7.90	0.34	0.043	0.021	0.745
南麂列岛	范围	5.06~9.01	0.07~0.66	0.002~0.049	0.02~0.03	1.14~2.36
	均值	7.43	0.34	0.024	0.024	1.768
玉环岛	范围	6.11~9.46	0.20~1.08	0.019~0.043	0.03~0.17	1.14~2.54
	均值	7.83	0.61	0.034	0.076	1.606

重点岛		溶解氧 /（mg/L）	无机氮 /（mg/L）	活性磷酸盐 /（mg/L）	石油类 /（mg/L）	铜 /（μg/L）
大陈列岛	范围	5.04~9.75	0.04~0.67	0.004~0.060	0.01~0.05	0.57~2.44
	均值	7.64	0.34	0.033	0.040	1.391
渔山列岛	范围	3.85~9.68	0.02~0.58	0.003~0.073	0.02~0.03	0.69~2.30
	均值	7.65	0.27	0.024	0.023	1.383
白石山岛	范围	5.16~9.97	0.04~1.10	0.035~0.142	0.04~0.14	0.85~1.52
	均值	7.63	0.76	0.073	0.078	1.255
总计	范围	3.85~9.97	0.02~1.19	0.002~0.128	0.01~0.17	0.57~2.54
	均值	7.44	0.46	0.035	0.042	1.283
重点岛		铅 /（μg/L）	锌 /（μg/L）	镉 /（μg/L）	汞 /（μg/L）	砷 /（μg/L）
琅岐岛	范围	0.01~0.15	0.41~1.19	0.01~0.04	0.007~0.022	1.40~4.00
	均值	0.066	0.687	0.025	0.015	2.325
三都岛	范围	—	—	—	—	—
	均值	—	—	—	—	—
小嵛山岛	范围	0.02~0.04	0.37~1.23	0.01~0.04	0.010~0.035	2.10~4.40
	均值	0.069	0.835	0.035	0.017	3.000
南麂列岛	范围	0.12~2.36	18.10~20.00	0.04~0.07	0.038~0.091	1.63~2.31
	均值	1.604	19.175	0.055	0.076	1.968
玉环岛	范围	0.46~0.98	3.57~12.02	0.03~0.13	0.012~0.061	1.63~8.67
	均值	0.701	6.751	0.076	0.039	4.112
大陈列岛	范围	0.32~5.02	17.18~24.00	0.04~0.08	0.034~0.091	1.66~2.01
	均值	1.356	22.710	0.053	0.050	1.948
渔山列岛	范围	0.29~14.60	5.96~112.30	0.02~0.36	0.020~0.084	1.40~2.00
	均值	3.929	23.885	0.102	0.062	1.706
白石山岛	范围	0.21~0.72	4.26~9.93	0.02~0.17	0.022~0.063	2.37~9.78
	均值	0.508	6.564	0.076	0.040	5.118
总计	范围	0.01~14.60	0.37~112.30	0.01~0.36	0.007~0.091	1.40~9.78
	均值	1.176	11.515	0.060	0.043	2.882

从海水水质综合指数法计算结果来看，海水水质综合指数介于0.36~0.87之间，均值为0.54，表明中亚热带海岛近海海域水质处于清洁状态。各重点海岛周围海域水环境质量状况从优到差依次为：小嵛山岛、南麂列岛、渔山列岛、大陈列岛、琅岐岛、玉环岛、白石山岛、三都岛，其中小嵛山岛、南麂列岛、渔山列岛、大陈列岛、琅岐岛和玉环岛6个海岛海域水质处于清洁状态，白石山岛和三都岛海域水质处于轻度污染状态，三都岛海域水质相对较差，这与该岛海域水质参与评价的因子较少有一定关系。具体结果如图4-8所示。

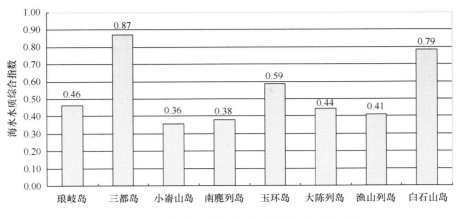

图 4-8 中亚热带重点海岛近海海域水质综合指数

4.1.4 南亚热带海岛

南亚热带重点海岛近海海域水环境质量总体保持良好状态，大部分评价因子均可满足《海水水质标准》（GB 3097—1997）二类标准，无机氮、活性磷酸盐和石油类在部分海岛周围海域中的含量出现了超出二类标准的现象，重金属方面虽然在个别岛的部分站位出现超二类标准现象，但总体含量仍然处于较低的水平。其中，无机氮总体含量介于 0.003 ~ 2.077 mg/L 之间，均值为 0.487 mg/L，超出了二类和三类标准，但可以满足四类标准，紫泥岛（2.024 mg/L）、厦门岛（0.645 mg/L）和内伶仃岛（0.989 mg/L）海域无机氮含量超标现象较为严重，其余海岛均可满足标准；活性磷酸盐总体含量介于未检出至 0.152 mg/L 之间，均值为 0.021 mg/L，可以满足二类标准，其中紫泥岛（0.042 mg/L）、厦门岛（0.035 mg/L）和内伶仃岛（0.036 mg/L）海域活性磷酸盐含量超出二类标准，但满足四类标准；石油类总体含量介于 0.003 ~ 2.22 mg/L 之间，均值为 0.110 mg/L，超出二类标准，但可以满足三类标准，仅特呈岛（0.861 mg/L）海域中石油类含量最高，超出二类标准约 16 倍，这与该岛处于湛江港内受到船舶油污水的影响有关。南亚热带重点海岛近海海域水环境质量调查统计结果具体见表 4-5。

表 4-5 南亚热带重点海岛近海海域水环境主要因子含量

重点岛		溶解氧 /（mg/L）	无机氮 /（mg/L）	活性磷酸盐 /（mg/L）	石油类 /（mg/L）	铜 /（μg/L）
湄洲岛	范围	5.83 ~ 8.49	0.033 ~ 0.373	0.001 ~ 0.044	0.009 ~ 0.037	0.335 ~ 0.47
	均值	7.58	0.238	0.024	0.018	0.455
紫泥岛	范围	4.8 ~ 7.5	0.87 ~ 3.687	0.027 ~ 0.055	0.009 ~ 0.044	1.05 ~ 1.94
	均值	6.08	2.024	0.042	0.015	1.537
厦门岛	范围	3.85 ~ 7.23	0.153 ~ 1.818	0.005 ~ 0.056	0.010 ~ 0.019	0.498 ~ 1.10
	均值	6.26	0.645	0.035	0.013	0.812
南澳岛	范围	4.14 ~ 10.64	0.024 ~ 0.638	ND ~ 0.028	0.004 ~ 0.043	1.7 ~ 2.90
	均值	7.78	0.222	0.013	0.024	2.283
内伶仃岛	范围	4.04 ~ 7.72	0.185 ~ 2.077	0.014 ~ 0.055	0.034 ~ 0.083	1.29 ~ 2.45
	均值	6.42	0.989	0.036	0.050	1.938

续表

重点岛		溶解氧 / (mg/L)	无机氮 / (mg/L)	活性磷酸盐 / (mg/L)	石油类 / (mg/L)	铜 / (μg/L)
桂山岛	范围	4.08~7.48	0.065~0.276	0.010~0.152	0.016~0.048	ND~3.15
	均值	6.42	0.211	0.024	0.034	2.133
上川岛	范围	4.22~11.86	0.017~1.046	0.001~0.021	0.022~0.098	ND~2.33
	均值	7.19	0.179	0.012	0.043	1.753
特呈岛	范围	6.01~8.54	0.022~0.605	0.001~0.025	0.008~2.22	1.6~2.90
	均值	7.29	0.277	0.015	0.861	2.070
涠洲岛	范围	5.39~8.73	0.003~0.178	0.001~0.104	0.003~0.010	0.27~0.31
	均值	6.98	0.049	0.006	0.015	0.477
江平三岛	范围	4.38~7.36	0.004~0.086	0.001~0.007	0.014~0.051	1.64~2.99
	均值	6.55	0.041	0.003	0.026	2.275
总计	范围	3.85~11.86	0.003~2.077	ND~0.152	0.003~2.22	ND~3.15
	均值	6.85	0.487	0.021	0.110	1.573
重点岛		铅 / (μg/L)	锌 / (μg/L)	镉 / (μg/L)	汞 / (μg/L)	砷 / (μg/L)
湄洲岛	范围	0.026~0.201	0.179~0.77	0.016~0.027	0.013~0.021	2.1~2.7
	均值	0.092	0.463	0.021	0.018	2.375
紫泥岛	范围	0.006~0.864	1.23~5.4	0.006~0.039	0.009~0.017	0.92~2.0
	均值	0.337	2.417	0.030	0.016	2.314
厦门岛	范围	0.004~0.203	—	0.016~0.041	0.022~0.062	1.2~2.7
	均值	0.048	—	0.033	0.037	1.800
南澳岛	范围	0.3~5.9	6.0~82.7	0.03~0.3	0.021~1.237	1.4~5.5
	均值	1.900	18.983	0.106	0.250	2.742
内伶仃岛	范围	0.58~0.89	3.68~7.9	0.13~0.2	0.021~0.039	1.3~4.3
	均值	0.735	5.970	0.161	0.030	2.713
桂山岛	范围	0.33~0.97	4.1~10.4	0.08~0.26	0.01~0.045	1.1~3.0
	均值	0.704	5.366	0.161	0.032	2.250
上川岛	范围	0.63~1.15	3.8~10.3	0.09~0.26	0.012~0.047	1.2~3.2
	均值	0.845	6.889	0.148	0.028	2.275
特呈岛	范围	0.2~2.8	2.63~27.0	0.02~0.13	0.036~0.868	1.2~3.0
	均值	1.120	12.708	0.068	0.289	2.125
涠洲岛	范围	0.1~0.62	2.63~22.67	0.01~0.082	0.015~0.044	0.56~2.15
	均值	0.455	9.544	0.046	0.031	1.088
江平三岛	范围	0.002~0.43	6.42~72.84	0.052~0.079	0.023~0.132	2.11~11.5
	均值	0.221	15.283	0.064	0.079	6.698
总计	范围	0.002~5.9	0.179~82.7	0.01~0.3	0.01~0.868	0.56~11.5
	均值	0.646	8.625	0.084	0.081	2.638

注:"ND"表示"未检出"。

从海水水质综合指数法计算结果来看,海水水质综合指数介于0.12~2.17之间,均值为0.58,

表明南亚热带海岛近海海域水质处于清洁状态。各重点海岛周围海域水环境质量状况从优到差依次为：涠洲岛、江平三岛、湄洲岛、上川岛、南澳岛、桂山岛、厦门岛、内伶仃岛、紫泥岛、特呈岛，其中特呈岛海域水质呈严重污染状态，这是由于石油类含量较高所致；紫泥岛海域水质呈轻度污染状态，这是由于氮磷盐含量较高所致；其余海岛海域水质尚处于清洁状态。具体结果如图4-9所示。

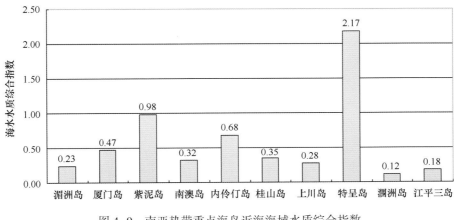

图4-9 南亚热带重点海岛近海海域水质综合指数

4.1.5 热带海岛

热带重点海岛近海海域水环境质量总体保持优良状态，所有评价因子均可满足《海水水质标准》（GB 3097—1997）二类标准，甚至可满足一类标准，仅永兴岛海域中石油类含量相对较高，为0.046 mg/L，接近二类标准，这可能与永兴岛周围海域船舶通行较多有一定关系。热带重点海岛近海海域水环境质量调查统计结果具体见表4-6。

表4-6 热带重点海岛近海海域水环境主要因子含量

重点岛		溶解氧 /（mg/L）	无机氮 /（mg/L）	活性磷酸盐 /（mg/L）	石油类 /（mg/L）	铜 /（μg/L）
过河园	范围	5.18~8.01	0.004~0.06	ND~0.009	0.001~0.038	0.27~0.42
	均值	6.75	0.02	0.003	0.018	0.359
西瑁洲	范围	6.37~7.08	ND~0.021	0.000 3~0.012	0.001~0.056	0.17~0.37
	均值	6.80	0.01	0.003	0.021	0.278
牛奇洲	范围	4.12~7.06	0.01~0.21	0.001~0.024	—	—
	均值	6.62	0.04	0.008	—	—
大洲岛	范围	4.13~7.69	0.01~0.15	0.001~0.026	ND~0.023	0.85~3.40
	均值	6.76	0.03	0.006	0.012	2.29
东屿岛	范围	4.36~7.25	0.01~0.19	0.001~0.026	ND~0.024	0.65~2.07
	均值	6.69	0.04	0.007	0.016	1.518
永兴岛	范围	5.55~6.26	0.03~0.06	0.001~0.008	0.037~0.068	—
	均值	5.96	0.04	0.004	0.046	1.78

重点岛		溶解氧 /（mg/L）	无机氮 /（mg/L）	活性磷酸盐 /（mg/L）	石油类 /（mg/L）	铜 /（μg/L）
东岛	范围	—	—	—	—	—
	均值	5.12	0.037	0.004	ND	1.78
永暑礁	范围	—	ND~0.10	0.003~0.008	—	—
	均值	6.46	0.04	0.008	0.028	—
总计	范围	4.12~8.01	ND~0.21	ND~0.026	ND~0.068	ND~3.40
	均值	6.40	0.03	0.005	0.024	1.334

重点岛		铅 /（μg/L）	锌 /（μg/L）	镉 /（μg/L）	汞 /（μg/L）	砷 /（μg/L）
过河园	范围	0.16~2.66	2.02~18.58	0.01~0.122	ND~0.14	0.48~0.93
	均值	0.851	6.923	0.036	0.067	0.728
西瑁洲	范围	0.26~1.98	2.71~22.12	0.01~0.058	ND~0.16	0.35~0.99
	均值	0.982	10.953	0.024	0.076	0.720
牛奇洲	范围					
	均值					
大洲岛	范围	1.08~1.63	1.23~8.09	0.079~0.69	0.012~0.043	ND~2.15
	均值	1.313	5.783	0.249	0.0273	1.15
东屿岛	范围	0.387~1.11	ND~7.76	0.056 9~0.35	ND~0.039	1.259~7.488
	均值	0.648	7.247	0.151	0.023	3.177
永兴岛	范围	1~1	0.41~0.41	0.02~0.02	0.018~0.018	—
	均值	1	0.41	0.02	0.018	—
东岛	范围					
	均值	1	0.41	0.02	0.018	—
永暑礁	范围					
	均值	—	13.4	—	—	—
总计	范围	0.26~2.66	ND~22.12	0.01~0.69	ND~0.16	ND~7.488
	均值	0.966	6.446	0.083	0.038	1.444

注："ND"表示"未检出"。

从海水水质综合指数法计算结果来看，海水水质综合指数介于 0.09~0.31 之间，均值为 0.16，表明热带海岛近海海域水质保持在清洁状态。各重点海岛周围海域水环境质量状况从优到差依次为：东岛、过河园、西瑁洲、大洲岛、东屿岛、牛奇洲、永兴岛、永暑礁，其中永暑礁海域水质状态相对较差，这与该岛海域水质参与评价的因子较少有很大关系。具体结果如图 4-10 所示。

热带重点海岛西瑁洲、牛奇洲、永兴岛、东岛和永暑礁为珊瑚岛，这些海岛是由海洋中造礁珊瑚的钙质遗骸和石灰藻类等生物遗骸堆积而成的岛屿，海水透明度是影响珊瑚礁独特生存环境以及其生长变化的重要指标。永暑礁、永兴岛和东岛周边海域透明度相对较大，均为 25 m，牛奇洲和西瑁洲相对较小，分别为 13 m 和 6.6 m，这是由于西瑁洲和牛奇洲离海南岛本岛不远，受到人为活动的影响比较大，因此海水透明度相对较低，特别是西瑁洲受到三亚河径流输入的影响，透明度更低，而西沙海域的永兴岛、东岛和南沙海域的永暑礁远离海南岛本岛，受到人为活动和地表径流的影响比较小，海水透明度相对较大。

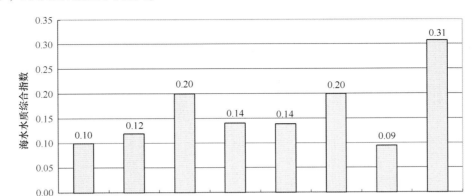

图 4-10　热带重点海岛近海海域水质综合指数

4.1.6　全国海岛综合评述

1）近海海域水环境质量单因子现状评价

综合以上分析可以看出，我国海岛周围海域水环境质量总体保持在良好的状态，溶解氧含量较高，测值基本处在 6.0 mg/L 以上；无机氮和活性磷酸盐是全国海岛周围海域污染较为普遍的因子，在参与评价的 45 个重点海岛中，20 个海岛海域无机氮出现不同程度的超过《海水水质标准》（GB 3097—1997）二类标准现象，16 个海岛海域活性磷酸盐含量出现不同程度超标现象；石油类在海岛海域中污染现象也逐渐加剧，在有数据的 39 个重点海岛中，12 个海岛海域中石油类含量出现超标现象；重金属方面虽然在个别岛的个别站位出现超标现象，但总体含量仍然处于较低的水平。

全国重点海岛周围海域中无机氮总体含量介于未检出至 2.86 mg/L 之间，均值为 0.40 mg/L，超出了二类标准，基本满足三类标准。在参与评价的 45 个重点海岛中，约 44% 的海岛海域中无机氮含量出现不同程度的超二类标准现象。其中，紫泥岛、崇明岛和大金山岛海域中无机氮含量最高，测值均大于 1.0 mg/L；其次是大洋山岛、玉环岛和厦门岛等 10 个重点海岛，无机氮含量介于 0.5~1.0 mg/L 之间；再次是三都岛、南麂列岛和三河岛等 7 个重点海岛，无机氮含量介于 0.3~0.5 mg/L 之间，尚可满足四类标准；其余海岛海域无机氮含量均可满足二类标准。具体结果如图 4-11 和表 4-7 所示。

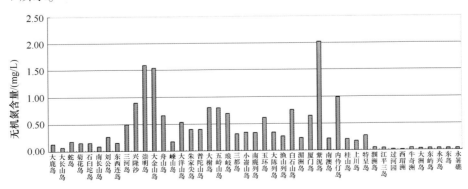

图 4-11　全国重点海岛近海海域中无机氮含量分布

表 4-7　全国重点海岛近海海域主要评价因子超标情况

评价因子	满足标准情况	个数/个	比例（%）	主要海岛名称
无机氮	满足一类	19	42.22	西瑁洲、过河园、江平三岛、南长山岛和蛇岛等
	超一类满足二类	6	13.33	桂山岛、南澳岛、湄洲岛、刘公岛、渔山列岛和特呈岛
	超二类满足三类	6	13.33	三都岛、南麂列岛、大陈列岛、小嵛山岛、朱家尖岛和普陀山岛
	超三类满足四类	1	2.22	三河岛
	超四类	13	28.89	大洋山岛、玉环岛、厦门岛、舟山岛、琅岐岛、白石山岛、五屿山岛、大榭岛、兴隆沙、内伶仃岛、大金山岛、崇明岛和紫泥岛
活性磷酸盐	满足一类	16	35.56	江平三岛、永兴岛、东西连岛和南澳岛等
	超一类满足二（三）类	13	28.89	嵊山岛、三都岛、大鹿岛、湄洲岛和兴隆沙等
	超二（三）类满足四类	14	31.11	琅岐岛、大陈列岛、朱家尖岛、舟山岛、玉环岛、厦门岛、内伶仃岛、三河岛、大榭岛、五屿山岛、紫泥岛、小嵛山岛、崇明岛和大金山岛
	超四类	2	4.44	大长山岛和白石山岛
石油类	满足一（二）类	27	69.23	大洲岛、紫泥岛、渔山列岛、普陀山岛和刘公岛等
	超一（二）类满足三类	10	25.64	大鹿岛、南长山岛、内伶仃岛、大金山岛、崇明岛、玉环岛、白石山岛、舟山岛、五屿山岛和大榭岛
	超三类满足四类	1	2.56	嵊山岛
	超四类	1	2.56	特呈岛

　　全国重点海岛周围海域中活性磷酸盐总体含量介于未检出至 0.254 mg/L 之间，均值为 0.024 mg/L，满足二类标准。在参与评价的 45 个重点海岛中，约 36% 的海岛海域中活性磷酸盐含量出现不同程度的超二类标准现象。其中，白石山岛和大长山岛海域中性磷酸盐含量最高，测值均大于 0.050 mg/L；其次是琅岐岛、舟山岛、玉环岛和厦门岛等 14 个重点海岛，海域中活性磷酸盐含量介于 0.030~0.045 mg/L 之间，尚可满足四类标准；其余海岛海域活性磷酸盐含量均可满足二类标准。具体结果如图 4-12 和表 4-7 所示。

　　全国重点海岛周围海域中石油类总体含量介于未检出至 2.22 mg/L 之间，均值为 0.071 mg/L，超出海水水质二类标准，但可以满足三类标准，在参与评价的 39 个重点海岛中，约 31% 的海岛海域中石油类含量出现不同程度的超海水水质二类标准现象。其中，特呈岛（0.861 mg/L）海域中石油类含量最高，超出二类标准约 16 倍；其次是嵊山岛（0.308 mg/L），海域中石油类含量超出二类

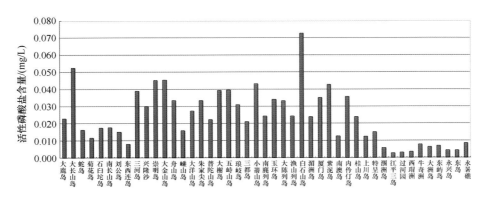

图 4-12　全国重点海岛近海海域中活性磷酸盐含量分布

标准约 5 倍；再次是大鹿岛、崇明岛、玉环岛和舟山岛等 10 个重点海岛，海域中石油类含量介于 0.05~0.30 mg/L 之间，尚可满足四类标准；其余海岛海域中石油类含量均可满足海水水质二类标准。具体结果如图 4-13 和表 4-7 所示。

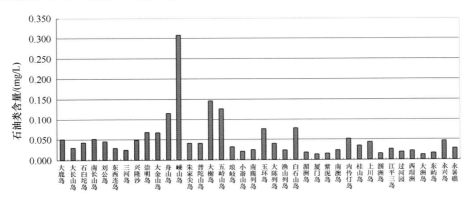

图 4-13　全国重点海岛近海海域中石油类含量分布

特呈岛周围海域中石油类含量为 0.862 mg/L，图中未列出

2）近海海域水环境质量综合指数现状评价

从海水水质综合指数法计算结果来看，海水水质综合指数介于 0.09~2.17 之间，平均值为 0.50，表明全国重点海岛近海海域水质总体保持在清洁状态。其中，特呈岛海域污染最为严重，这是由于石油类含量较高所致；其次为大洋山岛，海域水质也呈严重污染状态，这与该岛海域水质参与评价的因子较少有一定关系；崇明岛海域水质呈中度污染状态；白石山岛、五峙山岛、嵊山岛、三都岛、紫泥岛和大金山岛 6 个海岛海域水质呈轻度污染状态，主要是由于海水中氮磷含量较高所导致；其余海岛海域水质均处于清洁状态，其比例约占所评价重点海岛总数的 80%。具体结果如图 4-14 所示。

3）近海海域水环境质量地理分布特点

从气候带分布来看，热带海岛海域水环境质量最优，温带海岛海域水环境质量居中，亚热带海岛海域水环境质量相对较差。海水水质综合指数可以很好地反映这一特征，各气候带从优到劣分别为：热带海岛（0.16）、温带海岛（0.40）、中亚热带（0.54）、南亚热带（0.58）、北亚热带（0.74）。此外，主要污染因子的分布也可反映这一特点，各气候带海岛海域中无机氮含量从低到高

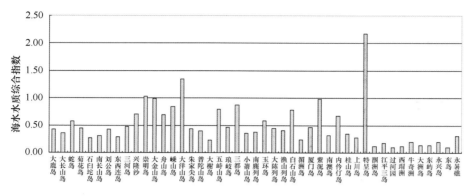

图 4-14　全国重点海岛近海海域水质评价综合指数

分别为：热带海岛（0.03 mg/L）、温带海岛（0.19 mg/L）、中亚热带（0.46 mg/L）、南亚热带（0.49 mg/L）、北亚热带（0.78 mg/L），活性磷酸盐和石油类含量空间分布也有类似的特点。

从所处地理位置来看，距离大陆海岸较近的海岛（包括陆连岛和沿岸岛）海域水环境质量相对较差，污染物含量也相对较高，如崇明岛、玉环岛、厦门岛和特呈岛等，而距离大陆海岸距离较远的海岛（包括近岸岛和远岸岛）海域水环境质量相对较好，如大长山岛、南鹿列岛、上川岛和永暑礁等。从另一方面来看，处于河口区的海岛，如崇明岛、琅岐岛、紫泥岛和厦门岛等，海域水环境质量相对较差，无机氮和磷酸盐含量较高，超标现象较为普遍，而海内岛和海外岛海域水质相对较好，这与处于河口区域的海岛受到陆源污染影响较大有直接关系。

海岛海域水环境质量与地方经济密切相关。东部沿海省市是我国经济最为发达的地区，2007年全国国内生产总值总量约 261 326 亿元人民币，11 个沿海省市国内生产总值总和约占全国的 58.5%，而亚热带区域〔含江苏、上海、浙江、福建、广东和广西 6 省（市、自治区）〕国内生产总值之和约占沿海省市的 63.9%，此区域也是中国人口最为密集的地区之一，社会经济和人类活动较为剧烈，大量的工业废水和生活污水入海是造成海岛海域水环境质量下降的重要原因之一。地处长江口、珠江口、闽江口和九龙江口等河口地区的海岛，所处地区社会经济活动发达，除周边大陆区域的污染物入海对其海水质量造成直接影响外，来自流域上游的污染物也不容忽视，尤其是海域中氮磷污染近年来逐渐加剧，海域富营养化的隐患也不断加大。此外，河口岛所处海域往往是港口航运较为发达的区域，船舶污水是造成海岛海域中石油类含量逐渐升高的主要原因。

4.2　潮间带沉积环境质量

重点海岛潮间带沉积环境质量评价工作以 908 专项中各省、市海岛实地调查中的潮间带沉积化学数据成果和沉积环境调查的化学数据成果为基础开展的。部分海岛未布设潮间带调查断面，缺少实地监测数据，则暂用海岛近海海域浅海沉积环境调查监测数据来代替，站位筛选与该岛近海海域水环境化学调查站位相同，共涉及 45 个重点海岛，75 条潮间带断面和 45 个浅海沉积物调查站位。全国重点海岛潮间带沉积环境质量调查断面（站位）详见表 4-8。

评价内容包括硫化物、有机碳、石油类和重金属（砷、铜、铅、锌、镉、汞、铬）等沉积化学要素。评价方法与近海海域水环境质量评价方法相同，也采用单因子评价法和综合指数评价法相结合的方法开展评价，统一执行《海洋沉积物质量》（GB 18668—2002）中的第一类标准。

表 4-8 全国重点海岛潮间带沉积环境化学调查站位

气候带	重点岛	调查站位	北纬	东经	数据来源
温带	菊花岛	JH1	40.496 1°	120.791 4°	908 专项辽宁省海岛实地调查沉积化学
	大鹿岛	DLU	39.751 3°	123.731 1°	908 专项辽宁省海岛实地调查沉积化学
	大长山岛 *	C902	39.179 7°	122.489 7°	908 专项 ST02 区块沉积环境化学调查
		C903	39.070 0°	122.609 7°	
	石臼坨岛	C1	38.969 3°	118.557 5°	908 专项河北省海岛实地调查沉积化学
		C2	38.968 8°	118.559 4°	
		S1	39.132 9°	118.846 4°	
	南长山岛	NCU	37.927 4°	120.753 8°	908 专项山东省海岛实地调查沉积化学
	刘公岛	LGU	37.497 8°	122.187 1°	908 专项山东省海岛实地调查沉积化学
	东西连岛 *	JC-HH149	34.990 0°	119.299 7°	908 专项江苏省沉积环境化学调查
		JC-HH187	34.670 0°	119.590 0°	
	兴隆沙	JD-YL-3-01	31.786 1°	121.457 4°	908 专项江苏省海岛实地调查沉积化学
北亚热带	崇明岛	CM01	31.482 2°	121.744 6°	908 专项上海市海岛实地调查沉积化学
		CM02	31.528 3°	121.592 9°	
		CM03	31.634 2°	121.369 5°	
		CM04	31.660 3°	121.322 7°	
		CM05	31.733 6°	121.210 8°	
		CM06	31.789 1°	121.161 5°	
		CM07	31.834 5°	121.217 7°	
		CM08	31.850 8°	121.253 3°	
		CM09	31.869 3°	121.297 9°	
		CM10	31.857 6°	121.324 4°	
		CM11	31.796 2°	121.434 5°	
		CM12	31.639 9°	121.696 7°	
		CM13	31.607 6°	121.798 2°	
		CM14	31.585 8°	121.895 4°	
		CM15	31.561 7°	121.934 2°	
		CM16	31.522 9°	121.957 9°	
		CM17	31.491 7°	121.949 5°	
		CM18	31.462 7°	121.925 8°	
		CM19	31.456 2°	121.914 4°	
		CM20	31.441 3°	121.871 5°	
		CM21	31.438 8°	121.828 8°	

续表

气候带	重点岛	调查站位	北纬	东经	数据来源
北亚热带	大金山岛	DJS.1	30.692 8°	121.414 2°	908 专项浙江省海岛实地调查沉积化学
	嵊山岛 *	O7-4	30.663 1°	122.758 1°	908 专项 ST05 区块沉积环境化学
		O7-5	30.671 0°	122.878 3°	
	大洋山岛	P049-03Y	30.589 8°	122.077 7°	908 专项浙江省海岛实地调查沉积化学
	五峙山岛 *	N11-4	30.250 0°	121.774 0°	908 专项 ST04 区块沉积环境化学
		N12-6	30.161 3°	121.907 0°	
		N5-8	30.308 9°	121.8396°	
	舟山岛	P103-02Y	30.113 2°	122.151 9°	908 专项浙江省海岛实地调查沉积化学
		P102-03Y	30.148 2°	122.032 8°	
		P101-01Y	30.172 6°	121.938 5°	
		P107-02Y	30.032 6°	122.002 5°	
		P106-03Y	30.093 6°	121.985 6°	
		P110-02Y	29.983 2°	122.187 6°	
		P109-03Y	29.993 4°	122.030 9°	
		P108-01Y	30.005 5°	122.052 9°	
		P111-02Y	30.097 6°	122.229 1°	
		P105-02Y	29.973 6°	122.217 4°	
		P104-01Y	29.971 2°	122.221 9°	
		P123-09Y	29.977 3°	122.383 7°	
		P116-04Y	29.986 7°	122.369 7°	
	普陀山岛	P123-05Y	29.978 4°	122.383 2°	908 专项浙江省海岛实地调查沉积化学
		P116-04Y	29.986 7°	122.369 7°	
	朱家尖岛	P150-02Y	29.949 6°	122.408 0°	908 专项浙江省海岛实地调查沉积化学
	大榭岛	P114-02Y	29.909 6°	121.930 6°	908 专项浙江省海岛实地调查沉积化学

气候带	重点岛	调查站位	北纬	东经	数据来源
中亚热带	白石山岛*	XS-1	29.459 3°	121.590 1°	908 专项浙江省沉积环境化学
		XS-4	29.462 6°	121.537 7°	
		XS-5	29.509 7°	121.540 4°	
		XS-6	29.517 0°	121.590 1°	
		XS-7	29.525 9°	121.658 0°	
	渔山列岛*	JZ0604	28.769 1°	122.376 1°	908 专项 ST05 区块沉积环境化学
		JZ0605	28.835 6°	122.124 6°	
		ZD-ZS516	28.860 2°	122.000 1°	
	大陈列岛	P209	28.510 4°	121.886 3°	908 专项浙江省海岛实地调查沉积化学
		P210	28.509 8°	121.886 3°	
		P211	28.509 0°	121.886 0°	
		P212	28.480 1°	121.877 5°	
		P213	28.452 0°	121.898 1°	
		P214	28.451 8°	121.898 2°	
		P215	28.452 9°	121.897 2°	
		P216	28.450 2°	121.897 2°	
	玉环岛*	YQ-4	28.267 8°	121.199 0°	908 专项浙江省沉积环境化学
		YQ-6	28.197 5°	121.157 4°	
		YQ-8	28.183 3°	121.166 7°	
		YQ-10	28.151 7°	121.131 9°	
		YQ-12	28.099 6°	121.099 9°	
		YQ-14	28.048 9°	121.101 6°	
		YQ-18	28.002 7°	121.129 3°	
		YQ-17	28.023 1°	121.167 2°	
	南麂列岛	P289	27.464 2°	121.059 0°	908 专项浙江省海岛实地调查沉积化学
		P290	27.463 3°	121.058 5°	
		P291	27.465 4°	121.055 3°	
		P292	27.465 2°	121.059 6°	
	小嵛山岛*	JC-DH491	26.886 2°	120.270 0°	908 专项 ST06 区块沉积环境化学
		JC-DH492	26.828 7°	120.372 6°	
	三都岛	N-SD3-1	26.655 6°	119.726 3°	908 专项福建省海岛实地调查沉积化学
	琅岐岛	F-LQ1	26.123 3°	119.605 3°	908 专项福建省海岛实地调查沉积化学
		F-LQ4	26.063 0°	119.586 7°	

续表

气候带	重点岛	调查站位	北纬	东经	数据来源
南亚热带	湄洲岛	PMZ5	25.080 4°	119.106 8°	908 专项福建省海岛实地调查沉积化学
	紫泥岛	Z-ZN4	24.436 9°	117.903 9°	908 专项福建省海岛实地调查沉积化学
	厦门岛	X-XMD5	24.525 1°	118.193 7°	908 专项福建省海岛实地调查沉积化学
	南澳岛	2	23.421 4°	117.134 4°	908 专项广东省海岛实地调查沉积化学
		4	23.417 9°	117.024 7°	
		8	23.460 9°	117.087 1°	
	内伶仃岛 *	ZD-ZJK126	22.443 8°	113.751 7°	908 专项 ST07 区块沉积环境化学
		ZD-ZJK138	22.341 5°	113.854 9°	
	桂山岛	31	22.131 3°	113.830 4°	908 专项广东省海岛实地调查沉积化学
		32	22.148 1°	113.822 6°	
	上川岛	72	21.698 9°	112.802 1°	908 专项广东省海岛实地调查沉积化学
		75	21.589 8°	112.771 5°	
	特呈岛	141	21.171 8°	110.430 1°	908 专项广东省海岛实地调查沉积化学
	涠洲岛 *	ST09-B36	20.846 3°	109.307 6°	908 专项 ST09 区块沉积环境化学
		ST09-B32	21.190 0°	109.290 4°	
		ST09-B29	20.906 3°	109.096 9°	
	江平三岛 *	GX-GX17	21.539 9°	108.216 0°	908 专项广西壮族自治区沉积环境化学
		GX-GX19	21.468 1°	108.169 4°	
		GX-GX18	21.449 4°	108.088 8°	
热带	过河园	GHY1112	19.320 0°	108.663 3°	908 专项海南省海岛实地调查沉积化学
	大洲岛	SDZ	18.676 3°	110.477 8°	908 专项海南省海岛实地调查沉积化学
	西瑁洲	XD01	18.244 5°	109.366 6°	908 专项海南省海岛实地调查沉积化学
		XMZ02	18.245 9°	109.368 5°	
	牛奇洲	WZZ01	18.314 3°	109.754 9°	908 专项海南省海岛实地调查沉积化学
		WZZ02	18.315 3°	109.756 0°	
		WZZ03	18.315 2°	109.760 4°	
	东屿岛				
	永兴岛		—		海南省海洋厅，1999
	东岛				
	永暑礁				

注：标注 " * " 的海岛采用的是浅海沉积环境化学调查数据。

4.2.1　温带海岛

温带重点海岛潮间带沉积环境质量总体良好，所有评价因子均可满足《海洋沉积物质量》（GB 18668—2002）一类标准。其中，硫化物总体含量介于 $5.06\times10^{-6}\sim593.7\times10^{-6}$ 之间，均值为 54.32×10^{-6}；有机碳总体含量介于 $0.01\times10^{-2}\sim0.69\times10^{-2}$ 之间，均值为 0.29×10^{-2}；石油类总体含量介于 $1.39\times10^{-6}\sim215.31\times10^{-6}$ 之间，均值为 54.16×10^{-6}；汞总体含量介于 $0.000\,2\times10^{-6}\sim0.217\times10^{-6}$ 之间，均值为 0.03×10^{-6}；铜总体含量介于 $0.147\times10^{-6}\sim60.4\times10^{-6}$ 之间，均值为 12.30×10^{-6}；铅总体含量介于 $0.008\times10^{-6}\sim25.82\times10^{-6}$ 之间，均值为 14.59×10^{-6}；锌总体含量介于 $0.985\times10^{-6}\sim168.5\times10^{-6}$ 之间，均值为 58.46×10^{-6}；镉总体含量介于 $0.004\times10^{-6}\sim1.13\times10^{-6}$ 之间，均值为 0.13×10^{-6}；铬总体含量介于 $0.047\times10^{-6}\sim79.79\times10^{-6}$ 之间，均值为 23.95×10^{-6}；砷总体含量介于 $0.047\times10^{-6}\sim30.67\times10^{-6}$ 之间，均值为 8.21×10^{-6}。温带重点海岛潮间带沉积环境质量调查统计结果具体见表4-9。

表 4-9　温带重点海岛潮间带沉积环境主要因子含量

重点岛		硫化物 （$\times10^{-6}$）	有机碳 （$\times10^{-2}$）	石油类 （$\times10^{-6}$）	汞 （$\times10^{-6}$）	铜 （$\times10^{-6}$）
菊花岛	范围	53.75~61.74	0.29~0.48	4.37~5.00	0.02~0.03	9.12~14.35
	均值	58.31	0.40	4.65	0.026 7	12.43
大鹿岛	范围	52.42~55.82	0.12~0.24	1.39~4.41	0.01~0.02	4.3~7.32
	均值	54.69	0.16	2.64	0.016 7	5.44
大长山岛	范围	24.17~73.31	0.37~0.50	90.80~98.70	—	11.5~27.9
	均值	48.74	0.44	94.75	—	19.70
三河岛	范围	24.5~593.7	0.45~0.69	8.61~90.82	0.020~0.217	11.09~26.9
	均值	144.17	0.58	47.021 5	0.066 1	17.83
蛇岛	范围	—	—	—	—	—
	均值	—	—	—	—	—
石臼坨岛	范围	—	0.01~0.55	6.21~23.20	0.008~0.043	3~60.4
	均值	—	0.12	13.11	0.023 3	14.30
南长山岛	范围	5.06~23.99	0.08~0.33	1.76~1.96	0.000 2~0.000 8	0.147~1.172
	均值	15.41	—	1.84	0.000 5	0.51
刘公岛	范围	31.79~43.66	0.01~0.02	9.82~18.10	—	2.52~3.74
	均值	38.43	0.02	12.91	—	2.99
东西连岛	范围	20.52	0.27	215.31	0.047 0	27.19
	均值	20.52	0.27	215.31	0.047 0	27.19
总计	范围	0.008~25.82	0.983~168.5	0.004~1.13	0.047~79.79	0.047~30.67
	均值	14.59	58.46	0.13	23.95	8.21
重点岛		铅 （$\times10^{-6}$）	锌 （$\times10^{-6}$）	镉 （$\times10^{-6}$）	铬 （$\times10^{-6}$）	砷 （$\times10^{-6}$）
菊花岛	范围	22.57~25.82	64.4~144.87	0.3~0.41	45.46~49.01	6.55~16.52
	均值	24.32	96.48	0.35	50.09	10.45

重点岛		铅 (×10⁻⁶)	锌 (×10⁻⁶)	镉 (×10⁻⁶)	铬 (×10⁻⁶)	砷 (×10⁻⁶)
大鹿岛	范围	23.84~24.36	58.86~143.54	0.17~0.22	51.77~79.79	5.9~14.92
	均值	24.18	89.10	0.20	62.64	9.72
大长山岛	范围	13~19.6	23.4~163	0.0209~0.0421	9.13~9.2	1.76~2.15
	均值	16.30	93.20	0.03	9.17	1.96
三河岛	范围	5.653~19.9	38.52~81.8	0.0237~0.16	3.862~52.3	13.19~30.67
	均值	9.47	51.95	0.06	13.78	18.25
蛇岛	范围	—	—	—	—	—
	均值	—	—	—	—	—
石臼坨岛	范围	4.9~25.4	19~168.5	0.1~1.13	1.2~36.2	5~15.4
	均值	10.50	45.70	0.36	15.30	8.10
南长山岛	范围	0.008~2.826	0.983~2.883	0.015~0.062	0.047~0.664	0.047~1.43
	均值	1.48	1.69	0.03	0.21	0.36
刘公岛	范围	1.88~2.84	12.58~20.39	0.004~0.025	2.89~3.84	0.98~1.44
	均值	2.50	15.18	0.01	3.46	1.13
东西连岛	范围	23.89	61.63	0.25	28.32	15.64
	均值	23.89	61.63	0.25	28.32	15.64
总计	范围	0.008~25.82	0.983~168.5	0.004~1.13	0.047~79.79	0.047~30.67
	均值	14.59	58.46	0.13	23.95	8.21

从潮间带沉积物综合指数法计算结果来看，潮间带沉积物综合指数介于 0.02~0.41 之间，均值为 0.26，表明温带海岛潮间沉积环境处于清洁状态。各重点海岛潮间带沉积物质量从优到差依次为：南长山岛、刘公岛、三河岛、大长山岛、石臼坨岛、大鹿岛、菊花岛、东西连岛。具体结果如图 4-15 所示。

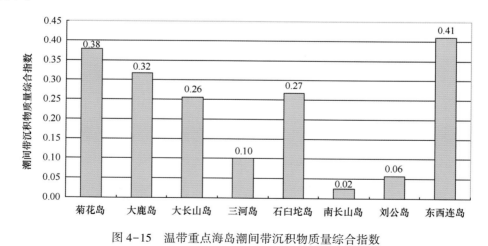

图 4-15 温带重点海岛潮间带沉积物质量综合指数

4.2.2 北亚热带海岛

北亚热带重点海岛潮间带沉积环境质量一般，只有有机碳、石油类和砷 3 个因子未出现超过

《海洋沉积物质量》（GB 18668—2002）一类标准的现象，硫化物和重金属在部分海岛中出现不同程度的超标现象，个别岛汞含量超标较为严重。其中，硫化物仅在兴隆沙和崇明岛两岛中有监测数据，兴隆沙潮间带沉积物中硫化物含量为 1 053.33×10^{-6}，超出一类标准 3.5 倍，甚至不能满足三类标准；有机碳含量介于 0.03×10^{-2} ~ 1.94×10^{-2} 之间，均值为 0.49×10^{-2}，可满足一类标准；石油类含量介于未检出至 1 800×10^{-6} 之间，均值为 22.51×10^{-6}，可满足一类标准；汞含量介于 0.01×10^{-6} ~ 8.25×10^{-6} 之间，均值为 0.39×10^{-6}，超出一类标准 1 倍，其中大榭岛（2.98×10^{-6}）超出一类标准 15 倍，其余各岛无超标现象；铜含量介于 3.66×10^{-6} ~ 111.00×10^{-6} 之间，均值为 28.92×10^{-6}，可满足一类标准，其中舟山岛（35.48×10^{-6}）和大榭岛（62.47×10^{-6}）略超一类标准；铅含量介于 7.77×10^{-6} ~ 156.00×10^{-6} 之间，均值为 31.73×10^{-6}，可满足一类标准，其中大榭岛（74.70×10^{-6}）略超一类标准；锌含量介于 19.20×10^{-6} ~ 402.70×10^{-6} 之间，均值为 90.99×10^{-6}，可满足一类标准，其中大榭岛（169.67×10^{-6}）略超一类标准；镉含量介于 0.05×10^{-6} ~ 0.74×10^{-6} 之间，均值为 0.17×10^{-6}，可满足一类标准；铬含量介于 2.00×10^{-6} ~ 178.00×10^{-6} 之间，均值为 57.20×10^{-6}，可满足一类标准，其中舟山岛（88.38×10^{-6}）、普陀山岛（85.63×10^{-6}）、大榭岛（123.10×10^{-6}）略超一类标准；砷含量介于 3.82×10^{-6} ~ 17.40×10^{-6}，均值为 9.67×10^{-6}，可满足一类标准。北亚热带重点海岛潮间带沉积环境质量调查统计结果具体见表 4-10。

表 4-10 北亚热带重点海岛潮间带沉积环境主要因子含量

重点岛		硫化物（×10^{-6}）	有机碳（×10^{-2}）	石油类（×10^{-6}）	汞（×10^{-6}）	铜（×10^{-6}）
兴隆沙	范围	0.00~1 680.00	0.03~0.48	15.18~23.79	0.01~0.19	3.66~24.3
	均值	1 053.33	0.24	19.485	0.09	11.68
崇明岛	范围	4.10~139.00	0.08~0.99	4.07~1 800.00	—	5.20~47.40
	均值	19.98	0.34	74.06		22.36
大金山岛	范围	ND	0.04~0.37	ND	0.02~0.02	11.77~17.25
	均值	ND	0.16	ND	0.02	14.04
嵊山岛	范围	—	0.53	45.77~45.77	0.04~0.04	—
	均值		0.53	45.77	0.04	
大洋山岛	范围	—	0.48~0.57	<1.00~2.39	0.06~0.08	21.80~26.10
	均值		0.51	2.39	0.07	23.27
五崎山岛	范围	—	0.41~0.47	6.62~8.71	0.04~0.06	—
	均值		0.46	7.67	0.05	
舟山岛	范围	—	0.33~1.94	<1.00~39.18	0.05~0.21	24.80~45.60
	均值		0.57	5.23	0.07	35.48
普陀山岛	范围	—	0.38~0.83	<1.00~84.36	0.07~0.09	29.40~38.90
	均值		0.64	28.98	0.08	32.43

续表

重点岛		硫化物 (×10⁻⁶)	有机碳 (×10⁻²)	石油类 (×10⁻⁶)	汞 (×10⁻⁶)	铜 (×10⁻⁶)
朱家尖岛	范围	—	0.41~0.50	1.32~4.35	0.05~0.09	22.30~37.50
	均值	—	0.46	2.34	0.07	29.67
大榭岛	范围	—	0.66~1.41	2.20~37.91	0.16~8.25	36.00~111.00
	均值	—	0.94	16.66	2.98	62.47
总计	范围	ND~1 680.00	0.03~1.94	ND~1 800.00	0.01~8.25	3.66~111.00
	均值	536.66	0.49	22.51	0.39	28.92

重点岛		铅 (×10⁻⁶)	锌 (×10⁻⁶)	镉 (×10⁻⁶)	铬 (×10⁻⁶)	砷 (×10⁻⁶)
兴隆沙	范围	7.77~49.5	41.8~147	0.3~0.74	—	—
	均值	25.36	85.80	0.52	—	—
崇明岛	范围	14.80~49.80	19.20~402.70	0.06~0.34	20.90~68.10	3.82~15.50
	均值	27.76	81.91	0.18	45.84	8.77
大金山岛	范围	9.15~12.02	35.00~45.79	0.05~0.11	2.00~5.00	5.28~6.73
	均值	10.46	39.06	0.08	4.00	5.92
嵊山岛	范围	24.09~24.09	78.59~78.59	0.10~0.10	18.89~18.89	6.38~6.38
	均值	24.09	78.59	0.10	18.89	6.38
大洋山岛	范围	26.30~32.80	70.00~81.00	0.10~0.12	57.20~75.20	8.56~12.80
	均值	29.70	74.03	0.11	66.13	10.28
五峙山岛	范围	19.43~22.99	72.05~81.91	0.09~0.12	14.67~18.77	7.19~7.39
	均值	21.21	76.98	0.11	16.72	7.29
舟山岛	范围	27.30~156.00	74.20~134.00	0.10~0.48	61.20~108.00	9.38~17.40
	均值	40.39	104.55	0.16	88.38	12.68
普陀山岛	范围	26.30~37.40	90.80~122.00	0.11~0.15	75.40~94.30	11.90~14.60
	均值	29.85	102.45	0.13	85.63	13.03
朱家尖岛	范围	23.60~52.00	72.30~123.00	0.10~0.19	57.40~83.20	9.92~11.80
	均值	33.73	96.87	0.14	66.07	10.57
大榭岛	范围	29.90~156.00	111.00~272.00	0.15~0.31	94.70~178.00	11.40~12.60
	均值	74.70	169.67	0.21	123.10	12.07
总计	范围	7.77~156.00	19.20~402.70	0.05~0.74	2.00~178.00	3.82~17.40
	均值	31.73	90.99	0.17	57.20	9.67

注："ND"表示"未检出"。

从潮间带沉积物综合指数法计算结果来看，潮间带沉积物综合指数介于0.19~2.46之间，均值为0.64，表明北亚热带带海岛潮间带沉积环境总体尚处清洁状态。各重点海岛潮间带沉积物质量从优到差依次为：大金山岛、五峙山岛、嵊山岛、崇明岛、大洋山岛、朱家尖岛、舟山岛、普陀山岛、兴隆沙、大榭岛，其中大金山岛、崇明岛、五峙山岛、嵊山岛、大洋山岛、朱家尖岛、普陀山岛和舟山岛8个海岛潮间带沉积物质量处于清洁状态，兴隆沙潮间带沉积物质量处于轻度污染状态，大榭岛潮间带沉积物质量处于严重污染状态，潮间带沉积物中超标因子较多，造成其综合指数

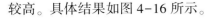

较高。具体结果如图 4-16 所示。

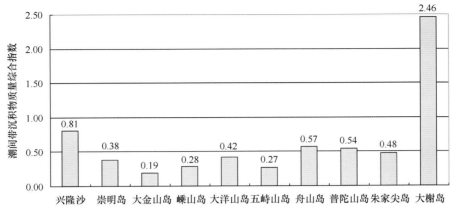

图 4-16　北亚热带重点海岛潮间带沉积物质量综合指数

4.2.3　中亚热带海岛

中亚热带重点海岛潮间带沉积环境状况良好，大部分评价因子能满足《海洋沉积物质量》（GB 18668—2002）一类标准，有机碳、铜、铅、锌和铬在部分海岛潮间带沉积物中的含量出现了超一类标准的现象。其中，有机碳总体含量介于 $0.02\times10^{-2}\sim4.78\times10^{-2}$ 之间，均值为 0.84×10^{-2}，可满足沉积物一类标准，其中琅岐岛（3.26%）略超一类标准；铜总体含量介于 $3.81\times10^{-6}\sim69.75\times10^{-6}$ 之间，均值为 30.91×10^{-6}，可满足沉积物一类标准，其中大陈列岛（35.86×10^{-6}）、玉环岛（47.00×10^{-6}）、琅岐岛（39.45×10^{-6}）略超一类标准；铅总体含量介于 $15.40\times10^{-6}\sim172.45\times10^{-6}$ 之间，均值为 40.49×10^{-6}，可满足一类标准，其中大陈列岛（88.51×10^{-6}）略超一类标准；锌总体含量介于 $15.17\times10^{-6}\sim212.00\times10^{-6}$ 之间，均值为 111.35×10^{-6}，可满足一类标准，其中琅岐岛（182.17×10^{-6}）略超一类标准；铬总体含量介于 $7.61\times10^{-6}\sim115.00\times10^{-6}$ 之间，均值为 39.42×10^{-6}，可满足一类标准，其中玉环岛（83.00×10^{-6}）略超一类标准。中亚热带重点海岛潮间带沉积环境质量调查统计结果具体见表 4-11。

表 4-11　中亚热带重点海岛潮间带沉积环境主要因子含量

重点岛		硫化物（$\times10^{-6}$）	有机碳（$\times10^{-2}$）	石油类（$\times10^{-6}$）	汞（$\times10^{-6}$）	铜（$\times10^{-6}$）
白石山岛	范围	7.28~19.03	0.31~0.71	5.85~26.86	0.03~0.08	25.00~45.00
	均值	11.28	0.61	18.95	0.06	33.33
渔山列岛	范围	31.90~168.90	0.23~0.41	5.54~21.30	0.03~0.08	11.90~37.10
	均值	83.59	0.31	12.48	0.06	25.83
大陈列岛	范围	59.20~69.39	0.04~0.34	11.20~11.40	0.03~0.08	12.19~69.75
	均值	64.29	0.12	11.30	0.04	35.86
玉环岛	范围	13.90~20.65	0.62~0.78	14.31~33.94	0.05~0.07	41.00~50.00
	均值	18.01	0.71	24.18	0.06	47.00
南麂列岛	范围	—	0.02~0.10	—	0.01~0.02	3.81~28.79
	均值	35.60	0.05	10.10	0.01	13.05

重点岛		硫化物 (×10⁻⁶)	有机碳 (×10⁻²)	石油类 (×10⁻⁶)	汞 (×10⁻⁶)	铜 (×10⁻⁶)
小嵛山岛	范围	27.00	0.79	36.60	0.05	22.80
	均值	27.00	0.79	36.60	0.05	22.80
三都岛	范围	25.91~86.45	0.85~0.95	21.6~398.3	0.03~0.05	27.70~30.57
	均值	49.22	0.90	150.98	0.04	29.96
琅岐岛	范围	4.61~69.90	2.46~4.78	8.00~15.60	0.09~0.25	36.00~43.80
	均值	26.35	3.26	11.78	0.17	39.45
总计	范围	4.61~168.90	0.02~4.78	5.54~398.3	0.01~0.25	3.81~69.75
	均值	35.91	0.84	42.50	0.06	30.91

重点岛		铅 (×10⁻⁶)	锌 (×10⁻⁶)	镉 (×10⁻⁶)	铬 (×10⁻⁶)	砷 (×10⁻⁶)
白石山岛	范围	20.00~51.00	85.00~212.00	0.13~0.30	48.00~91.00	10.00~17.00
	均值	34.83	101.67	0.17	66.83	13.50
渔山列岛	范围	21.00~46.10	66.00~136.00	0.09~0.18	35.00~70.00	3.61~13.25
	均值	29.37	99.33	0.11	55.03	9.65
大陈列岛	范围	37.48~172.45	72.33~154.27	0.05~0.17	16.66~25.33	5.56~34.04
	均值	88.51	109.16	0.10	21.18	15.73
玉环岛	范围	31.00~46.00	114.00~131.00	0.12~0.22	53.00~115.00	15.00~18.00
	均值	37.33	123.33	0.16	83.00	16.33
南麂列岛	范围	15.40~33.29	15.17~105.20	0.06~0.10	7.61~17.41	3.94~9.37
	均值	20.00	39.99	0.07	11.54	7.55
小嵛山岛	范围	17.40	117.00	0.07	23.30	14.40
	均值	17.40	117.00	0.07	23.30	14.40
三都岛	范围	44.67~48.04	115.12~122.78	ND~0.26	—	11.24~15.48
	均值	46.62	118.15	0.12	—	13.93
琅岐岛	范围	44.40~58.30	170.00~204.00	0.13~0.23	10.00~21.90	5.30~9.90
	均值	49.83	182.17	0.17	15.07	7.80
总计	范围	15.40~172.45	15.17~212.00	0.05~0.30	7.61~115.00	3.61~34.04
	均值	40.49	111.35	0.12	39.42	12.36

注:"ND"表示"未检出"。

从潮间带沉积物质量综合指数法计算结果来看,潮间带沉积物综合指数介于0.19~0.67之间,均值为0.46,表明中亚热带带海岛潮间带沉积环境处于清洁状态。各重点海岛潮间带沉积物质量从优到差依次为:南麂列岛、小嵛山岛、渔山列岛、白石山岛、三都岛、大陈列岛、玉环岛、琅岐岛。具体结果如图4-17所示。

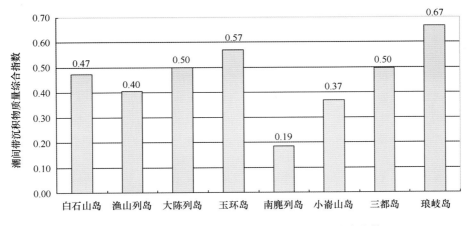

图 4-17　中亚热带重点海岛潮间带沉积物质量综合指数

4.2.4　南亚热带海岛

南亚热带重点海岛潮间带沉积环境状况良好，大部分评价因子能满足《海洋沉积物质量》（GB 18668—2002）一类标准，石油类、铜、铅、锌和砷在部分海岛潮间带沉积物中的含量出现了超一类标准的现象。其中，石油类总体含量介于未检出至 2227.5×10^{-6} 之间，均值为 178.65×10^{-6}，满足一类标准，其中湄洲岛（943.63×10^{-6}）超出一类标准，仅能满足二类标准；铜总体含量介于 $0.20 \times 10^{-6} \sim 67.25 \times 10^{-6}$ 之间，均值为 12.30×10^{-6}，满足一类标准，其中湄洲岛（39.63×10^{-6}）超出一类标准，满足二类标准；铅总体含量介于 $4.40 \times 10^{-6} \sim 315.46 \times 10^{-6}$ 之间，均值为 52.80×10^{-6}，满足沉积物一类标准，其中湄洲岛（173.40×10^{-6}）、紫泥岛（220.50×10^{-6}）严重超标，仅能满足三类标准；砷总体含量介于 $0.94 \times 10^{-6} \sim 24.70 \times 10^{-6}$ 之间，均值为 6.97×10^{-6}，其中内伶仃岛（23.50×10^{-6}）超出一类标准。南亚热带重点海岛潮间带沉积环境质量调查统计结果具体见表 4-12。

表 4-12　南亚热带重点海岛潮间带沉积环境主要因子含量

重点岛		硫化物（$\times 10^{-6}$）	有机碳（$\times 10^{-2}$）	石油类（$\times 10^{-6}$）	汞（$\times 10^{-6}$）	铜（$\times 10^{-6}$）
湄洲岛	范围	27.9~225.3	0.84~1.19	225.8~2 227.5	—	19.47~67.25
	均值	171.45	1.06	943.63	—	39.63
紫泥岛	范围	37~424	1.35~1.89	50~606	0.084~0.12	32.7~33
	均值	230.50	1.62	328.00	0.102	32.85
厦门岛	范围	15.2~63.1	1.22~1.31	ND~4.2	0.046~0.07	3.52~12.3
	均值	36.87	1.25	3.50	0.059	8.11
南澳岛	范围	ND~28	0.04~0.08	5.33~8.98	ND~0.002	0.60~4.50
	均值	23.00	0.06	6.83	0.002	1.88
内伶仃岛	范围	58~126	0.91~1.40	204~258	0.106~0.133	1.3~1.4
	均值	92.00	1.16	231.00	0.120	1.35
桂山岛	范围	9~30	0.07~0.25	4.03~13.9	ND	0.6~1.2
	均值	21.33	0.19	7.17	ND	0.95

续表

重点岛		硫化物 （×10⁻⁶）	有机碳 （×10⁻²）	石油类 （×10⁻⁶）	汞 （×10⁻⁶）	铜 （×10⁻⁶）
上川岛	范围	18~38	0.06~0.31	4.93~15.9	0.002~0.006	0.2~3.6
	均值	29.67	0.15	8.49	0.004	1.83
特呈岛	范围	21~45	0.12~0.30	7.4~59.5	0.003~0.024	4.7~14
	均值	33.33	0.19	26.30	0.014	9.70
涠洲岛	范围	3.1~14.7	0.18~0.5	6.5~28.7	0.04~0.044	17.98~25.1
	均值	7.77	0.38	20.93	0.043	20.48
江平三岛	范围	10.5~234	0.56~1.63	15~364	0.036~0.042	4.99~6.94
	均值	151.87	1.12	210.67	0.039	6.25
总计	范围	ND~424	0.04~1.89	ND~2 227.5	ND~0.133	0.2~67.25
	均值	79.78	0.72	178.65	0.05	12.30

重点岛		铅 （×10⁻⁶）	锌 （×10⁻⁶）	镉 （×10⁻⁶）	铬 （×10⁻⁶）	砷 （×10⁻⁶）
湄洲岛	范围	37.7~315.46	87.36~118.71	0.37~0.62	23.57~57.38	2.95~6.5
	均值	173.40	104.68	0.48	46.08	4.60
紫泥岛	范围	216~225	200~209	0.29~0.53	—	—
	均值	220.50	204.50	0.41	—	—
厦门岛	范围	14.8~30.9	10.3~78	0.01~0.03	2.43~18	7.6~11.3
	均值	24.67	47.10	0.02	9.11	9.43
南澳岛	范围	5.90~17.70	8.60~25.90	ND~0.09	1.00~4.20	1.20~5.34
	均值	10.64	14.39	0.08	2.87	3.59
内伶仃岛	范围	5.2~8.4	3.6~13.1	0.03~0.04	6.7~7.8	22.3~24.7
	均值	6.80	8.35	0.04	7.25	23.50
桂山岛	范围	6.6~29.6	13.8~37.2	0.02~0.07	0.2~2.6	0.94~1.41
	均值	13.68	26.62	0.05	1.00	1.16
上川岛	范围	4.4~10.9	8.8~30.2	0.11~0.13	1.8~3.7	4.46~5.92
	均值	7.48	18.17	0.12	2.75	5.06
特呈岛	范围	5.4~15.3	8.1~29.5	0.28~0.33	2.2~11.1	1.8~3.27
	均值	8.87	16.23	0.31	6.40	2.71
涠洲岛	范围	30.77~43.96	79.9~109.1	0.07~0.12	22.76~33.31	6~15.6
	均值	36.89	91.02	0.09	27.58	9.37
江平三岛	范围	18.99~34.02	16.83~25.58	0.40~0.60	16.75~25.32	3.07~3.63
	均值	25.03	22.65	0.48	20.99	3.29
总计	范围	4.4~315.46	3.6~209	ND~0.62	0.20~57.38	0.94~24.70
	均值	52.80	55.37	0.21	13.78	6.97

注："ND"表示"未检出"。

从潮间带沉积物质量综合指数法计算结果来看，潮间带沉积物综合指数介于 0.08~1.19 之间，均值为 0.40，表明南亚热带海岛潮间带沉积环境处于清洁状态。各重点海岛潮间带沉积物质量从优到差依次为：南澳岛、桂山岛、上川岛、特呈岛、厦门岛、涠洲岛、内伶仃岛、江平三岛、湄洲岛、紫泥岛，其中湄洲岛和紫泥岛的潮间带沉积环境质量处于中度污染状态，这是由于沉积物中的铅、锌等重金属含量较高所致，其余各岛潮间带沉积环境质量处于清洁状态。具体结果如图 4-18 所示。由此可以看出，大部分近岸岛潮间带沉积环境质量往往劣于离岸较远的海岛，这与受陆源污染物的影响有较大关系。

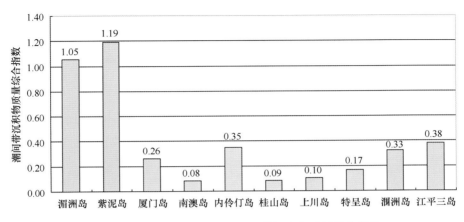

图 4-18　南亚热带重点海岛潮间带沉积物质量综合指数

4.2.5　热带海岛

热带重点海岛潮间带沉积环境状况良好，大部分评价因子能满足《海洋沉积物质量》（GB 18668—2002）一类标准，但部分海岛在汞和镉含量上出现超标的现象。其中，汞总体含量介于 $0.11 \times 10^{-6} \sim 6.50 \times 10^{-6}$ 之间，均值为 3.04×10^{-6}，超出一类标准 15 倍，甚至不能满足三类标准，其中过河园（3.75×10^{-6}）、西瑁洲（4.17×10^{-6}）和牛奇洲（4.10×10^{-6}）均超标较为严重；镉总体含量介于未检出至 57.00×10^{-6} 之间，均值为 38.10×10^{-6}，超出一类标准近 80 倍，其中过河园（39.10×10^{-6}）、西瑁洲（99.60×10^{-6}）和牛奇洲（89.88×10^{-6}）超标较为严重。热带重点海岛潮间带沉积环境质量调查统计结果具体见表 4-13。

表 4-13　热带重点海岛潮间带沉积环境主要因子含量

重点岛		硫化物（$\times 10^{-6}$）	有机碳（$\times 10^{-2}$）	石油类（$\times 10^{-6}$）	汞（$\times 10^{-6}$）	铜（$\times 10^{-6}$）
过河园	范围	ND	0.07~0.02	ND	3.50~4.00	2.63
	均值	ND	0.45	ND	3.75	2.63
大洲岛	范围	ND	0.03~0.05	0.85~2.60	0.11~0.14	12.95~28.42
	均值	ND	0.04	1.90	0.13	19.05
西瑁洲	范围	ND	0.09~0.24	0.01~0.04	3.00~5.00	1.68~3.26
	均值	ND	0.17	0.02	4.17	2.47
牛奇洲	范围	ND	0.05~0.31	0.01~0.02	2.50~6.50	1.47~10.40
	均值	ND	0.19	0.02	4.10	4.02

重点岛		硫化物 (×10⁻⁶)	有机碳 (×10⁻²)	石油类 (×10⁻⁶)	汞 (×10⁻⁶)	铜 (×10⁻⁶)
东屿岛	范围	6	0.06	20	—	—
	均值	6	0.06	20	—	—
永兴岛	范围	60	0.28	ND	—	—
	均值	60	0.28	ND	—	—
东岛	范围	150	0.24	ND	—	—
	均值	150	0.24	ND	—	—
永暑礁	范围	ND	0.68	50	—	—
	均值	ND	0.68	50	—	—
总计	范围	ND~150	0.03~0.68	ND~2.60	0.11~6.50	1.47~28.42
	均值	72.00	0.26	14.39	3.04	7.04
重点岛		铅 (×10⁻⁶)	锌 (×10⁻⁶)	镉 (×10⁻⁶)	铬 (×10⁻⁶)	砷 (×10⁻⁶)
过河园	范围	11.68~12.33	8.79~8.89	19.40~19.70	4.62~5.17	2.24~2.52
	均值	12.01	8.84	19.55	4.90	2.38
大洲岛	范围	5.39~8.22	6.38~16.80	ND	0.16~5.75	10.05~11.15
	均值	7.10	13.27	ND	3.29	10.75
西瑁洲	范围	6.22~9.39	6.16~10.61	43.80~55.70	14.15~19.24	1.14~1.50
	均值	7.51	7.66	49.80	16.79	1.31
牛奇洲	范围	1.96~2.62	2.93~7.17	34.00~57.00	14.61~20.81	0.88~1.41
	均值	2.30	4.58	44.94	17.54	1.16
东屿岛	范围	—	—	—	—	—
	均值	—	—	—	—	—
永兴岛	范围	—	—	—	—	—
	均值	—	—	—	—	—
东岛	范围	—	—	—	—	—
	均值	—	—	—	—	—
永暑礁	范围	—	—	—	—	—
	均值	—	—	—	—	—
总计	范围	1.96~12.33	2.93~16.80	ND~57.00	0.16~20.81	0.88~11.15
	均值	7.23	8.59	38.10	10.63	3.90

注："ND"表示"未检出"。

从潮间带沉积物质量综合指数法计算结果来看，热带各重点海岛潮间带沉积物质量从优到差依次为：东屿岛、永兴岛、永暑礁、大洲岛、东岛、过河园、牛奇洲、西瑁洲，其中东屿岛、永兴岛、永暑礁、大洲岛、东岛潮间带沉积环境处于清洁状态，过河园、牛奇洲、西瑁洲潮间带沉积环境处于严重污染状态，主要是汞和镉含量严重超标所导致，这些海岛可能受地表径流输入携带的影响（例如过河园处在昌江河口，西瑁洲受三亚河输入的影响），因而重金属汞和镉含量较高。具体结果如图4-19所示。

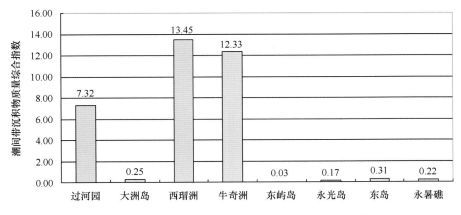

图 4-19　热带重点海岛潮间带沉积物质量综合指数

4.2.6　全国海岛综合评述

1）潮间带沉积环境质量单因子现状评价

综合以上分析可以看出，我国海岛潮间带沉积环境质量总体状况良好，绝大多数海岛潮间带沉积物中的硫化物、有机碳、石油类和砷含量较低，能满足《海洋沉积物质量》（GB 18668—2002）一类标准，仅个别海岛出现超标现象。不同海岛潮间带沉积物中的重金属含量相对较高。

全国重点海岛潮间带沉积物中汞总体含量介于未检出至 4.17×10^{-6} 之间，平均值为 0.48×10^{-6}，超出了一类标准约 1 倍，虽然仅大榭岛、过河园、西瑁洲和牛奇洲 4 个海岛存在超标现象，但其测值均较高，造成汞总体含量也相对较高。潮间带沉积物中汞含量较高的海岛一般地处河口区，如紫泥岛、过河园和西瑁洲等，而汞污染主要来自氯碱、塑料、电池、电子等工业废水，这在一定程度上说明地表径流携带工业废水入海是造成河口区海岛潮间带沉积物中汞含量较高的主要原因。

全国重点海岛潮间带沉积物中镉总体含量介于未检出至 49.80×10^{-6} 之间，平均值为 3.09×10^{-6}，超出了一类标准 5 倍，过河园、西瑁洲和牛奇洲测值较高，超标较为严重，造成镉总体含量也相对较高。

全国重点海岛潮间带沉积物中铜总体含量介于 $0.51 \times 10^{-6} \sim 62.47 \times 10^{-6}$ 之间，平均值为 19.22×10^{-6}，可满足一类标准。其中，大榭岛和玉环岛潮间带沉积物中铜含量最高，分别可达到 62.47×10^{-6} 和 47.47×10^{-6}，舟山岛、大陈列岛、琅岐岛和湄洲岛也略超一类标准。具体结果如图 4-20 所示。

全国重点海岛潮间带沉积物中铅总体含量介于 $1.48 \times 10^{-6} \sim 220.50 \times 10^{-6}$ 之间，平均值为 32.77×10^{-6}，可满足一类标准。其中，紫泥岛（220.50×10^{-6}）和湄洲岛（173.40×10^{-6}）潮间带沉积物中铅含量最高，尚不能满足二类标准，大榭岛和大陈列岛也略超一类标准。具体结果如图 4-21 所示。

全国重点海岛潮间带沉积物中锌总体含量介于 $1.69 \times 10^{-6} \sim 204.50 \times 10^{-6}$ 之间，平均值为 71.09×10^{-6}，可满足一类标准。其中，紫泥岛（204.50×10^{-6}）、琅岐岛（182.17×10^{-6}）和大榭岛（169.67×10^{-6}）3 个重点岛潮间带沉积物中锌含量略超一类标准。具体结果如图 4-22 所示。

全国重点海岛潮间带沉积物中铬总体含量介于 $1.0 \times 10^{-6} \sim 123.10 \times 10^{-6}$ 之间，平均值为 $30.82 \times$

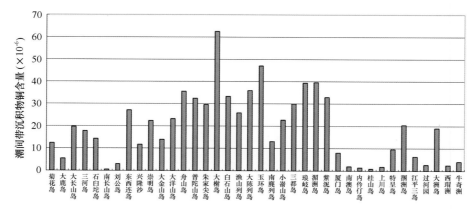

图 4-20　全国重点海岛潮间带沉积物中铜含量分布

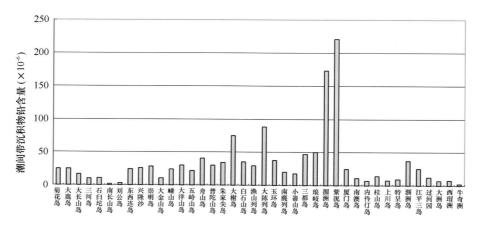

图 4-21　全国重点海岛潮间带沉积物中铅含量分布

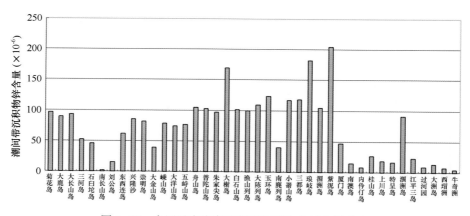

图 4-22　全国重点海岛潮间带沉积物中锌含量分布

10^{-6}，可满足一类标准。其中，大榭岛（123.10×10^{-6}）、舟山岛（88.38×10^{-6}）、普陀山岛（85.63×10^{-6}）和玉环岛（83.0×10^{-6}）4 个重点岛潮间带沉积物中铬含量略超一类标准。具体结果如图 4-23 所示。

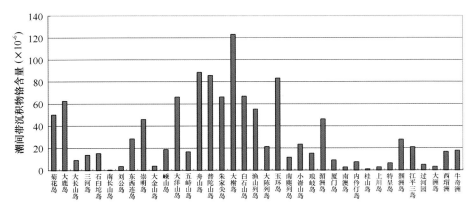

图 4-23 全国重点海岛潮间带沉积物中铬含量分布

2) 潮间带沉积环境质量综合指数现状评价

从潮间带沉积物质量综合指数计算结果来看，全国重点海岛潮间带沉积物质量综合指数介于 0.02~13.45 之间，平均值为 1.14。其中，南长山岛、普陀山岛、南澳岛和永暑礁等 37 个重点海岛潮间带沉积环境质量状况保持在清洁状态，约占所评价重点海岛总数的 84.1%；兴隆沙潮间带沉积环境质量状况处于轻度污染状态；紫泥岛和湄洲岛潮间带沉积环境质量状况处于中度污染状态；大榭岛、过河园、西瑁洲和牛奇洲 4 个重点海岛处于严重污染状态，主要是由于汞或镉含量较高所导致。具体结果如图 4-24 所示。

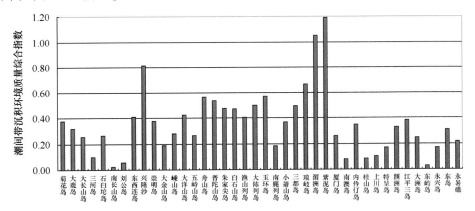

图 4-24 全国重点海岛潮间带沉积物质量评价综合指数

大榭岛、过河园、西瑁洲和牛奇洲潮间带沉积物质量综合指数分别为 2.46、7.32、13.45、12.33，图中未列出

3) 潮间带沉积环境质量地理分布特点

从气候带分布来看，温带、中亚热带、南亚热带海岛潮间带沉积环境质量相对较好，北亚热带和热带海岛潮间带沉积环境质量相对较差，主要是由于个别海岛潮间带沉积物中部分重金属含量较高所致。

从所处地理位置来看，处于河口区的海岛潮间带沉积物中超过一类标准的因子较多，且重金属含量相对较高，如琅岐岛、紫泥岛和西瑁洲等海岛，而地处海湾内或距大陆岸线较远的海岛沉积物环境质量往往保持较好，这是由于处于河口区域的海岛长期受到地表径流携带入海的污染物经过沉

积、吸附、迁移、转化等影响所致。

4.3 生物质量

重点海岛潮间带生物质量评价工作以908专项海洋水体环境调查中生物体质量数据成果以及各省市海岛实地调查中潮间带生物体质量数据成果为基础，仅收集到22个重点海岛潮间带生物体质量数据，由于各重点海岛调查时所采集的生物样本种类各异，在此仅对贝类（软体动物）生物质量进行分析评价。

评价内容包括石油烃、重金属（铜、铅、锌、镉、汞、铬、砷）等生物质量要素，评价方法与近海海域水环境质量评价方法相同，也采用单因子评价法和综合指数评价法相结合的方法开展评价，统一执行《海洋生物质量》（GB 18421—2001）中的一类标准。

4.3.1 温带海岛

温带重点海岛中仅收集到大鹿岛和三河岛2个重点海岛的潮间带贝类生物质量数据。其中，大鹿岛潮间带贝类生物体中汞、铅和砷3个因子超《海洋生物质量》一类标准，砷含量高达10.4×10^{-6}，超出一类标准逾9倍；三河岛潮间带样品生物体质量较差，除汞和砷外，几乎所有评价因子均处于超一类标准状态，镉、铜和锌含量分别为11.02×10^{-6}、307.10×10^{-6}和459.30×10^{-6}，分别超出一类标准约55倍、30倍和22倍，铅、铬和石油烃也均超出一类标准2倍以上。具体结果见表4-14。

4.3.2 北亚热带海岛

北亚热带重点海岛中仅收集到大金山岛、舟山岛、嵊山岛和朱家尖岛4个重点海岛的潮间带贝类生物质量数据。其中，大金山岛潮间带生物质量保持良好状态，仅锌含量相对较高，为27.70×10^{-6}，略超《海洋生物质量》（GB 18421—2001）一类标准，其余评价因子均可满足一类标准；舟山岛潮间带生物质量中超标因子较多，除铜外，其余各因子均不同程度地超出一类标准，汞、铅和镉含量相对较高，测值分别为0.410×10^{-6}、0.75×10^{-6}和1.61×10^{-6}，均超出一类标准逾7倍，锌、铬、砷和石油烃也超出一类标准1倍以上；嵊山岛潮间带生物质量中超标因子较多，汞、铅、锌、镉和铬出现不同程度的超出一类标准现象；朱家尖岛潮间带生物质量中超标因子也较多，除石油烃外，其余各因子均不同程度地超出一类标准，镉和锌含量相对较高，分别为5.19×10^{-6}和166.00×10^{-6}，超出一类标准25倍和8倍。具体结果见表4-14。

表4-14 全国重点海岛潮间带贝类生物体质量主要因子含量

重点海岛	调查日期	样品生物	评价因子（×10⁻⁶）								数据来源
			汞	铜	铅	锌	镉	铬	砷	石油烃	
大鹿岛	2007年10月	毛蚶（Scapharca subcrenata）	0.098	0.88	0.22	6.82	0.20	0.35	10.40	6.07	908专项辽宁省生物质量调查数据
三河岛	2007年11月	长牡蛎[Ostrea（Crassostrea）gigas]	0.007	307.10	0.53	459.30	11.02	1.74	0.24	33.41	908专项天津市生物质量调查数据
大金山岛	2008年11月	缢蛏（Sinonovacula constrictat）	0.005	1.12	0.07	27.70	0.11	0.40	0.28	14.00	908专项ST04区块生物质量调查数据
舟山岛	2007年5月	缢蛏（Sinonovacula constricta）	0.410	5.96	0.75	50.50	1.61	1.55	1.38	18.20	908专项浙江省生物体质量调查数据
嵊山岛	2007年5月	贻贝（Mytilus edulis）	0.170	7.87	0.23	53.30	0.81	1.27	0.46	9.90	908专项浙江省生物体质量调查数据
朱家尖岛	2007年5月	黄口荔枝螺（Thais luteostoma）	0.220	51.60	0.27	166.00	5.19	ND	5.94	6.70	908专项浙江省生物体质量调查数据
玉环岛	2008年9月	缢蛏（Sinonovacula constricta）	0.009	1.86	0.01	15.27	0.08	1.05	0.86	16.20	908专项浙江省生物体质量调查数据
南麂列岛	2008年9月	缢蛏（Sinonovacula constricta）	0.008	1.01	0.08	16.73	0.06	0.37	0.89	14.50	908专项ST05区块生物质量调查数据
渔山列岛	2008年9月	缢蛏（Sinonovacula constricta）	0.009	2.00	0.01	13.90	0.18	0.69	0.65	6.40	908专项ST05区块生物质量调查数据
白石山岛	2008年9月	缢蛏（Sinonovacula constricta）	0.008	1.72	0.02	13.31	0.09	0.78	0.68	7.30	908专项浙江省生物体质量调查数据
三都岛	2008年8月	牡蛎（Concha Ostreae）	0.009	—	0.22	—	0.34	—	1.36	9.52	908专项福建省生物体质量调查数据
琅岐岛	2007年11月	牡蛎（Concha ostreae）	0.011	45.77	0.23	234.64	0.55	0.11	0.43	22.10	908专项福建省生物体质量调查数据

续表

重点岛	调查日期	样品生物	评价因子 (×10⁻⁶)								数据来源
			汞	铜	铅	锌	镉	铬	砷	石油烃	
小箬山岛	2007年11月	牡蛎(Concha ostreae)	0.023	56.87	ND	201.75	1.32	0.29	0.65	18.40	908专项福建省生物体质量调查数据
湄洲岛	2007年11月	牡蛎(Concha ostrea)	0.011	14.45	0.02	85.72	0.27	0.12	0.63	21.10	908专项福建省生物质量调查数据
厦门岛	2005年	菲律宾蛤仔(Ruditapes philippinarum)	0.243	15.70	1.68	91.90	0.57	—	—	—	余兴光, 2008
紫泥岛	2009年11月	缢蛏(Sinonovacula constricta)	0.008	1.85	0.50	21.10	0.06	0.34	0.17	35.60	国家海洋局第三海洋研究所, 2009
南澳岛	2008年10月	条纹隔贻贝(Septifer virgatus)	0.052	25.70	2.60	141.00	1.22	0.44	1.60	59.90	908专项广东省生物质量调查数据
桂山岛	2008年3月	嫁蝛(Cellana toreuma)	0.016	2.00	7.00	11.10	0.35	0.74	2.90	5.64	908专项广东省生物质量调查数据
上川岛	2008年10月	文蛤(Meretrix meretrix)	0.022	1.40	0.60	25.50	0.30	0.64	2.10	4.11	908专项广东省生物质量调查数据
特呈岛	2007年11月	棒锥螺(Turritiella bacillum kiener)	0.003	7.10	ND	26.80	ND	ND	1.90	16.00	908专项广东省生物质量调查数据
江平三岛	2007年12月	葡萄牙牡蛎(Crassostrea angulata)	0.010	40.38	0.70	137.18	0.44	0.55	1.33	24.83	908专项广西壮族自治区生物质量调查数据
牛奇洲	2008年1月	咬齿牡蛎[Ostrea (Lopha) mordax gould]	0.013	25.28	2.91	15.69	0.32	0.08	1.44	7.53	908专项海南省生物质量调查数据

注:"ND"表示"未检出"。

4.3.3 中亚热带海岛

中亚热带重点海岛中收集到白石山岛、渔山列岛、玉环岛、南麂列岛、小嵛山岛、三都岛和琅岐岛 7 个重点海岛的潮间带贝类生物质量数据。中亚热带重点海岛潮间带生物质量总体状况尚保持良好，铜、铅、锌和镉含量在海岛中超《海洋生物质量》（GB 18421—2001）一类标准现象较为普遍。其中，潮间带生物体中铜含量介于 $1.01 \times 10^{-6} \sim 56.87 \times 10^{-6}$ 之间，均值为 18.20×10^{-6}，小嵛山岛和琅岐岛超标较为严重，其余各岛能满足一类标准；铅含量介于未检出至 0.23×10^{-6} 之间，均值为 0.10×10^{-6}，仅三都岛和琅岐岛出现超标现象；锌含量介于 $13.31 \times 10^{-6} \sim 234.64 \times 10^{-6}$ 之间，均值为 82.60×10^{-6}，超出一类标准 3 倍，小嵛山岛和琅岐岛出现严重超标现象；镉含量介于 $0.06 \times 10^{-6} \sim 1.32 \times 10^{-6}$ 之间，均值为 0.37×10^{-6}，小嵛山岛、琅岐岛和三都岛出现不同程度的超标现象；此外，铬、砷和石油烃仅在个别海岛中出现超标现象。具体结果见表 4-14。

4.3.4 南亚热带海岛

南亚热带重点海岛中收集到湄洲岛、紫泥岛、厦门岛、南澳岛、桂山岛、上川岛、特呈岛和江平三岛 8 个重点海岛的潮间带生物质量数据，可以看出，南亚热带重点海岛潮间带贝类生物质量总体状况较差，铅、锌、镉和石油烃超《海洋生物质量》（GB 18421—2001）一类标准现象较为普遍，铜和砷的超标现象也不容忽视，汞和铬仅在个别海岛中尚存超标现象。其中，潮间带生物体中铅含量介于未检出至 7.00×10^{-6} 之间，均值为 1.87×10^{-6}，超出一类标准 18 倍，主要是桂山岛、南澳岛和厦门岛超标严重；锌含量除桂山岛外，其余重点海岛均不同程度地超出一类标准，其中南澳岛和江平三岛均超过了 100×10^{-6}；石油烃含量介于 $4.11 \times 10^{-6} \sim 59.90 \times 10^{-6}$ 之间，均值为 23.88×10^{-6}，超出一类标准，除桂山岛和上川岛外，其余重点海岛均存在超标现象。具体结果见表 4-14。

4.3.5 热带海岛

热带重点海岛中仅收集到牛奇洲 1 个重点海岛的潮间带贝类生物质量数据，该岛潮间带生物质量也受到了一定的污染，铅含量较高，为 2.91×10^{-6}，超出《海洋生物质量》（GB 18421—2001）一类标准 28 倍，甚至不能满足二类标准；铜、镉和砷含量也略超一类标准。具体结果见表 4-14。

4.3.6 全国海岛综合评述

1）潮间带生物质量单因子现状评价

综合以上分析可以看出，我国海岛潮间带贝类生物质量状况不容乐观，所有评价因子在不同的海岛中出现了不同程度的超《海洋生物质量》（GB 18421—2001）一类标准现象，在参与评价的 22 个重点海岛中，均有一项或多项评价因子出现超海洋生物一类标准现象。其中，锌和铅含量超标现象较为普遍，满足一类标准的海岛比例尚不满 40%，甚至超三类标准的海岛也占有一定的比例；铜、镉、铬、砷和石油烃等因子含量满足一类标准的海岛比例在 60% 左右；汞含量超标现象相对缓和，满足一类标准的海岛比例在 70% 以上。具体结果见表 4-14 和表 4-15。

值得一提的是，虽然我国自 20 世纪 80 年代已经禁用六六六和滴滴涕等有机氯农药，但因其挥发性小和吸附性强，目前在土壤环境和水环境中仍有残留，并通过生物富集进入食物链。需要引起重视的是，本次海岛潮间带生物质量调查中，六六六和滴滴涕含量较高现象仍然存在，如三河岛和大金山岛潮间带贝类生物体内六六六含量分别为 $0.024×10^{-6}$ 和 $0.030×10^{-6}$，略超《海洋生物质量》（GB 18421—2001）一类标准，可以满足二类标准；三河岛、大金山、三都岛和湄洲岛潮间带贝类生物体内滴滴涕含量分别高达 $0.045×10^{-6}$、$0.085×10^{-6}$、$0.067×10^{-6}$ 和 $0.068×10^{-6}$，超出一类标准，可以满足二类标准。

表 4-15 全国重点海岛潮间带贝类生物质量主要评价因子超标情况

评价因子	满足标准情况	个数/个	比例（%）	主要海岛名称
汞	满足一类	16	72.73	琅岐岛、牛奇洲等
	超一类满足二类	2	9.09	大鹿岛、南澳岛
	超二类满足三类	3	13.64	嵊山岛、朱家尖岛、厦门岛
	超三类	1	4.55	舟山岛
铜	满足一类	12	57.14	大鹿岛、桂山岛等
	超一类满足二类	2	9.52	湄洲岛、厦门岛
	超二类满足三类	4	19.05	琅岐岛、南澳岛、江平三岛、牛奇洲
	超三类	3	14.29	三河岛、朱家尖岛、小嵛山岛
铅	满足一类	8	36.36	大金山岛、渔山列岛等
	超一类满足二类	11	50.00	舟山岛、三都岛等
	超二类满足三类	2	9.09	南澳岛、牛奇洲
	超三类	1	4.55	桂山岛
锌	满足一类	7	33.33	玉环岛、南麂列岛等
	超一类满足二类	4	19.05	大金山岛、紫泥岛、上川岛、特呈岛
	超二类满足三类	4	19.05	舟山岛、嵊山岛、湄洲岛、厦门岛
	超三类	6	28.57	三河岛、江平三岛等
镉	满足一类	8	36.36	白石山岛、紫泥岛等
	超一类满足二类	12	54.55	嵊山岛、桂山岛、牛奇洲等
	超二类甚至三类	2	9.09	三河岛、朱家尖岛
铬	满足一类	10	52.63	紫泥岛、南澳岛
	超一类满足二类	9	47.37	白石山岛、江平三岛等
砷	满足一类	11	52.38	嵊山岛、紫泥岛等
	超一类满足二类	8	38.10	舟山岛、三都岛等
	超二类满足三类	1	4.76	朱家尖岛
	超三类	1	4.76	大鹿岛
石油烃	满足一类	11	52.38	大金山岛、三都岛等
	超一类满足二类	9	42.86	舟山岛、紫泥岛等
	超二类满足三类	1	4.76	南澳岛

2）潮间带生物质量综合指数现状评价

从潮间带生物质量综合指数计算结果来看，潮间带生物质量综合指数介于 0.55～15.02 之间，平均值为 3.47，表明全国重点海岛潮间带生物质量总体处于严重污染状态。其中，大金山岛、玉环岛、南麂列岛、渔山列岛和白石山岛 5 个海岛潮间带生物质量处于清洁状态，占评价海岛总数的

23%；三都岛、湄洲岛、紫泥岛和特呈岛 4 个海岛潮间带生物质量处于中度污染状态，占评价海岛总数的 18%；三河岛、厦门岛等 13 个重点海岛潮间带生物质量处于严重污染状态，占评价海岛总数的 59%。具体结果如图 4-25 所示。

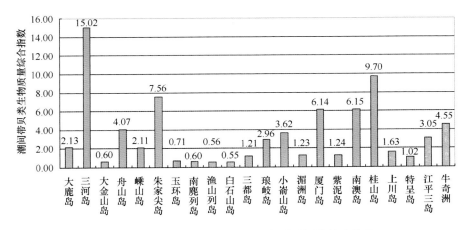

图 4-25　全国重点海岛潮间带生物质量评价综合指数

3）潮间带生物质量地理分布特点

目前，全国各气候带重点海岛潮间带生物质量均遭受到了不同程度的污染，中亚热带海岛相对较轻，其次是北亚热带、南亚热带和热带海岛，温带海岛相对较为严重。近年来随着海洋环境的不断恶化，造成了重金属在海洋生物尤其是潮间带贝类体内富集，这不但表现在沿岸岛和近岸岛，甚至离岸较远的海岛潮间带生物也受到了一定的影响，还有已经禁用了近 30 年的六六六和滴滴涕等农药公害，在部分生物体内仍能发现，需要引起高度重视。

4.4　小结

1）我国海岛近海海域水环境质量总体保持在清洁状态，少数海岛海域水质相对较差。海水中的主要污染物是无机氮和活性磷酸盐，近半数的重点海岛周围海域中无机氮和活性磷酸盐出现超《海水水质标准》（GB 3097—1997）二类标准现象。从气候带分布来看，热带海岛海域水环境质量最优，温带海岛水环境质量居中，亚热带海岛水环境质量相对较差。一些近岸岛尤其是处于河口区域的海岛由于受到陆源污染的影响较大，造成其周边海域水环境质量不断恶化，氮磷污染问题逐渐凸显，海域富营养化的隐患也不断扩大。

2）我国重点海岛潮间带沉积环境质量总体状况良好，大部分重点海岛潮间带沉积环境质量状况保持在清洁状态，约占所评价海岛总数的 82%。绝大多数海岛潮间带沉积物中的硫化物、有机碳、石油类和重金属含量较低，能满足《海洋沉积物质量》（GB 18668—2002）一类标准，仅少数海岛出现超标现象。从气候带分布来看，温带、中亚热带、南亚热带海岛潮间带沉积环境质量相对较好，北亚热带和热带海岛潮间带沉积环境质量相对较差。

3）我国重点海岛潮间带贝类生物质量状况不容乐观，半数以上的海岛潮间带生物质量受到不同程度的污染，这不排除所采集生物样品中大部分为人工养殖品种。所有的评价因子在不同的海岛中出现了不同程度的超《海洋生物质量》（GB 18421—2001）一类标准现象，在参与评价的 22 个重点海岛中，均有一项或多项评价因子出现超一类标准现象。从气候带分布来看，中亚热带海岛潮间

带生物质量相对较好，北亚热带、南亚热带和热带海岛居中，温带海岛相对较差。

4）海岛近海海水、潮间带沉积物和生物体中均发现有石油类和铅、锌等重金属含量相对较高的现象，海岛水体、沉积物和底栖生物是个有机结合的整体，互相影响，互相作用，关系极为密切，水环境质量的下降会造成沉积物质量随之下降，部分污染物通过生物富集进入食物链，从而间接影响到人类健康。因此，加强区域合作，控制陆源污染，才能有效遏制海岛环境质量进一步下降。

5 海岛生物生态现状评价

5.1 岛陆生物

受数据资料的限制，本研究仅选取岛陆植被覆盖率作为重点海岛岛陆生物评价的表征因子。本研究中岛陆植被覆盖率指的是岛陆上林地和草地覆盖面积与岛陆总面积的比值，用百分数表示。本研究主要根据 908 专项海岛海岸带卫星遥感调查中相关技术成果进行分析评价。

全国各重点海岛岛陆植被覆盖率如图 5-1 所示。由此可以看出，全国重点海岛植被覆盖率介于 0~100% 之间，平均约 61.98%，其中，植被覆盖率为 100% 的海岛包括蛇岛、大金山岛和内伶仃岛，这三个岛均处在自然保护区内且均为无人岛，自然植被保存完好；菊花岛、舟山岛、南麂列岛、南澳岛、上川岛和大洲岛等 16 个重点岛的植被覆盖率在 70% 以上，这部分海岛往往离岸较远，岛上或建有自然保护区，或以海岛旅游业为主要产业，生态环境保护较好，植被覆盖率也相对较高；大鹿岛、普陀山岛、大陈列岛、特呈岛和永兴岛等 16 个重点岛的植被覆盖率介于 30%~70% 之间，这部分海岛往往是有人岛，一定强度的人类开发活动造成部分植被覆盖地向耕地或建设用地等类型转化；植被覆盖率低于 30% 的重点海岛有兴隆沙、大洋山岛、湄洲岛、厦门岛、江平三岛，这五个海岛距离大陆较近，有些已经成为陆连岛，岛上人类开发活动历史悠久且较为剧烈，农业、渔业、工业或旅游业是岛上的主要产业，半自然景观或人工景观成为了岛上的主要景观类型；五峙山岛、紫泥岛和永暑礁的岛陆植被覆盖率为 0，这三个海岛自身的物质组成较为独特，五峙山岛全岛为岩石所覆盖、紫泥岛属河口冲积形成的沙泥岛、永暑礁属珊瑚礁岛。

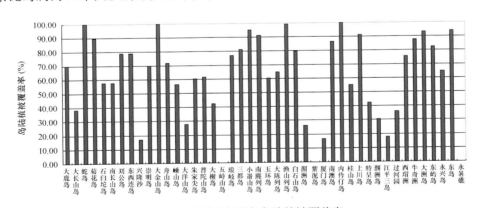

图 5-1 全国重点海岛岛陆植被覆盖率

岛陆植被覆盖率分布具有以下特点：热带和温带海岛相对较高，亚热带海岛相对较低；基岩岛相对较高，沙泥岛和珊瑚岛相对较低；无人岛相对较高，有人岛相对较低；有人岛中，以旅游业为主的海岛相对较高，以农业和工业为主的海岛相对较低。

5.2 潮间带生物

本研究以 908 专项调查中沿海各省（市、自治区）潮间带底栖生物调查数据成果为基础，开展了数据筛选、分类、统计、汇总和分析评价工作，共涉及了 32 个重点海岛 52 条潮间带调查断面数据。全国重点海岛潮间带生物调查断面详见表 5-1。

大部分重点海岛潮间带底栖生物均开展了春季和秋季两个季节调查，本研究对重点海岛不同航次的调查数据进行了综合分析评述。值得一提的是，如果从专业角度来分析潮间带生物组成分布和群落结构特点，应分别从类别组成、底质类型、垂直分布、季节变化等不同方面来分析其种类、栖息密度、生物量、优势种和群落结构的组成及变化，而本研究重点关注的是海岛潮间带生物生态状况，因此仅就潮间带底栖生物的种类、栖息密度、生物量和生物多样性指数等方面开展分析评价。全国重点海岛的潮间带生物群落结构组成具体结果见表 5-2 和表 5-3。

表 5-1　全国重点海岛潮间带生物调查断面

气候带	重点岛	断面	北纬	东经	岩相	数据来源
温带	大鹿岛	XD	39.773 5°	123.594 8°	泥、岩礁	908 专项辽宁省潮间带底栖生物调查数据
	大长山岛	DCSDLHD	39.278 6°	122.585 8°	沙砾、岩礁	908 专项辽宁省海岛潮间带底栖生物调查数据
		DCSDXPZ	39.266 8°	122.614 1°	沙砾、岩礁	
	菊花岛	JHDLT	40.488 9°	120.796 7°	沙、岩礁	908 专项辽宁省海岛潮间带底栖生物调查数据
		JHDLBZ	40.516 1°	120.801 4°	沙泥	
	南长山岛	NCS	37.922 1	120.759 8	岩礁	908 专项山东省海岛潮间带底栖生物调查数据
	刘公岛	LGD	37.497 8	122.187 1	沙、碎壳	908 专项山东省海岛潮间带底栖生物调查数据
	石臼坨岛	石臼坨东	38.133 9°	118.845 8°	沙、沙泥	908 专项河北省海岛潮间带底栖生物调查数据
		石臼坨西	38.133 9°	118.845 8°	泥、泥沙	
	三河岛	DST	39.209 4°	117.940 6°	泥	908 专项天津市潮间带底栖生物调查数据

续表

气候带	重点岛	断面	北纬	东经	岩相	数据来源
北亚热带	兴隆沙	启隆乡北	31.786 4°	121.457 8°	泥	908专项江苏省海岛潮间带底栖生物调查数据
		永隆村北	31.813 6°	121.412 8°	泥	
	崇明岛	六效港东	—	—	泥	
		南宝码头	—	—	泥	
		鸽笼港	—	—	沙	908专项上海市海岛潮间带底栖生物调查数据
		崇头	—	—	沙	
		东旺沙	—	—	泥	
		团结沙	—	—	泥	
	大金山岛	大金山岛	30.692 8°	121.414 2°	岩礁	908专项上海市海岛潮间带底栖生物调查数据
	嵊山岛	枸杞岛	—	—	沙	908专项浙江省海岛潮间带底栖生物调查数据
	大洋山岛	大洋山	—	—	泥	908专项浙江省海岛潮间带底栖生物调查数据
	五峙山岛	黄金湾	—	—	岩礁	908专项浙江省海岛潮间带底栖生物调查数据
	舟山岛	黄金湾	—	—	岩礁	908专项浙江省海岛潮间带底栖生物调查数据
		螺门	—	—	泥	
		老塘山	—	—	泥	
		临城	—	—	泥	
	普陀山岛	朱家尖	—	—	沙	908专项浙江省海岛潮间带底栖生物调查数据
	朱家尖岛	朱家尖	—	—	沙	908专项浙江省海岛潮间带底栖生物调查数据

续表

气候带	重点岛	断面	北纬	东经	岩相	数据来源
北亚热带	大榭岛	梅山岛	—	—	泥	908 专项浙江省海岛潮间带底栖生物调查数据
中亚热带	白石山岛	P060	—	—	泥	908 专项浙江省海岛潮间带底栖生物调查数据
	大陈列岛	P101	—	—	岩礁	908 专项浙江省海岛潮间带底栖生物调查数据
	玉环岛	P122	—	—	岩礁	908 专项浙江省海岛潮间带底栖生物调查数据
		P125	—	—	岩礁	
	南麂列岛	P140	—	—	岩礁	908 专项浙江省海岛潮间带底栖生物调查数据
		P141	—	—	岩礁	
		P-nj1	—	—	岩礁	
		P-nj2	—	—	岩礁	
		P-nj3	—	—	岩礁	
		P-nj4	—	—	沙	
		P142	—	—	岩礁	
		P143	—	—	岩礁	
	小崳山岛	FJ-C019	26.818 1°	120.050 9°	沙、泥	908 专项福建省海岛潮间带底栖生物调查数据
	三都岛	SMH	26.658 3°	119.731 7°	泥	908 专项福建省海岛潮间带底栖生物调查数据
	琅岐岛	CJ02	26.100 0°	119.636 8°	泥沙、泥	908 专项福建省海岛潮间带底栖生物调查数据

续表

气候带	重点岛	断面	北纬	东经	岩相	数据来源
南亚热带	湄洲岛	PM25	25.080 4°	119.106 8°	沙、泥	908 专项福建省海岛潮间带底栖生物调查数据
	厦门岛	X-XMD5	24.528 5°	118.186 7°	岩礁、泥沙	908 专项福建省海岛潮间带底栖生物调查数据
	紫泥岛	Z-ZN4	24.437 4°	117.903 7°	泥	908 专项福建省海岛潮间带底栖生物调查数据
	南澳岛	2	23.421 4°	117.134 4°	沙、岩礁	908 专项广东省海岛潮间带底栖生物调查数据
	桂山岛	31	22.131 3°	113.830 4°	沙	908 专项广东省海岛潮间带底栖生物调查数据
	上川岛	72	21.698 9°	112.802 1°	沙	908 专项广东省海岛潮间带底栖生物调查数据
	涠洲岛	WZD4	21.070 0°	109.130 1°	沙	908 专项广西区海岛潮间带底栖生物调查数据
	江平三岛	F08	21.517 2°	108.119 6°	岩礁、沙	908 专项广西区海岸带潮间带底栖生物调查数据

由表 5-2 和表 5-3 可以看出以下特点。

1）温带海岛

温带大鹿岛、大长山岛等 7 个重点海岛潮间带底栖生物种类介于 15~33 种之间,各海岛之间差异不大;栖息密度介于 273~18 622 ind/m² 之间,均值为 5 382 ind/m²;生物量介于 18.17~27 608.99 g/m² 之间,均值为 4 547.19 g/m²;潮间带底栖生物群落结构特征方面,多样性介于 1.41~3.83 之间,均值为 2.79。

2）北亚热带海岛

北亚热带兴隆沙、崇明岛等 10 个重点海岛潮间带底栖生物种类介于 7~33 种之间,其中舟山岛种类最多,普陀山岛和朱家尖岛最少;栖息密度介于 36~588 ind/m² 之间,均值为 177 ind/m²;生物量介于 1.56~188.27 g/m² 之间,均值为 83.01 g/m²;潮间带底栖生物群落结构特征方面,多样性介于 1.01~2.64 之间,均值为 1.80,均匀度介于 0.49~0.98 之间,均值为 0.78,丰富度介于 0.48~2.04 之间,均值为 1.15。

表 5-2　全国重点海岛潮间带底栖生物种类及生物量分布

气候带	重点岛名称	种类/种	栖息密度/（ind/m²）	生物量/（g/m²）	主要优势种
温带	大鹿岛	23	2 480	629.33	纹藤壶、褶牡蛎
	大长山岛	18	11 496	27 608.99	褶牡蛎、短滨螺、东方小藤壶
	菊花岛	19	18 622	2 507.48	短滨螺、黑荞麦蛤、古氏滩栖螺
	石臼坨岛	15	273	101.64	彩虹明樱蛤、日本大眼蟹、泥螺
	南长山岛	33	3 831	906.38	短滨螺、东方小藤壶
	刘公岛	24	504	18.17	滩拟猛钩虾
	三河岛	27	468	58.35	光滑狭口螺、绒毛细足蟹
北亚热带	兴隆沙	17	103	53.46	加州齿吻沙蚕、宁波泥蟹
	崇明岛	31	469	188.27	谭氏泥蟹、堇拟沼螺、丝异蚓虫
	大金山岛	20	40	–	齿纹蜒螺、奥莱彩螺
	嵊山岛	11	57	–	齿纹蜒螺、短滨螺
	大洋山岛	11	100	34.24	日本大眼蟹、异足索沙蚕
	五峙山岛	11	117	116.45	疣荔枝螺、条纹隔贻贝、短滨螺
	舟山岛	33	588	142.24	短拟沼螺、日本大眼蟹
	普陀山岛	7	36	1.56	日本索沙蚕、花索沙蚕
	朱家尖岛	7	36	1.56	日本索沙蚕、花索沙蚕
	大榭岛	21	227	126.27	珠带拟蟹守螺、粗糙滨螺、短滨螺
	白石山岛	11	104	208.08	泥藤壶、僧帽牡蛎
中亚热带	大陈列岛	38	440	748.77	条纹隔贻贝、珊瑚藻
	玉环岛	46	515	747.28	日本笠藤壶
	南麂列岛	210	2 325	8 088.35	日本笠藤壶、隔贻贝
	小嵛山岛	20	854	87.57	明秀大眼蟹、短拟沼螺
	三都岛	19	36	35.01	日本大眼蟹、歪刺锚参
	琅岐岛	31	62	23.50	日本大眼蟹、脊尾白虾
	湄洲岛	77	651	17.04	红角沙蚕、红刺尖锥虫、双形拟单指虫
	紫泥岛	23	277	20.09	宁波泥蟹、尖刺缨虫、毛齿吻沙蚕
	厦门岛	125	807	52.66	粗糙滨螺、大假蛏蛤、珠带拟蟹守螺
南亚热带	南澳岛	55	1 784	1 349.71	条纹隔贻贝、短齿蛤、僧帽牡蛎
	桂山岛	12	822	1 792.95	鬼甲笠螺、单齿螺
	上川岛	17	383	38.47	文蛤、楔形斧蛤
	涠洲岛	7	85	118.00	疣滩栖螺、近江牡蛎、笠藤壶
	江平三岛	18	18 624	18 146.76	曲线索贻贝、黑荞麦蛤、葡萄牙牡蛎

表 5-3　全国重点海岛潮间带底栖生物群落结构特征

气候带	重点岛名称	多样性（H'）	均匀度（J'）	丰富度（d）
温带	大鹿岛	1.41	–	–
	大长山岛	2.90	–	–
	菊花岛	3.14	–	–
	石臼坨岛	3.83	–	–
	南长山岛	3.21	–	–
	刘公岛	3.24	–	–
	三河岛	1.81	–	–
北亚热带	兴隆沙	1.51	0.69	0.79
	崇明岛	2.30	0.69	1.60
	大金山岛	1.81	0.72	1.58
	嵊山岛	1.01	0.49	1.13
	大洋山岛	2.34	0.91	1.12
	五峙山岛	1.78	0.88	0.73
	舟山岛	2.64	0.70	2.04
	普陀山岛	1.17	0.98	0.48
	朱家尖岛	1.17	0.98	0.48
	大榭岛	2.23	0.77	1.54
中亚热带	白石山岛	2.56	0.74	2.36
	大陈列岛	3.14	0.60	5.44
	玉环岛	1.31	0.27	4.66
	南麂列岛	3.71	0.53	14.45
	小嵛山岛	2.09	0.46	5.65
	三都岛	2.23	0.52	4.43
	琅岐岛	2.98	0.70	5.67
南亚热带	湄洲岛	3.30	0.71	3.79
	紫泥岛	2.32	0.75	1.43
	厦门岛	3.01	0.76	3.91
	南澳岛	2.69	0.69	2.05
	桂山岛	1.18	0.64	0.39
	上川岛	1.31	0.60	0.87
	涠洲岛	1.92	0.85	0.69
	江平三岛	1.59	0.67	0.73

3）中亚热带海岛

中亚热带白石山岛、大陈列岛等 7 个重点海岛潮间带底栖生物种类介于 11～210 种，各海岛之间差异较大；栖息密度介于 36～2 325 ind/m² 之间，均值为 620 ind/m²；生物量介于 23.50 g/m²～8 088.35 g/m² 之间，均值为 1 419.79 g/m²；潮间带底栖生物群落结构特征方面，多样性介于 1.31～3.71 之间，均值为 2.57，均匀度介于 0.27～0.74 之间，均值为 0.55，丰富度介于 2.36～14.45 之间，均值为 6.09。

4) 南亚热带海岛

南亚热带湄洲岛、紫泥岛等 8 个重点海岛潮间带底栖生物种类介于 7~125 种之间,各海岛之间差异较大;栖息密度介于 85~18 624 ind/m² 之间,均值为 2 929 ind/m²;生物量介于 17.04 g/m²~18 146.76 g/m² 之间,均值为 2 691.96 g/m²;潮间底栖带生物群落结构特征方面,多样性介于 1.18~3.30 之间,均值为 2.17,均匀度介于 0.60~0.85 之间,均值为 0.71,丰富度介于 0.39~3.91 之间,均值为 1.73。

5) 全国海岛综合评述

全国重点海岛潮间带底栖生物种类介于 7~210 种之间,普陀山岛、朱家尖岛和涠洲岛鉴定种类较少,仅 7 种,南麂列岛和厦门岛鉴定种类较多,分别为 210 种和 125 种(如图 5-2 所示);栖息密度介于 40~18 624 ind/m² 之间,均值为 2 101 ind/m²,嵊山岛、普陀山岛和琅岐岛等 7 个海岛生物栖息密度相对较低,数量均在 100 ind/m² 以下,大长山岛、菊花岛和江平三岛 3 个海岛生物栖息密度相对较高,数量均高于 10 000 ind/m²(如图 5-3 所示);生物量介于 1.56~27 608.99 g/m²,普陀山岛和朱家尖岛生物量相对较低,不到 10 g/m²,大长山岛和江平三岛生物量相对较高,数量均高于 10 000 g/m²。各重点海岛潮间带底栖生物种类数、栖息密度和生物量各有不同,但大体上仍呈现出由北向南逐渐递增的趋势。

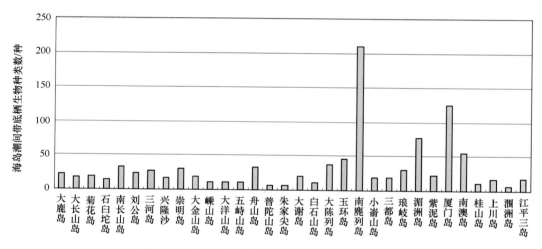

图 5-2　全国重点海岛潮间带底栖生物种类数分布

从海岛潮间带生物群落结构特征来看,生物多样性介于 1.01~3.83 之间,均值为 2.28。嵊山岛和玉环岛等 13 个海岛潮间带底栖生物多样性相对较低,值在 2 以下;南麂列岛和厦门岛等 8 个海岛生物多样性相对较高,值均大于 3(如图 5-4 所示)。均匀度介于 0.27~0.98 之间,均值为 0.69。玉环岛潮间带底栖生物均匀度最低,普陀山岛和朱家尖岛最高。丰富度介于 0.39~14.45 之间,均值为 2.72。普陀山岛和涠洲岛等 8 个海岛潮间带底栖生物丰富度相对较低,值均小于 1,南麂列岛和琅岐岛等 4 个海岛生物丰富度相对较高,值均大于 5。各重点海岛潮间带底栖生物群落结构特征总体表现出南高北低的特点。

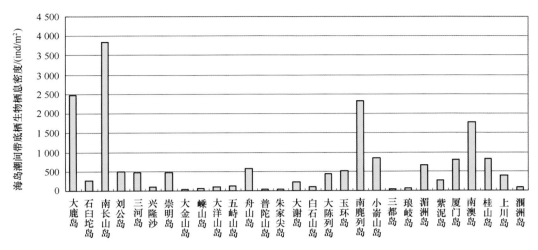

图5-3 全国重点海岛潮间带底栖生物栖息密度分布

大长山岛、菊花岛和江平三岛潮间带底栖生物栖息密度分别为 11 496 ind/m²、18 622 ind/m² 和 18 624 ind/m²，图中未列出

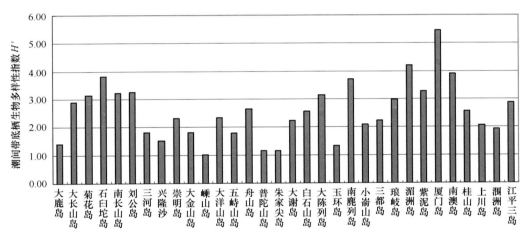

图5-4 全国重点海岛潮间带底栖生物多样性指数 H' 分布

5.3 近海海域生物

5.3.1 叶绿素 a

本研究以 908 专项中海洋水体环境调查数据中的叶绿素 a 相关资料成果为基础，开展了数据筛选、统计、汇总和分析评价工作，共涉及了 44 个重点海岛 124 个调查站位数据，各重点海岛调查站位与近海海域水环境质量调查的筛选站位一致，评价数据取用各筛选站位不同水层数据的平均值，具体见表4-1。

温带 8 个重点海岛周边海域叶绿素 a 含量介于 1.17~5.93 mg/m³ 之间，均值为 2.47 mg/m³；北亚热带 10 个重点海岛周边海域叶绿素 a 含量介于 0.62~4.29 mg/m³ 之间，均值为 1.27 mg/m³；中亚热带 8 个重点海岛周边海域叶绿素 a 含量介于 1.02~2.29 mg/m³ 之间，均值为 1.54 mg/m³；南亚热带 10 个重点海岛周边海域叶绿素 a 含量介于 1.05~6.72 mg/m³ 之间，均值为 2.92 mg/m³；热带

8 个重点海岛周边海域叶绿素 a 含量介于 0.19~1.91 mg/m³ 之间，均值为 0.83 mg/m³。不同气候带的海岛之间存在一定差异，总体呈现北高南低的特点，温带海岛周边海域叶绿素 a 含量较高，其次是亚热带海岛，热带海岛周边海域叶绿素 a 含量相对较低。

全国重点海岛周边海域叶绿素 a 含量介于 0.19~6.72 mg/m³ 之间，均值为 1.79 mg/m³。其中，东西连岛和特呈岛等 6 个海岛周边海域叶绿素 a 含量相对较高，均大于 3.00 mg/m³；其次是崇明岛和石臼坨岛等 8 个海岛，叶绿素 a 含量介于 2.00~3.00 mg/m³ 之间；大部分海岛周边海域叶绿素 a 含量介于 1.00~2.00 mg/m³ 之间，如小崳山岛和过河园等 19 个海岛，约占评价海岛总数的 43.2%；永暑礁和舟山岛等 11 个海岛周边海域叶绿素 a 含量相对较低，尚不到 1.00 mg/m³，具体如图 5-5 所示。

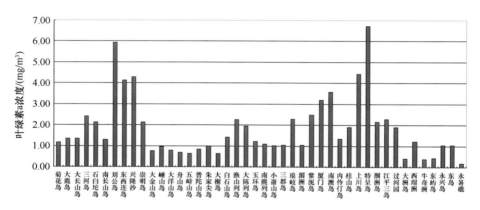

图 5-5　全国重点海岛周边海域叶绿素 a 分布

5.3.2　浮游植物

本研究以 908 专项中海洋水体环境调查数据中的浮游植物相关资料成果为基础，开展了数据筛选、统计、汇总和分析评价工作，共涉及了 40 个重点海岛 118 个调查站位数据，各重点海岛调查站位与近海海域水环境质量调查的筛选站位一致，具体见表 4-1。本研究仅对用小型浮游生物网或浅水 Ⅲ 型浮游生物网采集的小型浮游植物（网采）相关数据进行分析计算，评价数据取用各筛选站位不同季节航次数据的平均值。全国重点海岛周边海域浮游植物群落结构组成具体结果见表 5-4 和表 5-5。

表 5-4　全国重点海岛周围海域浮游植物种类及细胞密度分布

气候带	重点岛	种类 /种	细胞密度 / (×10⁴ cell/m³)	主要优势种
温带	大鹿岛	52	989.08	浮动弯角藻、格式圆筛藻、细弱圆筛藻
	菊花岛	43	53.35	具槽直链藻、圆筛藻、中肋骨条藻
	大长山岛	68	60.29	中心圆筛藻、中肋骨条藻
	三河岛	70	433.38	偏心圆筛藻、辐射圆筛藻
	东西连岛	54	16.26	布氏双尾藻

气候带	重点岛	种类/种	细胞密度/（×10⁴ cell/m³）	主要优势种
北亚热带	兴隆沙	52	1 032.63	中肋骨条藻、中心圆筛藻
	崇明岛	75	17.44	小型黄丝藻、骨条藻
	大金山岛	26	52.30	琼氏圆筛藻
	嵊山岛	87	1 857.74	中华盒形藻、菱形海线藻
	大洋山岛	33	1 243.91	中华盒形藻、骨条藻
	五峙山岛	51	151.58	琼氏圆筛藻
	舟山岛	73	87.96	菱形海线藻、琼氏圆筛藻
	普陀山岛	61	106.52	菱形海线藻、琼氏圆筛藻
	朱家尖岛	60	106.52	菱形海线藻、琼氏圆筛藻
	大榭岛	40	168.68	琼氏圆筛藻、中心圆筛藻
	白石山岛	31	0.02	丹麦细柱藻、中肋骨条藻
中亚热带	渔山列岛	14	2.14	三角角藻、琼氏圆筛藻
	大陈列岛	46	27.28	叉状角藻、中华盒形藻
	玉环岛	37	0.20	琼氏圆筛藻
	南麂列岛	15	1.04	琼氏圆筛藻、波状辐裥藻、有翼圆筛藻
	小嵛山岛	33	5.24	琼氏圆筛藻
	三都岛	77	60.67	钟形中鼓藻、奇异菱形藻
	琅岐岛	77	48704.17	中肋骨条藻、旋链角毛藻
	湄洲岛	63	271.97	星脐圆筛藻、中肋骨条藻
	紫泥岛	76	5.66	中肋骨条藻、尖刺伪菱形藻
	厦门岛	102	131.00	中肋骨条藻、中心圆筛藻
	南澳岛	154	43 481.67	角毛藻、中肋骨条藻、骨条藻
南亚热带	内伶仃岛	104	319.92	菱形海线藻、旋链角毛藻、骨条藻
	桂山岛	114	73 120.78	骨条藻、菱形海线藻
	上川岛	148	24 614.90	菱形海线藻、骨条藻、旋链角毛藻
	特呈岛	130	53 041.50	角毛藻、洛氏角毛藻
	涠洲岛	173	616.41	菱形海线藻、佛氏海毛藻
	江平三岛	76	506.03	球形棕囊藻、菱形海线藻
	过河园	109	276.55	菱形海线藻、佛氏海毛藻、奇异棍形藻
	大洲岛	209	28.35	拟旋链角毛藻、洛氏角毛藻
	西瑁洲	143	112.78	奇异棍形藻、佛氏海毛藻、菱形海线藻
热带	牛奇洲	215	49.36	劳氏角毛藻、菱形海线藻
	东屿岛	156	73.49	拟旋链角毛藻、洛氏角毛藻、菱形海线藻
	永兴岛	44	4.42	细颤藻、楔形藻
	永暑礁	—	0.61	—

表 5-5 全国重点海岛周围海域浮游植物群落结构特征

气候带	重点岛	多样性（H'）	均匀度（J'）	丰富度（d）
温带	大鹿岛	1.71	0.49	—
	菊花岛	2.41	0.66	—
	大长山岛	3.02	0.62	—
	三河岛	2.89	0.84	—
	东西连岛	3.60	0.69	—
北亚热带	兴隆沙	1.93	0.61	0.83
	崇明岛	0.92	0.31	0.68
	大金山岛	1.85	0.53	0.97
	嵊山岛	2.58	0.57	1.64
	大洋山岛	2.06	0.65	0.74
	五峙山岛	1.51	0.49	0.88
	舟山岛	2.04	0.58	1.15
	普陀山岛	2.43	0.66	1.25
	朱家尖岛	2.43	0.66	1.27
	大榭岛	2.10	0.63	0.98
中亚热带	白石山岛	2.75	0.43	2.55
	渔山列岛	2.49	0.65	1.30
	大陈列岛	2.56	0.56	2.52
	玉环岛	2.81	0.61	2.87
	南麂列岛	2.99	0.76	1.51
	小嵛山岛	3.04	0.72	1.62
	三都岛	3.12	0.53	9.11
	琅岐岛	1.61	0.27	3.06
南亚热带	湄洲岛	2.50	0.63	0.74
	紫泥岛	2.75	0.69	1.47
	厦门岛	3.01	0.64	1.34
	南澳岛	1.42	0.30	1.92
	内伶仃岛	2.31	0.57	1.37
	桂山岛	2.67	0.58	1.88
	上川岛	2.06	0.44	1.90
	特呈岛	1.10	0.22	2.54
	涠洲岛	3.09	0.61	4.68
	江平三岛	2.33	0.52	2.04
热带	过河园	2.61	0.52	—
	大洲岛	3.63	0.65	—
	西瑁洲	3.80	0.20	—
	牛奇洲	3.50	0.60	—
	东屿岛	3.36	0.62	—
	永兴岛	2.41	0.53	—
	永暑礁	3.92	0.84	—

1) 温带海岛

温带菊花岛、大长山岛等 5 个重点海岛周边海域浮游植物种类介于 43~70 种之间，海岛之间差异不大；细胞密度介于 $53.35 \times 10^4 \sim 989.08 \times 10^4$ cell/m³ 之间，均值为 307.22×10^4 cell/m³；浮游植物群落结构特征方面，多样性介于 1.71~3.60 之间，均值为 2.73，均匀度介于 0.49~0.84 之间，均值为 0.66。

2) 北亚热带海岛

北亚热带兴隆沙、崇明岛等 10 个重点海岛周边海域浮游植物种类介于 26~87 种之间，不同海岛之间差异较大；细胞密度介于 $17.44 \times 10^4 \sim 1\,857.74 \times 10^4$ cell/m³ 之间，均值为 482.53×10^4 cell/m³；浮游植物群落结构特征方面，多样性介于 0.92~2.58 之间，均值为 1.98，均匀度介于 0.31~0.66 之间，均值为 0.57，丰富度介于 0.68~1.64，均值为 1.04。

3) 中亚热带海岛

中亚热带白石山岛、渔山列岛等 8 个重点海岛周边海域浮游植物种类介于 14~77 种之间，不同海岛之间差异较大；细胞密度介于 $0.02 \times 10^4 \sim 48\,704.17 \times 10^4$ cell/m³ 之间，均值为 $6\,100.10 \times 10^4$ cell/m³；浮游植物群落结构特征方面，多样性介于 1.61~3.12 之间，均值为 2.67，均匀度介于 0.27~0.76 之间，均值为 0.57，丰富度介于 1.30~9.11，均值为 3.07。

4) 南亚热带海岛

南亚热带湄洲岛、紫泥岛等 10 个重点海岛周边海域浮游植物种类介于 63~173 种之间，不同海岛之间差异较大；细胞密度介于 $5.66 \times 10^4 \sim 73\,120.78 \times 10^4$ cell/m³ 之间，均值为 $19\,610.98 \times 10^4$ cell/m³；浮游植物群落结构特征方面，多样性介于 1.10~3.09 之间，均值为 2.32，均匀度介于 0.22~0.69 之间，均值为 0.52，丰富度介于 0.74~4.68，均值为 1.99。

5) 热带海岛

热带过河园、大洲岛等 7 个重点海岛周边海域浮游植物种类介于 44~215 种之间，不同海岛之间差异较大；细胞密度介于 $0.61 \times 10^4 \sim 276.55 \times 10^4$ cell/m³ 之间，均值为 77.94×10^4 cell/m³；浮游植物群落结构特征方面，多样性介于 2.41~3.92 之间，均值为 3.32，均匀度介于 0.20~0.84 之间，均值为 0.56。

6) 全国海岛综合评述

全国重点海岛周边海域网采浮游植物种类介于 14~215 种之间，渔山列岛、南麂列岛和大金山岛等 11 个海岛周边海域浮游植物鉴定种类较少，不满 50 种，牛奇洲、大洲岛和涠洲岛等 12 个海岛鉴定种类较多，均多于 100 种（如图 5-6 所示）；细胞密度介于 $0.02 \times 10^4 \sim 73\,120.78 \times 10^4$ cell/m³ 之间，均值为 $6\,295.85 \times 10^4$ cell/m³，白石山岛、紫泥岛和牛奇洲等 19 个海岛周边海域浮游植物细胞密度相对较低，均不足 100×10^4 cell/m³，琅岐岛、南澳岛、桂山岛、上川岛和特呈岛 5 个海岛海域浮游植物细胞密度相对较高，高于 $20\,000 \times 10^4$ cell/m³（如图 5-7 所示）。各重点海岛周边海域浮游植物细胞密度分布规律不甚明显，但种类数分布则明显呈现出由北向南逐渐递增的趋势，温带较少，亚热带和热带较多。

从浮游植物生物群落结构特征来看，生物多样性指数介于 0.92~3.92 之间，均值为 2.53，崇明岛和大鹿岛等 8 个重点岛周边海域浮游植物多样性相对较低，测值均小于 2，永暑礁和三都岛等 11 个重点岛相对较高，测值均大于 3；从气候带分布来看，热带海岛海域浮游植物多样性最高，其

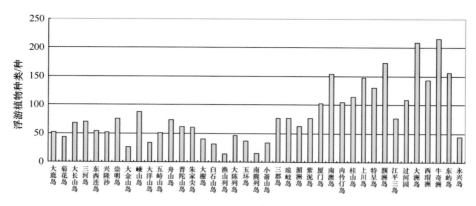

图 5-6 全国重点海岛周边海域浮游植物种类数分布

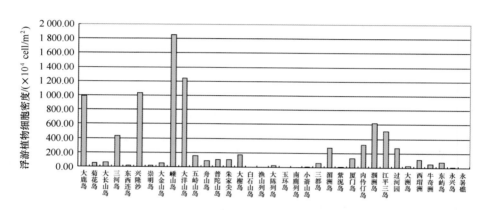

图 5-7 全国重点海岛周边海域浮游植物细胞密度分布

琅岐岛、南澳岛、桂山岛、上川岛和特呈岛周边海域浮游植物细胞密度分别为 48 704×10⁴ cell/m³、43 481.67×10⁴ cell/m³、73 120.78×10⁴ cell/m³、24 614.90×10⁴ cell/m³ 和53 041.50×10⁴ cell/m³，图中未列出

次是温带海岛，亚热带海岛相对较低（如图 5-8 所示）。均匀度介于 0.20~0.84 之间，均值为 0.57，西瑁洲和特呈岛海域浮游植物均匀度最低，永暑礁和三河岛最高。丰富度介于 0.68~9.11 之间，均值为 1.96，崇明岛和湄洲岛等 7 个重点岛海域浮游植物丰富度相对较低，测值均小于 1，琅岐岛、涠洲岛和三都岛 3 个重点海岛相对较高，测值均大于 3。

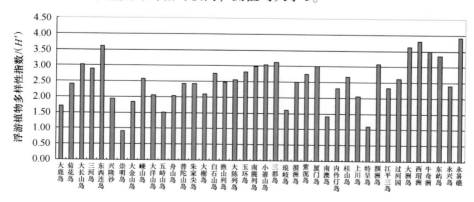

图 5-8 全国重点海岛周边海域浮游植物多样性指数 H' 分布

5.3.3 浮游动物

本研究以 908 专项中海洋水体环境调查数据中的浮游动物相关资料成果为基础，开展了数据筛选、统计、汇总和分析评价工作，共涉及了 43 个重点海岛 123 个调查站位数据，各重点海岛调查站位与近海海域水环境质量调查的筛选站位一致，具体见表 4-1。本研究仅对用大型浮游生物网或者浅水 I 型采集的大型和中型浮游动物相关数据进行分析计算，评价数据取用各筛选站位不同季节航次数据的平均值。全国重点海岛周边海域浮游动物群落结构组成具体结果见表 5-6 和表 5-7。

表 5-6　全国重点海岛周围海域浮游动物种类及栖息密度分布

气候带	重点岛	种类 /种	栖息密度 / (ind/m³)	主要优势种
温带	菊花岛	46	5 464.97	小拟哲水蚤、双刺纺锤水蚤、强额拟哲水蚤
	大鹿岛	37	11 743.67	短角长腹剑水蚤、小拟哲水蚤、强额拟哲水蚤
	大长山岛	33	1 970.60	小拟哲水蚤、强额拟哲水蚤
	三河岛	16	74.35	太平洋纺锤水蚤、小拟哲水蚤、强壮剑虫
	蛇岛	33	184.28	中华哲水蚤、强壮箭虫
	南长山岛	16	265.85	中华哲水蚤、强壮箭虫
	刘公岛	27	244.60	中华哲水蚤、强壮箭虫
北亚热带	兴隆沙	77	2 200.07	小拟哲水蚤、火腿许水蚤
	崇明岛	132	1 850.91	细巧华哲水蚤、中华华哲水蚤
	大金山岛	34	55.63	真刺唇角水蚤
	嵊山岛	131	282.72	背刺胸刺水蚤、亚强真哲水蚤
	大洋山岛	58	34 340.02	中华哲水蚤、背刺胸刺水蚤
	五峙山岛	75	106.59	背刺胸刺水蚤、百陶箭虫
	舟山岛	129	354.80	中华哲水蚤、百陶箭虫
	普陀山岛	111	613.03	中华哲水蚤、百陶箭虫
	朱家尖岛	111	613.03	中华哲水蚤、百陶箭虫
	大榭岛	53	83.16	背刺胸刺水蚤
	白石山岛	40	60.00	中华哲水蚤
	渔山列岛	67	6 213.21	中华哲水蚤、小拟哲水蚤、针刺拟哲水蚤
	大陈列岛	107	1 737.79	中华哲水蚤、针刺拟哲水蚤
中亚热带	玉环岛	42	51.96	微刺哲水蚤、百陶箭虫
	南麂列岛	63	1 123.17	中华哲水蚤、针刺拟哲水蚤
	小嵛山岛	31	519.73	中华哲水蚤、桡足类幼体
	三都岛	60	44.30	太平洋纺锤水蚤、亚强真哲水蚤
	琅岐岛	51	178.83	捷氏歪水蚤、中华哲水蚤、火腿许水蚤

气候带	重点岛	种类 /种	栖息密度 / (ind/m³)	主要优势种
南亚热带	湄洲岛	73	68.06	中华哲水蚤、肥胖箭虫
	紫泥岛	32	44.87	舌状叶镖水蚤、强额拟哲水蚤、中华异水蚤
	厦门岛	67	1 804.15	太平洋纺锤水蚤、真刺唇角水蚤
	南澳岛	90	215.66	精致真刺水蚤、肥胖箭虫
	内伶仃岛	104	291.40	刺尾纺锤水蚤、中华异水蚤、球形侧腕水母
	桂山岛	170	527.83	肥胖箭虫、鸟喙尖头溞
	上川岛	237	633.66	肥胖三角溞、鸟喙尖头溞、肥胖箭虫
	特呈岛	53	195.56	刺尾纺锤水蚤、球形侧腕水母
	涠洲岛	206	153.33	肥胖箭虫、精致真刺水蚤、亚强真哲水蚤
	江平三岛	33	1 618.59	鸟喙尖头水蚤、瘦尾胸刺水蚤、红纺锤水蚤
热带	过河园	131	64.60	肥胖箭虫、精致真刺水蚤
	大洲岛	253	103.08	真刺水蚤幼体、肥胖箭虫
	西瑁洲	210	122.76	肥胖箭虫、精致真刺水蚤、亚强次真哲水蚤
	牛奇洲	186	134.85	肥胖箭虫、精致真刺水蚤
	东屿岛	280	185.41	太平洋箭虫
	永兴岛	—	9.02	小拟哲水蚤、大眼剑水蚤
	东岛	—	9.02	小拟哲水蚤、大眼剑水蚤
	永暑礁	17	35.00	奥氏胸刺水蚤、长尾住囊虫、纺锤水蚤

表 5-7 全国重点海岛周围海域浮游动物群落结构特征

气候带	重点岛	多样性 (H')	均匀度 (J')	丰富度 (d)
温带	菊花岛	2.68	0.68	—
	大鹿岛	2.83	0.76	—
	大长山岛	2.98	0.80	—
	三河岛	1.42	0.70	—
	蛇岛	1.43	0.45	—
	南长山岛	1.44	0.54	—
	刘公岛	1.23	0.39	—
北亚热带	兴隆沙	2.09	0.51	2.61
	崇明岛	2.24	0.64	2.37
	大金山岛	2.23	0.69	2.82
	嵊山岛	3.44	0.66	8.25
	大洋山岛	2.64	0.67	3.20
	五峙山岛	2.59	0.04	1.74
	舟山岛	2.77	0.71	5.71
	普陀山岛	3.01	0.70	7.65
	朱家尖岛	3.00	0.69	7.64
	大榭岛	2.63	0.83	2.75

续表

气候带	重点岛	多样性（H'）	均匀度（J'）	丰富度（d）
中亚热带	白石山岛	2.01	0.45	4.86
	渔山列岛	3.25	0.56	6.68
	大陈列岛	3.54	0.59	9.68
	玉环岛	4.01	0.74	10.38
	南麂列岛	3.90	0.67	7.89
	小嵛山岛	1.73	0.46	2.61
	三都岛	3.72	0.72	9.18
	琅岐岛	3.39	0.67	7.42
	湄洲岛	3.08	0.77	4.59
	紫泥岛	2.05	0.78	1.76
	厦门岛	2.30	0.72	1.57
	南澳岛	2.80	0.76	2.76
南亚热带	内伶仃岛	3.72	0.73	6.06
	桂山岛	4.38	0.72	12.91
	上川岛	4.12	0.66	14.59
	特呈岛	3.04	0.76	3.50
	涠洲岛	3.41	0.68	7.06
	江平三岛	2.33	0.60	2.27
热带	过河园	3.30	0.67	—
	大洲岛	4.15	0.71	—
	西瑁洲	3.58	0.67	—
	牛奇洲	3.97	0.70	—
	东屿岛	4.21	0.67	—
	永兴岛	2.30	—	—
	东岛	2.30	—	—
	永暑礁	2.71	0.71	—

1）温带海岛

温带菊花岛、大鹿岛等7个重点海岛周围海域浮游动物种类介于16～46种之间，不同海岛之间差异不大；栖息密度介于74.35～11 743.67 ind/m³ 之间，均值为2 849.76 ind/m³；浮游动物群落结构特征方面，多样性介于1.23～2.98之间，均值为2.00，均匀度介于0.39～0.80之间，均值为0.62。

2）北亚热带海岛

北亚热带兴隆沙、崇明岛等10个重点海岛周围海域浮游动物种类介于34～132种，不同海岛之间差异较大；栖息密度介于55.63～34 340.02 ind/m³ 之间，均值为4 049.99 ind/m³；浮游动物结构特征方面，多样性介于2.09～3.44之间，均值为2.66，均匀度介于0.04～0.83之间，均值为0.61，丰富度介于1.74～8.25之间，均值为4.47。

3）中亚热带海岛

中亚热带白石山岛、渔山列岛等8个重点海岛周围海域浮游动物种类介于24~107种，不同海岛之间差异较大；栖息密度介于44.30~6 213.21 ind/m³之间，均值为1 241.12 ind/m³；浮游动物结构特征方面，多样性介于1.73~4.01之间，均值为3.19，均匀度介于0.45~0.74之间，均值为0.61，丰富度介于2.61~10.38之间，均值为7.34。

4）南亚热带海岛

南亚热带湄洲岛、紫泥岛等10个重点海岛周围海域浮游动物种类介于32~237种，不同海岛之间差异较大；栖息密度介于44.87~1 804.15 ind/m³之间，均值为555.31 ind/m³；浮游动物结构特征方面，多样性介于2.05~4.38之间，均值为3.12，均匀度介于0.60~0.78之间，均值为0.72，丰富度介于1.57~14.59之间，均值为5.71。

5）热带海岛

热带过河园、大洲岛等8个重点海岛周围海域浮游动物种类介于17~280种，不同海岛之间差异较大；栖息密度介于9.02~185.41 ind/m³之间，均值为82.97 ind/m³；浮游动物结构特征方面，多样性介于2.30~4.21之间，均值为3.32，均匀度介于0.67~0.71之间，均值为0.69。

6）全国海岛综合评述

全国重点海岛周边海域浮游动物种类介于16~280种之间，南长山岛、小嵊山岛和江平三岛等14个海岛周边海域浮游动物鉴定种类较少，均不满50种，内伶仃岛、涠洲岛和东屿岛等15个海岛鉴定种类较多，均高于100种（如图5-9所示）；栖息密度介于9.02~34 340.02 ind/m³之间，均值为1 781.26 ind/m³，永兴岛、三都岛和大榭岛等12个海岛周边海域浮游动物栖息密度相对较低，均不足100 ind/m³，南麂列岛、厦门岛和渔山列岛等11个海岛栖息密度相对较高，均高于1 000 ind/m³，大鹿岛和大洋山岛甚至还超过了10 000 ind/m³（如图5-10所示）。各重点海岛周边海域浮游动物栖息密度分布规律不甚明显，但种类数分布特征同海域浮游植物，明显呈现出由北向南逐渐递增的趋势，温带较少，亚热带和热带较多。

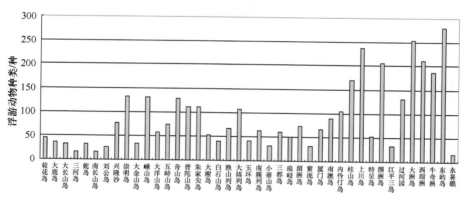

图5-9　全国重点海岛周边海域浮游动物种类数分布

从浮游动物生物群落结构特征来看，生物多样性指数介于1.23~4.38之间，均值为2.88，刘公岛和南长山岛等6个重点岛周边海域浮游动物多样性相对较低，测值均小于2，湄洲岛和南麂列岛等20个重点岛相对较高，测值均大于3；从气候带分布来看，热带海岛海域浮游动物多样性最高，其次是亚热带海岛，温带海岛相对较低，也呈现出南高北低的特点（如图5-11所示）；均匀度

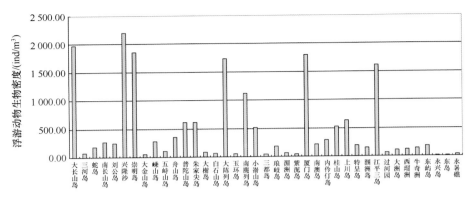

图 5-10　全国重点海岛周边海域浮游动物栖息密度分布

菊花岛、大鹿岛、大洋山岛和渔山列岛周边海域浮游动物栖息密度分别为 5 464.97 ind/m³、

11 743.67 ind/m³、34 340.02 ind/m³ 和 6 213.21 ind/m³，图中未列出

介于 0.04~0.83 之间，均值为 0.65，五峙山岛最低，大长山岛和大榭岛最高；丰富度介于 1.57~
14.59 之间，均值为 5.73，厦门岛最低，玉环岛、桂山岛和上川岛 3 个重点海岛相对较高，测值均
超过 10。

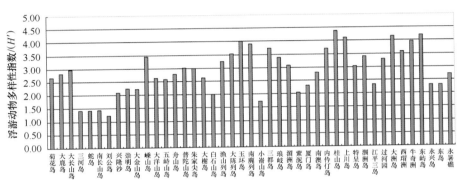

图 5-11　全国重点海岛周边海域浮游动物多样性指数 H' 分布

5.3.4　浅海底栖生物

本研究以 908 专项中海洋水体环境调查数据中的海域底栖生物相关资料成果为基础，开展了数
据筛选、统计、汇总和分析评价工作，共涉及了 42 个重点海岛 120 个调查站位数据，各重点海岛
调查站位与近海海域水环境质量调查的筛选站位一致，具体见表 4.1。本研究中的评价数据取用各
筛选站位不同季节航次数据的平均值。全国重点海岛周边海域大型底栖生物群落结构组成具体结果
见表 5-8 和表 5-9。

1）温带海岛

温带菊花岛、大鹿岛等 7 个重点海岛周边海域浅海底栖生物种类介于 13~84 种之间，不同海岛
间存在一定差异；栖息密度介于 128~2 489 ind/m² 之间，均值为 678 ind/m²；生物量介于 5.33~
269.86 g/m² 之间，均值为 56.03 g/m²；浅海底栖生物群落结构特征方面，多样性介于 1.44~3.50
之间，均值为 2.34，均匀度介于 0.62~0.95 之间，均值为 0.75，丰富度介于 0.86~2.82 之间，均
值为 1.93。

表 5-8　全国重点海岛周围海域底栖生物种类及栖息密度分布

气候带	重点岛	种类 /种	栖息密度 /（ind/m²）	生物量 /（g/m²）
温带	菊花岛	13	128	5.33
	大鹿岛	27	418	269.86
	大长山岛	74	724	54.94
	三河岛	48	164	36.46
	南长山岛	43	433	9.37
	刘公岛	84	390	10.46
	东西连岛	49	2 489	5.78
北亚热带	兴隆沙	14	58	1.54
	崇明岛	30	26	2.02
	大金山岛	4	10	0.54
	嵊山岛	50	119	22.17
	大洋山岛	23	20	0.85
	五峙山岛	26	27	0.59
	舟山岛	39	38	3.62
	普陀山岛	24	43	6.55
	朱家尖岛	24	43	6.55
	大榭岛	11	14	0.35
中亚热带	白石山岛	38	56	50.73
	渔山列岛	34	423	22.16
	大陈列岛	41	266	33.86
	玉环岛	45	61	28.95
	南麂列岛	36	243	6.50
	小嵛山岛	40	217	25.46
	三都岛	63	331	25.14
	琅岐岛	44	213	7.35
南亚热带	湄洲岛	183	671	19.50
	紫泥岛	46	489	48.59
	厦门岛	165	728	38.29
	南澳岛	135	45	25.31
	内伶仃岛	121	270	3.90
	桂山岛	132	312	14.93
	上川岛	167	337	14.11
	特呈岛	61	70	19.76
	涠洲岛	161	275	16.51
	江平三岛	34	126	65.51

气候带	重点岛	种类 /种	栖息密度 / (ind/m²)	生物量 / (g/m²)
热带	过河园	94	85	2.45
	大洲岛	111	91	14.01
	西瑁洲	227	467	89.14
	牛奇洲	54	57	3.74
	东屿岛	57	65	25.51
	永兴岛	83	31	5.90
	东岛	83	31	5.90
	永暑礁	121	358	64.85

表 5-9　全国重点海岛周围海域底栖生物群落结构特征

气候带	重点岛	优势种	多样性 (H')	均匀度 (J')	丰富度 (d)
温带	菊花岛	紫蛇尾、巧言虫	1.65	0.95	0.95
	大鹿岛	不倒翁虫、菲律宾蛤仔、罗氏海盘车	1.44	0.62	0.86
	大长山岛	薄索足蛤、短角双眼钩虾	2.01	0.84	1.74
	三河岛	橄榄胡桃蛤、金星蝶铰蛤	2.34	0.64	2.06
	南长山岛	不倒翁虫、寡节甘吻沙蚕	3.50	0.83	2.82
	刘公岛	日本鳞缘蛇尾、索沙蚕	2.69	0.77	2.34
	东西连岛	背蚓虫	2.74	0.63	2.76
北亚热带	兴隆沙	背蚓虫	1.03	0.82	0.47
	崇明岛	双鳃内卷齿蚕、不倒翁虫	0.45	0.62	0.33
	大金山岛	不倒翁虫	0.48	0.96	0.22
	嵊山岛	双形拟单指虫、中华异稚虫	1.66	0.51	1.88
	大洋山岛	朝鲜马耳他钩虾、纵肋织纹螺	1.55	0.81	1.02
	五峙山岛	双鳃内卷齿蚕、西方似蛰虫	1.10	0.93	0.51
	舟山岛	双鳃内卷齿蚕、圆筒原盒螺、红带织纹螺	1.25	0.70	0.85
	普陀山岛	圆筒原盒螺	1.02	0.59	0.87
	朱家尖岛	圆筒原盒螺	1.02	0.59	0.87
	大榭岛	双鳃内卷齿蚕	0.69	0.34	0.39
中亚热带	白石山岛	褐蚶	2.78	0.63	5.24
	渔山列岛	双形拟单指虫	1.81	0.51	4.14
	大陈列岛	凹裂星海胆、纵沟纽虫	2.53	0.69	10.80
	玉环岛	泥蚶、不倒翁虫	2.15	0.44	10.79
	南麂列岛	纵肋织纹螺、红带织纹螺	2.17	0.77	4.59
	小崳山岛	棘刺锚参、长吻吻沙蚕	2.04	0.42	8.22
	三都岛	薄云母蛤、纽虫	3.26	0.63	10.70
	琅岐岛	模糊新短眼蟹、中蚓虫	3.22	0.81	13.44

续表

气候带	重点岛	优势种	多样性 (H')	均匀度 (J')	丰富度 (d)
南亚热带	湄洲岛	模糊新短眼蟹、塞切尔泥钩虾、中蚓虫	4.18	0.87	5.60
	紫泥岛	莱氏异额蟹	1.12	0.62	1.20
	厦门岛	昆士兰稚齿虫、光滑河篮蛤	2.79	0.69	—
	南澳岛	不倒翁虫、平滑胡桃蛤	2.31	0.74	6.82
	内伶仃岛	尖叶长手沙蚕、日本长手沙蚕、拟钩虾	2.51	0.81	2.21
	桂山岛	毛头梨体星虫、奇异稚齿虫	3.76	0.87	3.65
	上川岛	毛头梨体星虫、拟单指虫、直叶内卷齿蚕	3.30	0.78	3.44
	特呈岛	光滑倍棘蛇尾、扁蛰虫	2.51	0.79	1.82
	涠洲岛	双鳃内卷齿蚕、奇异篮蛤	3.40	0.83	3.76
	江平三岛	独毛虫、梳鳃虫、豆形短眼蟹	2.03	0.83	1.43
热带	过河园	哈氏美人虾、双鳃内卷齿蚕	2.19	0.72	—
	大洲岛	日本美人虾、简毛拟节虫、异足索沙蚕	2.54	0.71	—
	西瑁洲	丝鳃稚齿虫、双鳃内卷齿蚕、纳加索沙蚕	2.68	0.54	—
	牛奇洲	双须内卷齿蚕、异蚓虫	2.17	0.71	—
	东屿岛	大蝼蛄虾、拟节虫	1.84	0.57	—
	永兴岛	—	3.10	0.49	—
	东岛	—	3.10	—	—
	永暑礁	粗糙毛壳蟹	3.70	0.75	—

2) 北亚热带海岛

北亚热带兴隆沙、崇明岛等 10 个重点海岛周边海域浅海底栖生物种类介于 4~50 种之间；栖息密度介于 10~119 ind/m² 之间，均值为 40 ind/m²；生物量介于 0.35~22.17 g/m² 之间，均值为 4.48 g/m²；浅海底栖生物群落结构特征方面，多样性介于 0.45~1.66 之间，均值为 1.02，均匀度介于 0.34~0.96 之间，均值为 0.69，丰富度介于 0.22~1.88 之间，均值为 0.74。

3) 中亚热带海岛

中亚热带白石山岛、渔山列岛等 8 个重点海岛周边海域浅海底栖生物种类介于 34~63 种之间；栖息密度介于 56~423 ind/m² 之间，均值为 226 ind/m²；生物量介于 6.50~50.73 g/m² 之间，均值为 25.02 g/m²；浅海底栖生物群落结构特征方面，多样性介于 1.81~3.26 之间，均值为 2.50，均匀度介于 0.42~0.81 之间，均值为 0.61，丰富度介于 4.14~13.44 之间，均值为 8.49。

4) 南亚热带海岛

南亚热带湄洲岛、紫泥岛等 10 个重点海岛周边海域浅海底栖生物种类介于 34~183 种之间，不同海岛间差异较大；栖息密度介于 45~728 ind/m² 之间，均值为 332 ind/m²；生物量介于 3.90~65.51 g/m² 之间，均值为 26.64g/m²；浅海底栖生物群落结构特征方面，多样性介于 1.12~4.18 之间，均值为 2.79，均匀度介于 0.62~0.87 之间，均值为 0.78，丰富度介于 1.20~6.82 之间，均值为 3.33。

5）热带海岛

热带过河园、大洲岛等 8 个重点海岛周边海域浅海底栖生物种类介于 54～227 种之间，不同海岛间差异较大；栖息密度介于 31～467 ind/m² 之间，均值为 148 ind/m²；生物量介于 2.45～89.14 g/m² 之间，均值为 26.44 g/m²；浅海底栖生物群落结构特征方面，多样性介于 1.84～3.70 之间，均值为 2.66，均匀度介于 0.49～0.75 之间，均值为 0.64。

6）全国海岛综合评述

全国重点海岛周边海域浅海底栖生物种类介于 4～227 种之间，大金山岛浅海底栖生物鉴定种类较少，仅 4 种，西瑁洲和湄洲岛鉴定种类较多，分别为 227 种和 183 种（如图 5-12 所示）；栖息密度介于 10～2 489 ind/m² 之间，均值为 267 ind/m²，东西连岛浅海底栖生物栖息密度最高，其次是嵊山岛、桂山岛、西瑁洲等 23 个海岛，数量均大于 100 ind/m²，大金山岛、永兴岛和玉环岛等 19 个海岛浅海底栖生物栖息密度相对较低，测值均小于 100 ind/m²（如图 5-13 所示）；生物量介于 0.54～269.86 g/m² 之间，均值为 25.93 g/m²，大鹿岛浅海底栖生物生物量最高，其次是刘公岛、湄洲岛和永暑礁等 23 个海岛，测值均大于 10 g/m²，再次是兴隆沙、牛奇洲和南麂列岛等 15 个海岛，测值介于 1～10 g/m² 之间，大洋山岛和大金山岛等 4 个海岛浅海底栖生物生物量相对较低，测值均小于 1 g/m²（如图 5-14 所示）。各重点海岛浅海底栖生物种类数呈现明显的由北向南递增的趋势，热带海岛种类数最多，亚热带海岛居中，温带海岛最少；栖息密度和生物量则呈现出与种类分布相反的趋势，温带海岛最大，亚热带海岛居中，热带海岛最小。

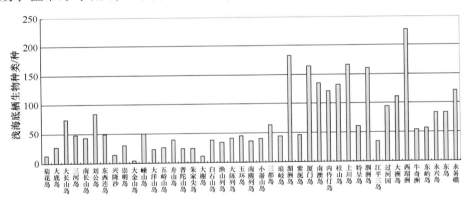

图 5-12 全国重点海岛周边海域浅海底栖生物种类数分布

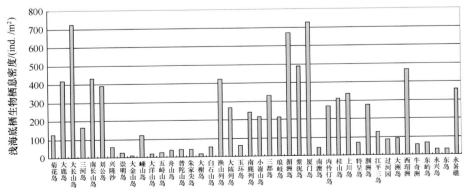

图 5-13 全国重点海岛周边海域浅海底栖生物栖息密度分布

东西连岛周边海域浅海底栖生物栖息密度为 2 489 ind/m²，图中未列出

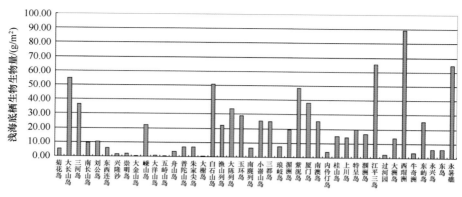

图 5-14 全国重点海岛周边海域浅海底栖生物生物量分布

大鹿岛周边海域浅海底栖生物生物量为 269.86 g/m²，图中未列出

从浅海底栖生物群落结构特征来看，生物多样性介于 0.45～4.18 之间，均值为 2.23，崇明岛和东屿岛等 15 个海岛浅海底栖生物多样性相对较低，测值均小于 2，湄洲岛和永暑礁等 10 个海岛相对较高，测值均大于 3（如图 5-15 所示）；均匀度介于 0.34～0.96 之间，均值为 0.70，大榭岛最低，大金山岛最高；丰富度介于 0.22～13.44 之间，均值为 3.49，崇明岛和大鹿岛等 10 个海岛浅海底栖生物丰富度较低，测值均低于 1，琅岐岛和南澳岛等 8 个海岛相对较高，测值均大于 5。各重点海岛浅海底栖生物群落结构特征总体表现出南高北低的特点。

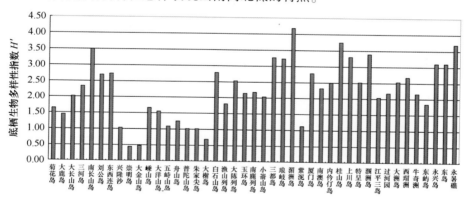

图 5-15 全国重点海岛周边海域浅海底栖生物多样性指数 H' 分布

5.3.5 游泳动物

本研究以 908 专项中海洋水体环境调查数据中的游泳生物相关资料成果为基础，开展了数据筛选、统计、汇总和分析评价工作，共涉及了 25 个重点海岛 45 个调查站位数据，各重点海岛调查站位具体见表 5-10。本研究中的评价数据取用各筛选站位不同季节航次数据的平均值。全国重点海岛周边海域游泳动物群落结构组成具体结果见表 5-11 和表 5-12。

表 5-10 全国重点海岛周边海域游泳动物调查站位

重点岛	调查站位	放网（北纬，东经）	起网（北纬，东经）	数据来源
菊花岛	ZD-LDW007	40.396 7°，121.050 0°	40.416 7°，121.066 7°	908 专项辽宁省游泳动物调查数据

续表

重点岛	调查站位	放网（北纬，东经）	起网（北纬，东经）	数据来源
大鹿岛	LN-BHH02	39.600 0°，123.766 7°	39.638 3°，123.733 3°	908 专项辽宁省游泳动物调查数据
	ZD-DL198	39.633 3°，123.606 7°	39.633 3°，123.733 3°	
三河岛	TJSC1	39.140 6°，117.919 4°	39.147 2°，117.927 8°	908 专项天津市游泳动物调查数据
石臼坨岛	HBBZ07	38.915 3°，118.867 5°	38.950 0°，118.958 3°	908 专项河北省游泳动物调查数据
兴隆沙	SM01	31.558 4°，121.955 0°	—	908 专项江苏省游泳动物调查数据
大金山岛	16	30.503 3°，121.480 0°	30.493 3°，121.546 7°	908 专项上海市游泳动物调查数据
嵊山岛	20	30.760 0°，122.846 7°	30.743 3°，122.871 7°	908 专项浙江省游泳动物调查数据
大洋山岛	19	30.708 3°，122.275 0°	30.738 3°，122.271 7°	908 专项浙江省游泳动物调查数据
舟山岛	22	30.300 0°，121.766 7°	31.283 3°，121.783 3°	908 专项浙江省游泳动物调查数据
朱家尖岛	9	31.003 3°，122.566 7°	31.031 7°，122.550 0°	908 专项浙江省游泳动物调查数据
	25	30.033 3°，122.616 7°	30.000 0°，122.616 7°	
小嵛山岛	JC-DH491	26.838 6°，120.300 0°	26.774 7°，120.316 7°	908 专项福建省游泳动物调查数据
琅岐岛	MJ04	26.496 7°，119.999 2°	26.513 9°，119.996 1°	908 专项福建省游泳动物调查数据
	MJ08	26.445 8°，119.834 2°	26.420 0°，119.800 0°	
	MJ10	26.250 6°，119.921 9°	26.224 7°，119.884 7°	
	MJ16	26.189 2°，119.799 7°	26.225 0°，119.799 4°	
	MJ20	26.228 9°，119.753 1°	26.259 7°，119.737 8°	
	MJ26	26.109 2°，120.103 9°	26.078 1°，120.103 3°	
	MJ28	26.099 4°，120.033 3°	26.099 4°，120.006 7°	
	MJ32	26.080 3°，119.982 8°	26.040 6°，119.979 7°	
湄洲岛	ZD-MJK578	24.994 2°，119.303 1°	24.947 2°，119.284 7°	908 专项福建省游泳动物调查数据
紫泥岛	XM23	24.428 9°，117.993 3°	24.436 1°，117.996 7°	908 专项福建省游泳动物调查数据
	XM33	24.425 0°，118.052 2°	24.391 1°，118.096 7°	
厦门岛	XM08	24.491 1°，118.222 5°	24.420 6°，118.210 0°	908 专项福建省游泳动物调查数据
	XM10	24.415 8°，118.175 3°	24.404 7°，118.156 4°	
	XM15	24.289 7°，118.222 5°	24.320 0°，118.227 2°	
	XM28	24.399 7°，118.112 2°	24.415 3°，118.109 7°	
南澳岛	A2	23.506 1°，117.086 9°	23.515 7°，117.144 8°	908 专项广东省游泳动物调查数据
	A4	23.513 4°，117.062 7°	23.531 0°，117.074 8°	
	A5	23.415 7°，116.918 3°	23.408 0°，116.903 8°	
	A6	23.353 3°，116.859 5°	23.363 2°，116.846 4°	
内伶仃岛	G1	23.293 1°，117.076 5°	23.311 0°，117.057 0°	908 专项 ST07 区块游泳动物调查数据
	ZD-ZJK127	21.220 6°，114.192 5°	21.173 9°，114.166 7°	
桂山岛	ZD-ZJK043	22.142 5°，114.053 9°	21.220 3°，114.997 5°	908 专项 ST07 区块游泳动物调查数据
	ZD-ZJK138	22.269 4°，113.795 6°	22.211 1°，113.807 2°	
特呈岛	D8	20.926 1°，110.409 0°	20.000 0°，110.380 8°	908 专项广东省游泳动物调查数据

重点岛	调查站位	放网（北纬，东经）	起网（北纬，东经）	数据来源
涠洲岛	B16	21.070 6°，108.513 3°	21.020 3°，108.533 1°	908 专项 ST09 区块游泳动物调查数据
	B33	21.192 2°，109.271 7°	21.258 9°，109.255 3	
	J05	20.577 8°，108.950 3°	20.556 7°，108.883 6°	
江平三岛	BB06	21.500 0°，108.350 0°	—	908 专项广西区游泳动物调查数据
过河园	J56HN08	18.925 3°，108.204 7°	18.980 3°，108.201 7°	908 专项海南省游泳动物调查数据
大洲岛	D20-1	18.471 1°，110.357 2°	18.452 2°，110.308 9°	908 专项海南省游泳动物调查数据
西瑁洲	HN05H11	18.250 0°，109.078 3°	18.257 5°，109.016 7°	908 专项海南省游泳动物调查数据
东屿岛	D18-1	19.077 8°，110.781 9°	19.139 7°，110.812 2°	908 专项海南省游泳动物调查数据

表 5-11　全国重点海岛周围海域游泳动物种类及栖息密度分布

气候带	重点岛	种类/种	渔获量/（kg/h）	渔获密度/（ind/h）
温带	菊花岛	32	38.42	3 606
	大鹿岛	53	298.52	1 113
	三河岛	32	7.19	542
	石臼坨岛	32	34.93	8 330
北亚热带	兴隆沙	24	9.27	616
	大金山岛	30	2.94	3 863
	嵊山岛	67	52.46	25 228
	大洋山岛	45	10.26	10 796
	舟山岛	37	7.47	5 889
	朱家尖岛	74	25.73	9 620
中亚热带	小嵛山岛	34	11.85	745
	琅岐岛	249	175.22	8 615
南亚热带	湄洲岛	48	4.47	633
	紫泥岛	66	13.10	692
	厦门岛	134	15.69	779
	南澳岛	50	6.82	366
	内伶仃岛	64	49.65	3 423
	桂山岛	89	25.01	1 334
	特呈岛	20	0.89	92
	涠洲岛	119	160.50	22 482
	江平三岛	28	74.97	5 763
热带	过河园	80	93.18	5 100
	大洲岛	72	52.29	1 088
	西瑁洲	173	118.18	4 163
	东屿岛	89	38.20	909

表 5-12　全国重点海岛周围海域游泳动物群落结构特征

气候带	重点岛	主要优势种	多样性（H'）	均匀度（J'）	丰富度（d）
温带	菊花岛	小黄鱼、葛氏长臂虾	1.48	—	1.82
	大鹿岛	日本枪乌贼	1.76	0.43	3.13
	三河岛	口虾蛄、斑尾复虾虎鱼	2.30	0.60	1.99
	石臼坨岛	焦氏舌鳎、赤鼻棱鳀	2.12	0.61	1.34
北亚热带	兴隆沙	三疣梭子蟹、脊尾白虾	3.03	0.84	2.29
	大金山岛	安氏白虾、三疣梭子蟹	1.72	0.46	1.78
	嵊山岛	葛氏长臂虾、细巧仿对虾	2.40	0.52	2.68
	大洋山岛	六丝矛尾虾虎鱼、葛氏长臂虾	1.26	0.31	1.85
	舟山岛	安氏白虾	1.66	0.44	1.62
	朱家尖岛	中华管鞭虾	2.58	0.57	2.64
中亚热带	小嵛山岛	龙头鱼	2.77	0.54	14.17
	琅岐岛	花鲦	5.29	0.66	4.80
	湄洲岛	竹荚鱼、沙带鱼、中华管鞭虾	3.05	0.63	4.40
	紫泥岛	日本蟳、凤鲚	2.90	0.61	4.49
	厦门岛	叫姑鱼、龙头鱼、短吻鲾	3.41	0.65	6.38
南亚热带	南澳岛	皮氏叫姑鱼、二长棘鲷	2.48	0.76	1.51
	内伶仃岛	花斑蛇鲻、黄斑鲾	2.69	0.49	5.75
	桂山岛	黑斑口虾蛄、黄吻棱鳀	3.16	0.61	5.09
	特呈岛	矛形梭子蟹、香鮻	2.23	0.69	2.11
	涠洲岛	鲌、黄斑鲾	2.08	0.41	3.95
	江平三岛	大甲鲹、条鲾	1.84	0.48	2.01
热带	过河园	皮氏叫姑鱼、哈氏仿对虾	1.97	0.41	—
	大洲岛	剑尖枪乌贼、花斑蛇鲻	2.71	0.56	—
	西瑁洲	鹿斑鲾、银光梭子蟹、皮氏叫姑鱼	3.72	0.61	—
	东屿岛	花斑蛇鲻	3.00	0.58	—

1）温带海岛

温带菊花岛、大鹿岛等 4 个重点海岛周边海域游泳动物种类介于 32~53 种之间；渔获量介于 7.19~298.52 kg/h，均值为 94.76 kg/h；渔获密度介于 542~8 330 ind/h 之间，均值为 3 398 ind/h；游泳动物群落结构特征方面，多样性介于 1.48~2.30 之间，均值为 1.91，均匀度介于 0.43~1.68 之间，均值为 0.83，丰富度介于 1.34~3.13 之间，均值为 2.07。

2）北亚热带海岛

北亚热带兴隆沙岛、崇明岛等 6 个重点海岛周边海域游泳动物种类介于 24~74 种之间；渔获量介于 2.94~52.46 kg/h 之间，均值为 18.02 kg/h；渔获密度介于 616~25 228 ind/h 之间，均值为 9 335 ind/h；游泳动物群落结构特征方面，多样性介于 1.26~3.03 之间，均值为 2.11，均匀度介于 0.31~0.84 之间，均值为 0.52，丰富度介于 1.62~2.64 之间，均值为 2.14。

3）中亚热带海岛

中亚热带小嵛山岛和琅岐岛2个重点海岛周边海域游泳动物种类分别为34种和249种，渔获量分别为11.85 kg/h 和175.22 kg/h，渔获密度分别为745 ind/h 和8 615 ind/h。游泳动物群落结构特征方面，多样性分别为2.77 和5.29，均匀度分别为0.54 和0.66，丰富度分别为14.17 和4.80。

4）南亚热带海岛

南亚热带海岛湄洲岛、紫泥岛等9个重点海岛周边海域游泳动物种类介于20~134种之间；渔获量介于0.89~160.50 kg/h 之间，均值为39.01 kg/h；渔获密度介于92~22 482 ind/h 之间，均值为3 951 ind/h；游泳动物群落结构特征方面，多样性介于1.84~3.41 之间，均值为2.65，均匀度介于0.41~0.76 之间，均值为0.59，丰富度介于1.51~6.38 之间，均值为3.97。

5）热带海岛

热带海岛过河园、大洲岛等4个重点海岛周边海域游泳动物种类介于72~173种之间；渔获量介于38.20~118.18 kg/h 之间，均值为75.46 kg/h；渔获密度介于909~5 100 ind/h 之间，均值为2 815 ind/h；游泳动物群落结构特征方面，多样性介于1.97~3.72 之间，均值为2.85，均匀度介于0.41~0.61 之间，均值为0.54。

6）全国海岛综合评述

全国重点海岛周边海域游泳动物种类介于20~249种之间，琅岐岛和西瑁洲周边海域游泳动物鉴定种类最多，分别为249种和173种，特呈岛、兴隆沙和江平三岛鉴定种类较少，均少于30种（如图5-16所示）；渔获密度介于92~25 228 ind/h 之间，均值为5 031 ind/h，嵊山岛、涠洲岛和大洋山岛周边海域游泳动物渔获密度相对较高，均超过10 000 ind/h，其次是过河园和琅岐岛等6个海岛，测值均大于5 000 ind/h，再次是大洲岛和桂山岛等7个海岛，测值介于1 000~5 000 ind/h 之间，特呈岛和东屿岛等9个海岛相对较低，测值均低于1 000 ind/h（如图5-17所示）；渔获量介于0.89~298.52 kg/h 之间，均值为53.09 kg/h，不同海岛间差别较大，大鹿岛周边海域游泳动物渔获量最大，琅岐岛、西瑁洲和涠洲岛也较高，均超过100 kg/h，其次是厦门岛和大洲岛等14个海岛，测值介于10~100 kg/h 之间，特呈岛和湄洲岛等7个海岛相对较低，测值均低于10 kg/h（如图5-18所示）。各重点海岛周边海域游泳动物种类数呈现明显的由北向南递增的趋势，热带海岛种类数最多，亚热带海岛居中，温带海岛最少；游泳动物渔获密度和渔获量总体分布规律与种类数量分布特点相同，也呈现由北向南逐渐增大的趋势。

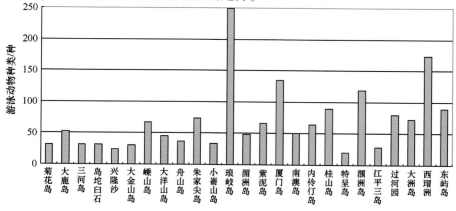

图5-16　全国重点海岛周边海域游泳动物种类数分布

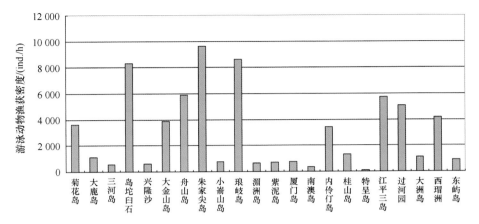

图 5-17 全国重点海岛周边海域浅海游泳动物渔获密度分布

嵊山岛、大洋山岛和涠洲岛周边海域游泳动物渔获密度分别为 25 228 ind/h、10 796 ind/h 和

22 482 ind/h，图中未列出

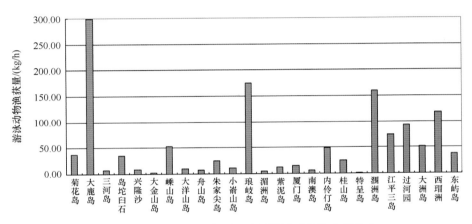

图 5-18 全国重点海岛周边海域游泳动物渔获量分布

从周边海域游泳动物群落结构特征来看，生物多样性介于 1.26~5.29 之间，均值为 2.54，琅岐岛周边海域游泳动物多样性指数最高，厦门岛和东屿岛等 6 个海岛也相对较高，测值均大于 3，其次是涠洲岛和小嵛山岛等 11 个海岛，测值介于 2~3 之间，大洋山岛和江平三岛等 7 个海岛周边海域游泳动物多样性相对较低，测值均在 2 以下（如图 5-19 所示）；均匀度介于 0.31~0.84 之间，均值为 0.56，大洋山岛最低，兴隆沙最高；丰富度介于 1.34~14.17 之间，均值为 3.61，石臼坨岛最低，小嵛山岛最高。各重点海岛周边海域游泳动物生物群落结构特征尤其是生物多样性指数呈现出明显的南高北低的特点，与种类数量分布规律一致，热带海岛周边海域游泳动物生物多样性相对较高，亚热带海岛居中，温带海岛相对较低。

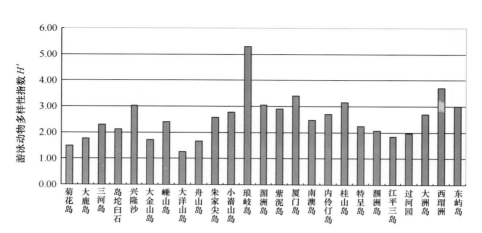

图 5-19 全国重点海岛周边海域游泳动物生物多样性指数 H' 分布

5.4 珍稀物种及重要生境

由于海岛面积相对狭小，地域结构简单，生物多样性相对较低，生态系统十分脆弱，极易遭到损害且难以恢复，因此，关键物种和珍稀物种的群落结构稳定性对于维持海岛生态系统健康极为重要。自然保护区是指对有代表性的自然生态系统、珍稀濒危野生动植物物种的天然集中分布、有特殊意义的自然遗迹等保护对象所在的陆地、陆地水域或海域，依法划出一定面积予以特殊保护和管理的区域。海洋特别保护区是指具有特殊地理条件、生态系统、生物与非生物资源及海洋开发利用特殊要求，需要采取有效的保护措施和科学的开发方式进行特殊管理的区域。实践证明，划定自然保护区和海洋特别保护区是保护自然生态系统、拯救珍稀濒危生物、维护生物多样性、保障生态服务功能的有效手段。本研究通过介绍与重点海岛有关的自然保护区或海洋特别保护区的概况，评述重点海岛生态系统中珍稀物种及重要生境的保护状况。

1）蛇岛老铁山国家级自然保护区

该自然保护区是 1980 年经国务院批准建立的野生动物类型保护区，是环保系统建立的第一个国家级自然保护区，位于辽宁省大连市旅顺口区。该自然保护区总面积 90.72 km²，主要分为两部分：一部分是蛇岛及其周围 500 m 以内海域，面积为 3.29 km²；另一部分是以老铁山、九头山、老虎尾为代表的陆地区域，面积为 87.43 km²。该自然保护区包含 4 个核心区，分别为蛇岛核心区、老铁山核心区、九头山核心区和老虎尾核心区，总面积为 35.65 km²，占保护区总面积的 39.3%；包含 4 个缓冲区，分别为蛇岛缓冲区、老铁山缓冲区、老虎尾缓冲区和九头山缓冲区，总面积为 19.47 km²，占保护区总面积的 21.5%；包含 2 个实验区，分别为老铁山部分和九头山部分，总面积为 35.60 km²，占保护区总面积的 39.2%。

保护区主要保护对象是黑眉蝮蛇、候鸟及其生态环境。截至 2014 年，保护区内记录维管束植物 108 科 703 种，记录野生动物 725 种，其中脊椎动物 34 目 97 科 391 种，昆虫 13 目 58 科 117 种，无脊椎动物 11 门 21 纲 217 种。蛇岛上植物种类丰富，多天然岩缝和洞穴，近 2 万条单一类型的黑眉蝮蛇独占全岛，形成以蛇为中心的特殊生态系统。老铁山地区是东北候鸟南北迁徙的重要停歇站，共记录鸟类 19 目 57 科 307 种，其中属于国家一级保护鸟类有白鹳、黑鹳、金雕、白肩雕、白尾海雕、虎头海雕、胡兀鹫、丹顶鹤和大鸨 9 种，属于国家二级保护鸟类 46 种。

2）石臼坨诸岛省级海洋自然保护区

该海洋自然保护区于 2002 年 5 月经河北省人民政府批准建立，位于唐山乐亭县大清河口外。保护区范围为诸岛周围 0 m 等深线包围的区域，总面积为 37.74 km²，其中核心区 12.23 km²，缓冲区 9.93 km²，实验区 15.58 km²。石臼坨岛面积 3.42 km²，为河北第一大岛，岛上共有维管束植物 157 种，分属落叶阔叶林、灌丛、草丛和灌草丛、滨海盐生植被、滨海沙生植被、沼生植被和栽培植被 7 个群落。丰富的植物资源为鸟类的栖息繁衍创造了良好条件，使石臼坨岛成为远近闻名的"鸟岛"，其中列入联合国《濒危野生动植物种国际贸易公约》的鸟类 14 种，列入"中日候鸟保护协定"的鸟类 176 种，列入《中国濒危动物红皮书》的水鸟 21 种，是著名国际观鸟基地，具有很高的观赏价值和科研价值。

3）大连长山群岛国家级海洋公园

该海洋公园于 2014 年由国家海洋局批准建立，位于大连市长海县大长山岛、小长山岛、广鹿岛及其周边海域，主要保护对象为群岛周边海域生态环境和岛陆岩礁自然景观，总面积约 1 689 km²。结合长山群岛的自然特征，充分考虑海洋生物的分布状况、繁殖、生长规律以及有利于生态保护与科研教育，将该海洋公园划分为核心区、缓冲区、实验区、游憩区以及一般利用区 5 个功能区。其中，核心区包括乌蟒岛以北的大坨子、二坨子、菜坨子等岛礁及其周围海域，面积为 26.5 km²，约占公园总面积的 1.57%，是皱纹盘鲍、光棘球海胆、刺参、褶牡蛎、栉孔扇贝、牙鲆等我国北黄海特有珍贵物种的集中分布区；缓冲区位于乌蟒岛本岛及其周围海域，面积为 143.3 km²，约占公园总面积的 8.48%；实验区位于缓冲区外围，面积为 374.3 km²，约占公园总面积的 22.16%，可开展科研、教学、参观、考察以及受控制的海钓等活动；游憩区位于实验区外围，面积为 509.9 km²，约占公园总面积的 30.19%，可开展科研、教学、考察、观光、游憩以及一定的渔业捕捞、海珍品增养殖等活动；一般利用区位于小长山岛东部及其东南海域，面积为 635.3 km²，约占公园总面积的 37.61%。

4）威海刘公岛海洋生态国家级海洋特别保护区

该海洋特别保护区于 2014 年由国家海洋局批准建立，位于山东省威海市威海湾内的刘公岛及其周边海域。刘公岛北陡南缓，东西长 4.08 km，南北最宽 1.5 km，最窄 0.06 km，海岸线长 14.95 km，面积 3.15 km²，最高处海拔 153.5 m，全岛植被茂密，郁郁葱葱，森林覆盖率达 87%，1992 年由国家林业局公布为"国家森林公园"，2011 年由国家海洋局批准建立国家级海洋公园，周边海域则盛产海参、三疣梭子蟹、鲳鱼、比目鱼、海带等。岛上旅游资源丰富，不仅自然风光优美，素有"海上仙山"和"世外桃源"的美誉，还是中日甲午战争的纪念地、著名的爱国主义教育基地，是融爱国主义教育基地和海岛风光历史文化遗迹于一体的美丽海岛。

5）上海崇明东滩鸟类国家级自然保护区

1998 年上海市政府批准成立崇明东滩鸟类自然保护区，2000 年被《中国湿地保护行动计划》列入中国重要湿地名录，2005 年经国务院批准晋升为国家级自然保护区，2006 年被国家林业局确定为全国 51 个具有典型性、代表性的示范自然保护区之一。该自然保护区位于上海市崇明岛的最东端，南北濒临长江的入海口，向东伸向东海，并与南北大陆遥遥相对。该自然保护区南起奚家港，北至北八滧港，西以 1968 年建成的围堤为界线，东至吴淞标高零米线外侧 3 000 m 水线为界，仿半圆形航道线内属于崇明岛的水域、陆地和滩涂。该自然保护区位于东滩的核心部分，总面积为 326 km²，约占上海市湿地总面积的 7.8%，主要保护对象为水鸟和湿地生态系统。

该保护区是亚太地区迁徙水鸟的重要驿站和通道，现已记录鸟类有 17 目 50 科 288 种，其中国家一级保护鸟类有东方白鹳、黑鹳、白头鹤 3 种，国家二级保护鸟类有白枕鹤、黑脸琵鹭、小天鹅等 34 种，列入《中国濒危动物红皮书》的鸟类 20 种，列入"中日、中澳政府间候鸟及其栖息地保护协定"的鸟类分别为 156 种和 54 种，每年在崇明东滩过境中转和越冬的水鸟总量逾百万只。不仅如此，崇明东滩及附近水域还是多种水生生物的产卵场所和洄游通道，中华绒螯蟹（俗称大闸蟹）在该区域产卵，日本鳗鲡的幼鱼则经过该水域进入长江开始溯河洄游，在长江中上游水域繁殖的中华鲟幼鱼在每年夏季进入崇明东滩附近水域肥育。特殊的地理位置和快速演化的湿地生态系统特征使崇明东滩成为具有国际意义的重要生态敏感区。

6）金山三岛海洋生态自然保护区

该自然保护区于 1993 年被上海市政府批准为市级海洋自然保护区，是上海市所辖范围内第一个自然保护区。该自然保护区位于杭州湾北部，距金山嘴 6.6 km，保护区范围包括大金山岛、小金山岛和浮山岛陆域以及三岛周围约 1 km 的海域，总面积约 45 km²。保护区内自然环境优良，生物种类繁多，自然植被保存良好，是上海地区野生植物资源最丰富的地方，主要保护对象为常绿阔叶林、常绿落叶阔叶混交林、昆虫、土壤有机物和潮间带生物群落等。

7）五峙山鸟岛海洋自然保护区

该自然保护区于 1988 年被浙江省人民政府批准建立，是浙江省唯一的省级海洋鸟类自然保护区，也是全国三大鸟类保护区之一。该保护区隶属浙江省舟山市定海区岑港镇，地处舟山市本岛西北约 7 km 的灰鳖洋海域，北距大鱼山约 12 km，东南离马目山 9.7 km。该自然保护区面积约 0.2 km²，岛上自然灌木丛覆盖率高，栖息着湿地水鸟万余只，分属 6 目 9 科 42 种，其中留鸟 6 种、夏候鸟 19 种、冬候鸟 17 种，属国家级保护鸟类有黄嘴白鹭和角䴙䴘两种，属省级重点保护鸟类有大白鹭、中白鹭、小白鹭和黑尾鸥 4 种。夏季鸟类优势种为黑尾鸥和中白鹭，冬季优势种为环颈鸻、苍鹭和斑嘴鸭，留鸟为麻雀白头鹎、黄鹂及白鹡鸰。

8）南麂列岛国家级海洋自然保护区

该自然保护区于 1990 年 9 月经国务院批准建立，是我国首批 5 个国家级海洋类型自然保护区之一，也是中国最早纳入联合国教科文组织世界生物圈保护区网络的海洋类型自然保护区。该自然保护区位于浙江省温州市平南县东南海域，由 52 个岛屿和数十个礁石及周围海域所组成，总面积 201.06 km²，其中陆域面积 11.13 km²，海域面积 189.93 km²。该保护区划分为核心区、缓冲区和试验区，其中核心区面积 8.04 km²，缓冲区 34.04 km²，试验区 158.98 km²，主要保护对象为海洋贝藻类、海洋性鸟类、野生水仙花及其生态环境。该自然保护区生态环境独特，生物区系复杂，生物种类多样，现已查明各门类海洋生物 1 876 种，其中包括贝类 427 种、大型底栖藻类 178 种、微小型藻类 459 种、鱼类 397 种、甲壳类 257 种、其他海洋生物 158 种，36 种贝类在国内仅出现在南麂列岛，黑叶马尾藻、头状马尾藻和浙江褐茸藻属是在本区发现的海藻新种，还有 22 种藻类被列为稀有种，是我国主要海洋贝藻的天然博物馆和基因库。

9）乐清湾泥蚶国家级种质资源保护区

该种质资源保护区建立于 2008 年 12 月，是由农业部发布的浙江省唯一的国家级水产种质资源保护区，位于浙江省乐清湾北部，总面积 74.63 km²，其中核心区面积 0.63 km²，试验区面积 74 km²。该保护区是浙江省优良的贝类增殖区域，主要保护对象为泥蚶，还有缢蛏、牡蛎、彩虹明樱蛤、青蛤等其他保护物种。

10) 渔山列岛国家级海洋生态特别保护区

该特别保护区于2008年8月由国家海洋局批准建立，成为全国第七个国家级海洋生态特别保护区。该特别保护区位于浙江省宁波市，分为资源保护区和开发利用区两个功能区块：伏虎礁领海基点，北渔山、南渔山贝藻类资源和无居民海岛划为资源保护区，以保护为主，进行季节性保护；人工鱼礁增殖放流区、生态养殖区、海岛生态旅游区等划为开发利用区，以开发为主，利用保护区现有的环境条件，对旅游资源、养殖环境等进行适度开发利用。

11) 官井洋大黄鱼国家级水产种质资源保护区

该保护区建立于1985年，为农业部首批国家级水产种质资源保护区，位于福建省宁德市三都湾内官井洋海区与宁德、福安交界海域，总面积314.64 km²，其中核心区面积35 km²，保护对象主要为水生野生动物、大黄鱼及其栖息地和产卵场。

12) 福瑶列岛海岛生态系统特别保护区

该保护区位于福鼎市东南部，由大嵛山岛、小嵛山岛和鸳鸯岛等11个岛屿和4个礁石及其周围的海区组成，总面积55.3 km²，其中陆域面积25.1 km²，水域面积30.2 km²。该保护区位于闽东渔场，是福鼎市重要渔业生产基地，海洋生物资源丰富，游泳生物共136种，其中鱼类96种、甲壳类36种、头足类4种，优质品种有黑鱼、大黄鱼、四指马鲅、鲥鱼、黄姑鱼、鲳鱼、笛鲷、鳗鱼、马鲛鱼、日本鳀、中华小沙丁鱼、三疣梭子蟹、哈氏仿对虾和杜氏枪乌贼等70余种。

13) 湄洲岛海岛生态特别保护区

该特别保护区于2004年由莆田市人民政府批准建立，进一步分为鹅尾海蚀地貌特别保护区、牛头尾生态系统特别保护区、猴屿生态系统特别保护区、虎狮列岛生态系统特别保护区、莲池澳海滨沙滩特别保护区、九宝涧海滨沙滩特别保护区、白波面红树林特别保护区和湖石果淡水生态系统特别保护区8个保护小区，总面积99.9 km²，其中海域面积94.4 km²，陆域面积5.5 km²。主要保护对象为海岸海蚀地貌、滨海沙滩、红树林生态系统和中国鲎、石斑鱼、红嘴鸥、大白鹭等珍稀海洋生物物种。2012年由国家海洋局批准建立为福建湄洲岛国家级海洋公园，总面积69.1 km²，其中重点保护6.9 km²，适度利用区61.1 km²，预留区1.1 km²。

14) 龙海九龙江口红树林省级自然保护区

该自然保护区于1988年经福建省人民政府批准建立，位于福建省九龙江河口，与厦门隔海相望。2006年该保护区进行了范围调整，重新确定了界线和功能区划分，由甘文片、大涂洲片和浮宫片3个部分组成，总面积约4.2 km²，主要保护对象为红树林生态系统、濒危野生动植物物种以及湿地鸟类等。该保护区内生物物种丰富，多样性较高，维管束植物有54科107属134种，分布面积广大的红树植物是主要植物资源，有5科7属10种，野生脊椎动物有21目54科212种，其中兽类3目3科6种、鸟类16目40科181种、爬行类1目6科17种、两栖类1目5科8种。列入国家重点保护的野生动物有卷羽鹈鹕、褐鲣鸟、海鸬鹚、黄嘴白鹭、黑脸琵鹭、黑翅鸢、普通鵟、鹗、小杓鹬、小青脚鹬、褐翅鸦鹃、草鸮等29种，其中属中日两国政府协定保护候鸟96种，中澳两国政府协定保护候鸟52种。此外，保护区内水生生物资源包括潮间带生物231种、浮游植物93种、浮游动物60种、鱼类129种、甲壳类36种。

15) 厦门珍稀海洋物种国家级自然保护区

该自然保护区于2000年4月由国务院批准建立，是在厦门市政府1991年批准建立的厦门文昌鱼保护区、福建省政府1995年批准设立的白鹭保护区和1997年批准设立的中华白海豚保护区基础上合并建立的。该自然保护区位于福建省厦门市海域，总面积330.8 km²，其中核心区面积75.88 km²，主要保护对象为文昌鱼、中华白海豚和鹭鸟等12种珍稀物种及其生境，分别是国家一级保护动物中华白海豚，国家二级保护动物文昌鱼、黄嘴白鹭和岩鹭以及小白鹭、大白鹭、中白鹭、夜鹭、池鹭、牛背鹭、苍鹭和小杓鹬8种鸟。该保护区是中华白海豚的主要分布区之一，现有种群数量约60头，具有极为重要的保护价值和研究价值。保护区还是文昌鱼的主要产地之一，文昌鱼是无脊椎动物和脊椎动物间的代表类群，在动物进化研究和动物学教学方面具有重要的意义。保护区内大屿和鸡屿等岛屿上的鹭鸟种群数量近3万只，是黄嘴白鹭的模式种产地，在动物分类学上具有特殊的意义。

16）广东南澳青澳湾国家级海洋公园

该海洋公园于2014年经国家海洋局批准建立，位于广东省汕头市南澳岛的东端，面积约1 km²。青澳湾林木繁茂，海生凉气，气候宜人，是粤东著名的旅游度假胜地，尤其是那里的天然海水浴场，更是得天独厚，滩平阔，沙细白，水清碧，无淤泥，无污染，无骇浪，被誉为"东方夏威夷"。

17）广东南澳候鸟省级自然保护区

该自然保护区于1990年由广东省人民政府批准建立，是广东省唯一的海候鸟自然保护区。该自然保护区位于广东省汕头市南澳县内，主要分布于南澳岛周围的22个岛屿，总面积2.56 km²，以勒门列岛的乌屿、平屿、白涌和赤屿4岛为核心区，总面积0.19 km²，以南澎列岛等岛屿为实验区和缓冲区，主要保护对象为候鸟及其栖息环境。该自然保护区鸟类资源十分丰富，素有"海鸟王国"之称，鉴定鸟类隶属14目32科90种，其中属于国家一级重点保护的鸟类有白腹军舰鸟、白尾海雕和短尾信天翁3种，属于国家二级重点保护的鸟类有斑嘴鹈鹕、岩鹭、黄嘴白鹭、红脚鲣鸟和褐鲣鸟5种，"中日候鸟保护协定"鸟类46种。作为保护区的核心区域，乌屿因是全球最北沿的褐翅燕鸥、粉红燕鸥繁殖地和栖息地而受到国际关注。

18）广东内伶仃岛-福田国家级自然保护区

该自然保护区始建于1984年10月，1988年5月晋升为国家级自然保护区，2006年10月被国家林业局列为国家级示范保护区，总面积9.22 km²，由内伶仃岛和福田红树林两个区域组成，两者为海峡分割，是两个相对独立的生态系统。内伶仃岛位于珠江口伶仃洋东侧，地处深圳、珠海、香港、澳门4城市的中间，面积5.54 km²，岛上野生动植物资源十分丰富，有维管植物619种，有白桂木、野生荔枝和野生龙眼3种国家珍稀濒危保护植物；有16个自然群1 120多只国家二级保护兽类猕猴；有水獭、穿山甲、果子狸和豹猫等珍稀哺乳动物；有鸢、褐翅鸦鹃、四声杜鹃和岩鹭等113种鸟类；有蟒蛇、金环蛇、银环蛇、眼镜蛇、竹叶青、两头蛇和三线闭壳龟等20多种爬行类动物；有虎纹蛙、沼蛙和树蛙等两栖类动物。福田红树林位于深圳湾东北部，总面积3.68 km²，是中国唯一一个处在城市腹地、面积最小的国家级保护区，区内有高等植物175种，其中红树林植物16种，如海漆、秋茄、桐花树、白骨壤、老鼠簕和木榄等；有鸟类约200种，国家重点保护鸟类23种，如卷羽鹈鹕、海鸬鹚、白琵鹭、黑脸琵鹭、黄嘴白鹭、鹗、黑嘴鸥、褐翅鸦鹃等，其中全球极度濒危鸟类黑脸琵鹭在此处的数量，约占全球总量的15%。

19）广东台山上川岛猕猴省级自然保护区

该保护区于1990年经广东省人民政府批准建立，位于台山市上川岛的北边，东与飞沙滩旅游区相邻，总面积 22.32 km²，其中核心区面积 12 km²，缓冲区和科学实验区面积 10.31 km²，另有特别控制区面积 0.49 km²。该保护区内主要保护对象是国家二级保护动物猕猴及其栖息环境，区内现有猕猴 500 余头，此外还有蟒蛇、巨蜥、穿山甲、小灵猫和大壁虎等多种珍贵野生动物。

20）广东湛江红树林国家级自然保护区

该自然保护区于 1990 年经广东省人民政府批准建立，1997 年经国务院批准晋升为国家级保护区，2002 年被拉姆萨公约组织列为国际重要湿地，面积 202.79 km²，是中国最大的红树林湿地保护区。该自然保护区位于中国的最南端，跨湛江市徐闻、雷州、遂溪、廉江四县（市）及麻章、坡头、东海、霞山四区，沿雷州半岛 1 500 km 海岸线带状间断性分布，区内现有红树植物和半红树植物隶属 15 科 25 种，面积约 77 km²，占全国红树林总面积的 33%。该保护区是广东省重要鸟区之一，也是国际候鸟主要通道之一，记录鸟类达 194 种，其中列入广东省重点保护名录的 34 种，国家重点保护名录的 7 种，列入各种国际保护协定名录的 80 余种，区内还发现了全球濒危物种黑脸琵鹭。

特呈岛红树林保护区是湛江红树林国家级自然保护区的一部分，20 世纪 50 年代岛上红树林繁茂，白骨壤、桐花、红海榄、木榄、秋茄和海芒果等树种遍布，多处沿岸林带宽逾 500 m，面积近 0.7 km²。特呈岛上有树龄百年以上古树 500 余株，有些甚至距今已有 500 年的历史，白骨壤古树形态独特和存活古老，具有很高的科研价值、生态价值和文化价值。近年来，受生态环境变化和人为因素干扰，特呈岛红树林的面积迅速减少，面积仅存约 0.5 km²，沿岸林带宽最宽仅 130 m，岛上的百年白骨壤古树群处于衰退状态，海岸侵蚀严重，红树林外缘的古树因大量地表土侵蚀而枯死。

21）广西涠洲岛鸟类自然保护区

该自然保护区于 1982 年经广西壮族自治区人民政府批准建立，位于北海市南部的北部湾中部海面，包括涠洲岛和斜阳岛两个海岛，总面积 26.3 km²，其中涠洲岛 24.4 km²，斜阳岛 1.9 km²。该保护区是旅鸟迁徙印度尼西亚、西沙群岛和印支半岛的重要中途"驿站"，主要保护对象为旅鸟及其栖息环境。据不完全统计，每年经过这里的候鸟有 140 余种，其中不少为珍稀受保护鸟类，如白鹤、灰鹤、白鹭、池鹭、猫头鹰、野鸭、蓝翡翠和环颈雉等。

22）北仑河口国家级自然保护区

该自然保护区于 1985 年经原防城县人民政府批准建立，1990 年晋升为自治区级，2000 年被国务院批准为国家级自然保护区，位于广西壮族自治区防城港市防城区和东兴市境内，总面积约 30 km²，是一个以红树林生态系统为主要保护对象的自然保护区。保护区内现有红树植物 15 种，主要红树植物种类有白骨壤、桐花树、秋茄、木榄、红海榄、海漆、老鼠簕、榄李、银叶树、阔苞菊、卤蕨、水黄皮、黄槿、杨叶肖槿、海芒果等，红树林面积约 12.6 km²，其中江平和江山片现有完整连片红树林 11 km²，是广西最大的连片红树林，也是我国大陆沿岸最大片红树林之一，其中连片木榄纯林和大面积老鼠簕纯林群落为中国罕见。该保护区位于亚洲东部沿海和中西伯利亚中国中部两鸟类迁徙线的交会区，为候鸟的重要繁殖地和迁徙停歇地，现观察到鸟类 128 种，其中 13 种为国家二级保护动物。

23）海南三亚珊瑚礁国家级自然保护区

该自然保护区于 1990 年 9 月经国务院批准建立，是国家级海洋类型自然保护区之一，位于海南省三亚市南部近岸及海岛四周海域。该保护区自东向西由亚龙湾片区、鹿回头半岛-榆林角片区和东、西瑁岛片区三部分组成，总面积约 85 km²，主要保护对象为造礁珊瑚、非造礁珊瑚、珊瑚礁及其生态系统和生物多样性，已记录造礁珊瑚13科33属117种，浅海水域珊瑚主要优势种为多孔鹿角珊瑚和伞房鹿角珊瑚，深水区域则为丛生盔形珊瑚，常见的珊瑚有秘密角蜂巢珊瑚、十字牡丹珊瑚、精巧扁脑珊瑚、标准蜂巢珊瑚、五边角蜂巢珊瑚、梳状菊花珊瑚、美丽鹿角珊瑚、粗野鹿角珊瑚和澄黄滨珊瑚等。

24）大洲岛海洋生态国家海洋自然保护区

该自然保护区于1990年经国务院批准建立，位于海南岛东部沿海，在万宁县境内，面积约70 km²，主要保护对象是金丝燕、海岛海洋生态系统和珊瑚礁。大洲岛是金丝燕在我国唯一的长年栖息地，岛上植被茂盛，种类丰富，现有维管植物121科395属577种，海南特有的植物有23种，国家或省重点保护的珍稀濒危植物有海南苏铁、海南（小花）龙血树、海南大风子、野龙眼、野荔枝和毛茶等。岛上现观察到鸟类有27科47属81种，如金丝燕、鹧鸪、老鹰、海燕和鹭等。此外，大洲岛处于琼东上升流显著海区，附近有太阳河等入海径流，海区富含大量的有机营养物质，因而海洋生物种类非常丰富，形成著名的大洲渔场，产有马鲛鱼、金枪鱼、旗鱼、鲳鱼、鲥鱼、带鱼、墨鱼、乌贼、龙虾、鲍鱼、海胆、紫菜等多种名贵海产。

25）西沙东岛白鲣鸟省级自然保护区

该自然保护区于1980年经广东省人民政府批准建立，是我国鸟类密度最大的保护区之一，也是我国位置最南的一个自然保护区，面积约1.72 km²，主要保护国家二级重点保护野生动物白鲣鸟及其生境。岛上鸟类有50多种，红脚鲣鸟数量达3万余只，是西太平洋地区最大的红脚鲣鸟种群。岛上热带植物丛生，树林茂密，植被覆盖率高达90%，已鉴定植物有33科73属92种，主要有白避霜花、海岸桐、银毛树、海人树、羊角树和草海桐等代表性植物。此外，东岛是西沙群岛中珊瑚礁生态系统保护较好的海岛之一，已记录造礁珊瑚42种，主要优势种为各种鹿角珊瑚和蔷薇珊瑚，覆盖率可达57%。

5.5 外来入侵海洋生物

海洋外来生物入侵连同海洋污染、渔业资源过度捕捞和生境破坏，已成为世界海洋生态环境面临的四大问题之一。据不完全统计，引进或者进入我国的外来物种数量278种，其中重要的海洋外来物种20余种，包括了鱼类10种、虾类2种、贝类9种、棘皮动物1种、藻类4种和抗盐植物2种等，航运业中的船体附着及压舱水排放带入的外来海洋物种数量更大。进入我国的海洋外来物种门类众多，个体大小差别很大，包括引种的海水养殖生物、滩涂植物和水族馆观赏生物等以及其他载体带入的海洋浮游生物、污损生物、病原生物和一些仍未发现或未被记录的海洋物种。我国的外来物种入侵具有几大特点：容易形成入侵、涉及面积广，已被入侵的生态系统多，入侵物种类型多，无意引入多，有目的的引入多，入侵种的危害已经显现，在自然植被恢复过程中有意或无意引入大量外来物种（解炎等，1996）。海洋外来生物入侵带来的危害巨大，主要表现在：外来海洋入侵生物与土著海洋生物争夺生存空间与食物，危害土著海洋生物的生存；通过与亲缘关系接近的物种进行杂交，降低土著生物的遗传质量，造成遗传污染；可能带来病原微生物，对海洋生态环境造成巨大的危害（梁玉波等，2001）。

目前对我国海洋生态环境危害较大的是滩涂外来入侵植物互花米草（*Spartina alteriflora* Loisel）。互花米草系多年生草本植物，隶属禾本科米草属，它起源于美洲大西洋沿岸和墨西哥湾，适宜生长在潮间带。1979年引入我国，1980年试种成功，广泛推广种植后，随即迅速扩散蔓延。据不完全统计，互花米草在我国滨海湿地的分布面积约 344 km²，分布范围北起辽宁，南达广西，覆盖了除海南岛、台湾岛之外的全部沿海省份，江苏、浙江、上海和福建 4 省市是分布最集中的地区。虽然互花米草具有抗风抗浪和保滩护岸等作用，但是由于其生长繁殖快和侵占力强，在很多地方变成了害草，主要表现在：与本土物种竞争，改变湿地生物多样性；破坏近海生物栖息环境，影响滩涂养殖活动；堵塞航道，危害船只通航安全。

我国海岛中外来生物入侵问题最为突出的是内伶仃岛上的薇甘菊（*Mikania micrantha*）。薇甘菊是菊科假泽兰属的一种多年生草质藤本植物，原产于中美洲和南美洲，现已广泛传播到亚洲热带地区，是危害经济作物和森林植被的主要害草，该种已列入世界上最有害的 100 种外来入侵物种之一，也列入中国首批外来入侵物种名单。1919 年薇甘菊作为杂草在中国香港出现，1984 年在深圳发现，如今已广泛分布在珠江三角洲地区。薇甘菊具有超强繁殖和攀缘能力，在地面遇到灌木和乔木之后，能迅速形成整株覆盖之势，并能分泌化学感应物质，抑制其他植物生长，被覆盖植物因光合作用受到破坏而窒息死亡。内伶仃岛上的薇甘菊已造成了相当严重的灾害，全岛约 60% 植被被其覆盖（黄东光，2008），发育典型的白桂木 - 刺葵 - 油椎群落常绿阔叶林深受其害，除较高大的白桂木外，刺葵以下灌木全被覆盖，长势受到严重影响，群落中灌丛和草本的种类组成明显减少，部分乔灌木丛林呈现明显的逆行演替趋势，猕猴、穿山甲和蟒蛇等国家重点保护动物的生存环境遭到了极大的破坏。

6 海岛景观生态现状评价

本研究主要以 908 专项海岛海岸带卫星遥感调查技术成果（WY01、WY02、WY03、WY04、WY06 和 WY07 区块中的海岛专题要素成果）为基础，选取全国 44 个重点海岛相关成果，参照本书第 3 章中海岛土地利用分类体系将原成果中的土地利用类型重新合并和分类后，进而开展海岛景观生态方面的计算、分析和评价工作，海岛景观生态评价范围包括大潮低潮线以上的海岛潮间带及岛陆区域。

6.1 温带海岛

温带 8 个重点海岛土地利用分类结果见表 6-1 和表 6-2，土地利用分布如图 6-1 至图 6-8 所示，各重点岛景观格局分述如下。

大鹿岛总面积（含岛陆和潮间带滩涂）共 368.13 hm²，林地（184.64 hm²）分布面积最大，占总面积的一半以上，岛陆水体湿地和园地等类型土地没有分布；大长山岛总面积（含岛陆和潮间带滩涂）共 2 875.22 hm²，其中林地（1 108.97 hm²）分布面积最大，占总面积的 38.57%，草地和园地类型土地没有分布；蛇岛总面积（含岛陆和潮间带滩涂）共 75.33 hm²，该岛土地利用类型很单一，均被林地覆盖；菊花岛总面积（含岛陆和潮间带滩涂）共 1 216.17 hm²，林地（885.19 hm²）分布面积最大，占总面积的 72.78%，草地和岛陆水体湿地等类型土地没有分布；石臼坨岛总面积（含岛陆和潮间带滩涂）共 338.29 hm²，其中草地（195.04 hm²）分布面积最大，占总面积的 57.66%，林地和耕地等类型土地没有分布；南长山岛总面积（含岛陆和潮间带滩涂）共 1 376.74 hm²，其中耕地（546.35 hm²）分布面积最大，占总面积的 39.68%，草地和岛陆水体湿地等土地类型没有分布；刘公岛总面积（含岛陆和潮间带滩涂）共 322.13 hm²，其中林地（189.99 hm²）分布面积最大，占总面积的 58.98%，草地和耕地等土地类型没有分布；东西连岛总面积（含岛陆和潮间带滩涂）共 598.94 hm²，其中林地（472.16 hm²）分布面积最大，占总面积的 78.83%，草地和耕地等土地类型没有分布。

在温带各重点海岛的土地利用中，除蛇岛外，其余各海岛均为有人岛，且受到不同程度的开发利用。大部分海岛仍是以人为干扰程度较低的林地、耕地等自然或半自然景观为主，如蛇岛、东西连岛和菊花岛等林地保存较好，占有较大的比例；南长山岛和石臼坨岛上耕地面积则占有一定比例；南长山岛、大鹿岛和大长山岛的人工景观所占比例相对较高，受到一定程度的开发。从保持自然属性来看，各重点海岛的自然性由高至低分别为：蛇岛、东西连岛、菊花岛、大鹿岛、刘公岛、石臼坨岛、大长山岛、南长山岛；半自然性由高至低分别为：南长山岛、石臼坨岛、大长山岛、菊花岛、刘公岛、大鹿岛、东西连岛/蛇岛；人为干扰程度由高至低分别为：南长山岛、大长山岛、大鹿岛、刘公岛、东西连岛、菊花岛、石臼坨岛、蛇岛（见表 6-1、表 6-2 和图 6-9）。

表6-1　温带重点海岛土地利用分类面积及比例

重点岛	林地/hm²	草地/hm²	岛陆水体湿地/hm²	潮间带滩涂/hm²	其他土地/hm²	耕地/hm²	园地/hm²	养殖盐田/hm²	建设用地/hm²	总计/hm²
大鹿岛	184.64	69.30	0	17.02	0	3.37	0	0	93.79	368.13
大长山岛	1 108.97	0	115.08	57.43	28.40	781.17	0	47.06	737.11	2 875.22
蛇岛	75.33	0	0	0	0	0	0	0	0	75.33
菊花岛	885.19	0	0	52.12	0	206.64	0	5.15	67.07	1 216.17
石臼坨岛	0	195.04	5.47	3.11	0	0	0	125.04	9.62	338.29
南长山岛	247.10	0	0	8.32	15.73	546.35	0	35.52	523.72	1 376.74
刘公岛	189.99	26.96	1.70	0	4.71	37.60	0	0	61.17	322.13
东西连岛	472.16	0	3.68	30.13	23.83	0	0	0	69.13	598.94

重点岛	林地(%)	草地(%)	岛陆水体湿地(%)	潮间带滩涂(%)	其他土地(%)	耕地(%)	园地(%)	养殖盐田(%)	建设用地(%)	总计(%)
大鹿岛	50.16	18.83	0	4.62	0	0.92	0	0	25.48	100
大长山岛	38.57	0	4.00	2.00	0.99	27.17	0	1.64	25.64	100
蛇岛	100.00	0	0	0	0	0	0	0	0	100
菊花岛	72.78	0	0	4.29	0	16.99	0	0.42	5.52	100
石臼坨岛	0	57.66	1.62	0.92	0	0	0	36.96	2.84	100
南长山岛	17.95	0	0	0	1.14	39.68	0	2.58	38.04	100
刘公岛	58.98	8.37	0.53	0	1.46	11.67	0	0	18.99	100
东西连岛	78.83	0	0.62	5.03	3.98	0	0	0	11.54	100

表 6-2 温带重点海岛景观分类面积及比例

重点岛	自然景观		半自然景观		人工景观		合计	
	/hm²	(%)	/hm²	(%)	/hm²	(%)	/hm²	(%)
大鹿岛	270.96	73.61	3.37	0.92	93.79	25.48	368.13	100
大长山岛	1 309.88	45.56	828.23	28.81	737.11	25.64	2 875.22	100
蛇岛	75.33	100	0	0	0	0	75.33	100
菊花岛	937.31	77.07	211.79	17.41	67.07	5.52	1 216.17	100
石臼坨岛	203.63	60.19	125.04	36.96	9.62	2.84	338.29	100
南长山岛	271.15	19.69	581.87	42.26	523.72	38.04	1 376.74	100
刘公岛	223.36	69.34	37.60	11.67	61.17	18.99	322.13	100
东西连岛	529.81	88.46	0	0	69.13	11.54	598.94	100

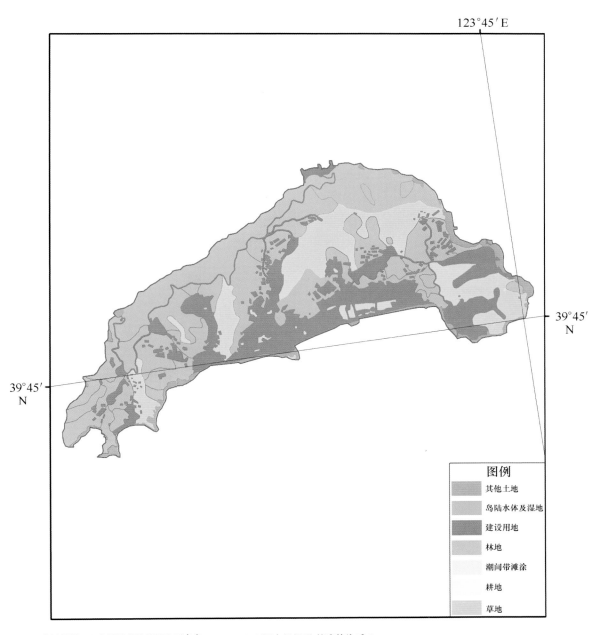

123°45′E

39°45′
N

39°45′
N

图例

其他土地

岛陆水体及湿地

建设用地

林地

潮间带滩涂

耕地

草地

本图根据908专项调查的WY01辽宁省　　1∶22 566 (墨卡托投影 基准纬线0°)　　　　编制单位：国家海洋环境监测中心
海岛专题要素成果编制　　　　　　　　　　　　　　　　　　　　　　　　　　　　编制时间：2010年10月

图 6-1　温带重点海岛——大鹿岛土地利用分布图

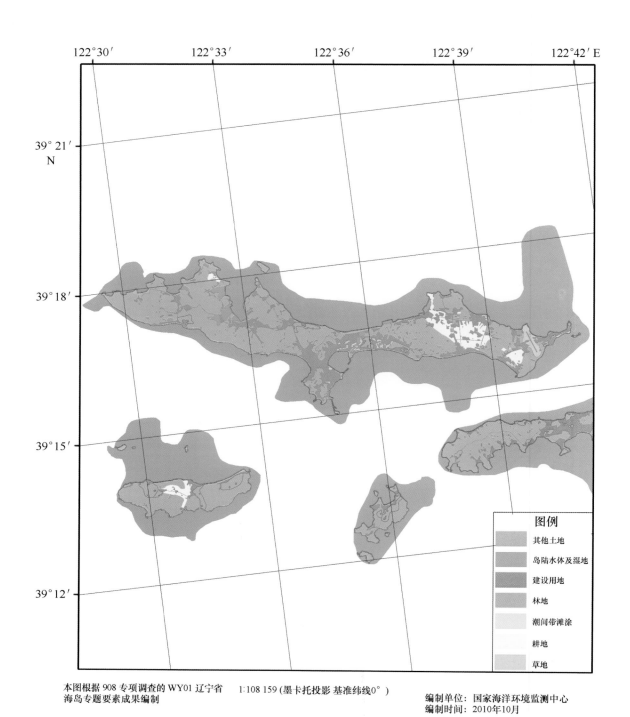

本图根据 908 专项调查的 WY01 辽宁省　　1:108 159 (墨卡托投影 基准纬线0°)
海岛专题要素成果编制

编制单位：国家海洋环境监测中心
编制时间：2010年10月

图 6-2　温带重点海岛——大长山岛土地利用分布图

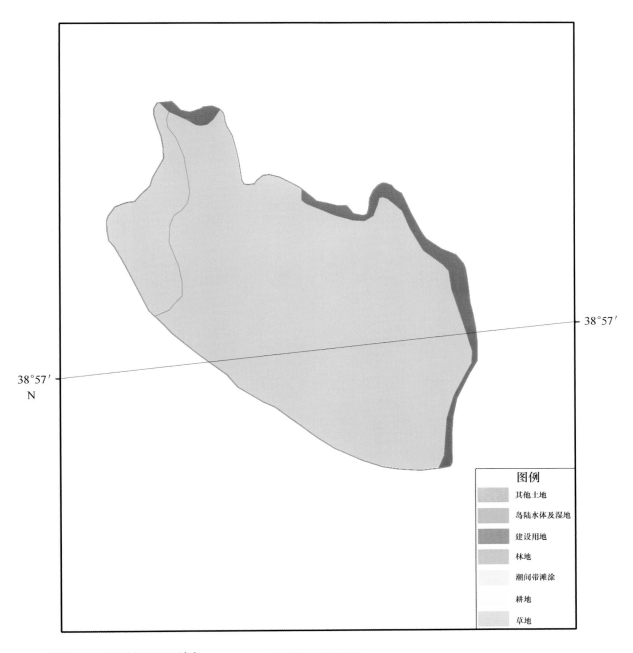

本图根据 908 专项调查的 WY01 辽宁省　　　1:9 343 (墨卡托投影 基准纬线0°)　　　编制单位：国家海洋环境监测中心
海岛专题要素成果编制　　　　　　　　　　　　　　　　　　　　　　　　　　　　　编制时间：2010年10月

图 6-3　温带重点海岛——蛇岛土地利用分布图

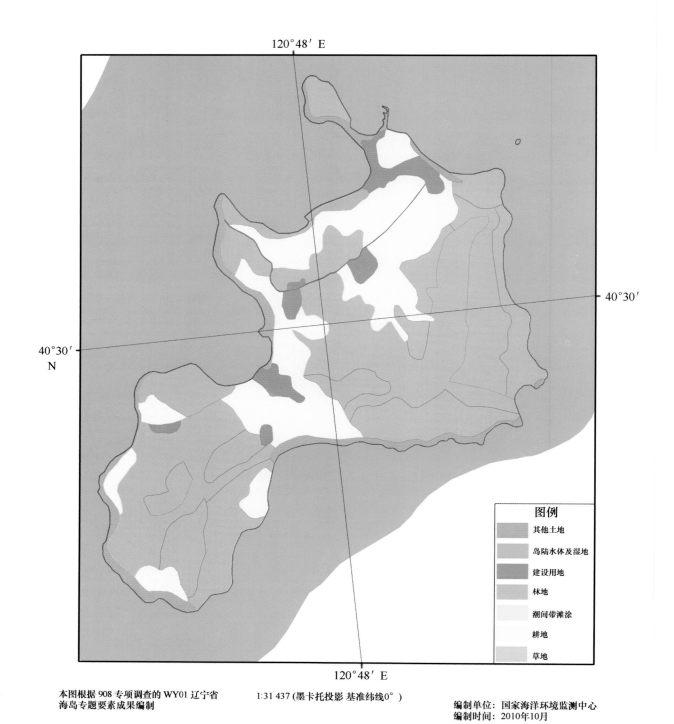

120°48′ E

40°30′

40°30′
N

120°48′ E

图例

其他土地

岛陆水体及湿地

建设用地

林地

潮间带滩涂

耕地

草地

本图根据 908 专项调查的 WY01 辽宁省　　　1:31 437 (墨卡托投影 基准纬线0°)
海岛专题要素成果编制

编制单位：国家海洋环境监测中心
编制时间：2010年10月

图6-4　温带重点海岛——菊花岛土地利用分布图

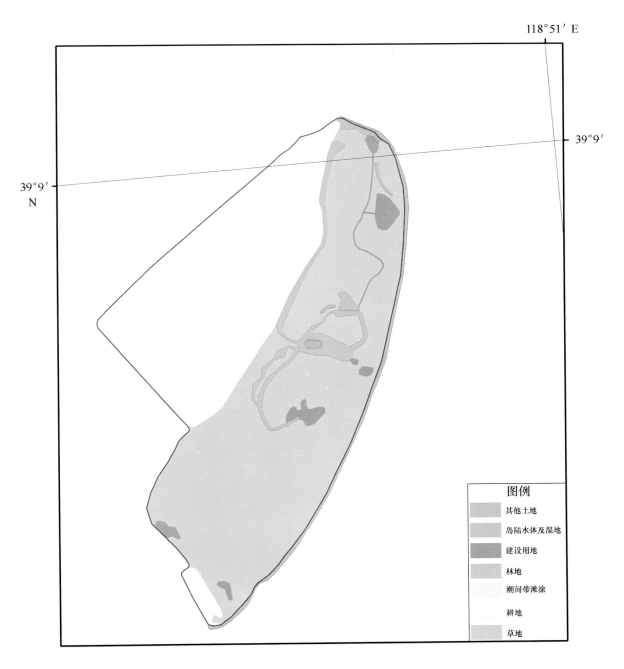

118°51′ E

39°9′

39°9′
N

图例

其他土地

岛陆水体及湿地

建设用地

林地

潮间带滩涂

耕地

草地

本图根据 908 专项调查的 WY02 山东省　　　　　1:17 932 (墨卡托投影 基准纬线0°)　　　　编制单位: 国家海洋环境监测中心
海岛专题要素成果编制　　　　　　　　　　　　　　　　　　　　　　　　　　　　　编制时间: 2010年10月

图 6-5　温带重点海岛——石臼坨岛土地利用分布图

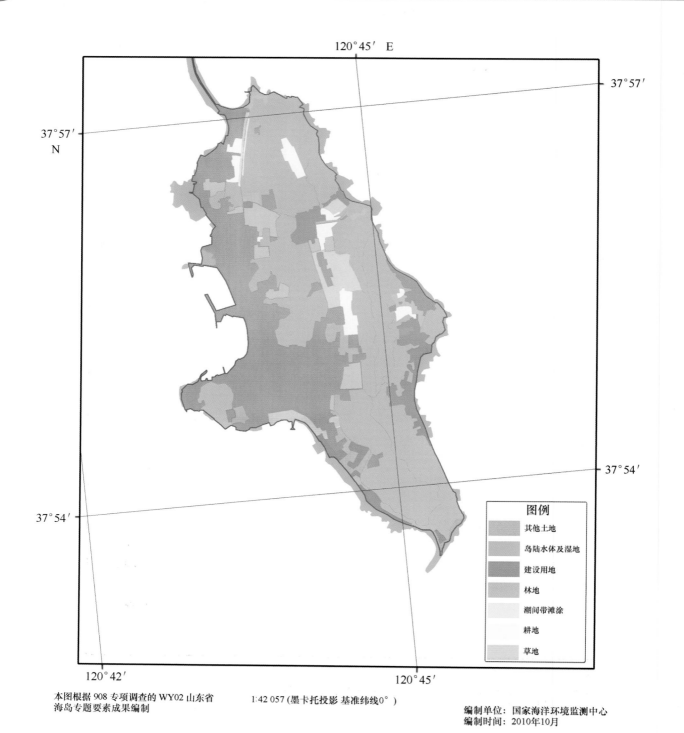

120°45′ E

37°57′

37°57′
N

37°54′

37°54′

120°42′

120°45′

图例

其他土地

岛陆水体及湿地

建设用地

林地

潮间带滩涂

耕地

草地

本图根据 908 专项调查的 WY02 山东省　　　　1:42 057 (墨卡托投影 基准纬线0°)
海岛专题要素成果编制

编制单位：国家海洋环境监测中心
编制时间：2010年10月

图 6-6　温带重点海岛——南长山岛土地利用分布图

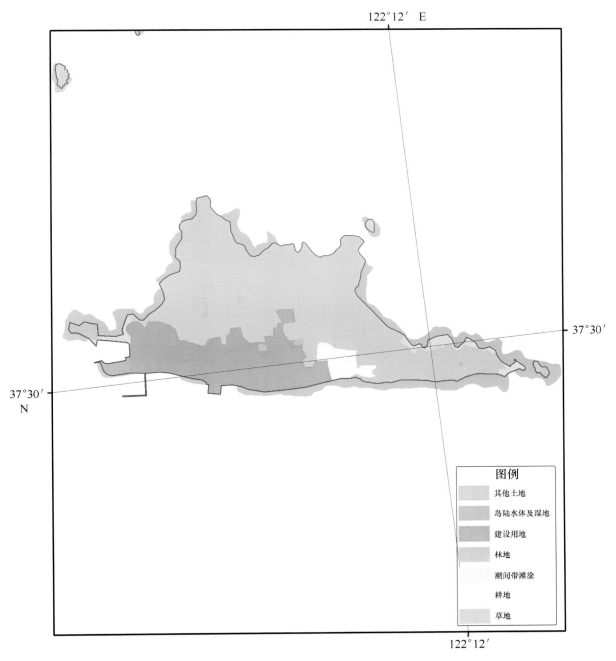

本图根据 908 专项调查的 WY02 山东省
海岛专题要素成果编制

1:26 254 (墨卡托投影 基准纬线0°)

编制单位：国家海洋环境监测中心
编制时间：2010年10月

图 6-7　温带重点海岛——刘公岛土地利用分布图

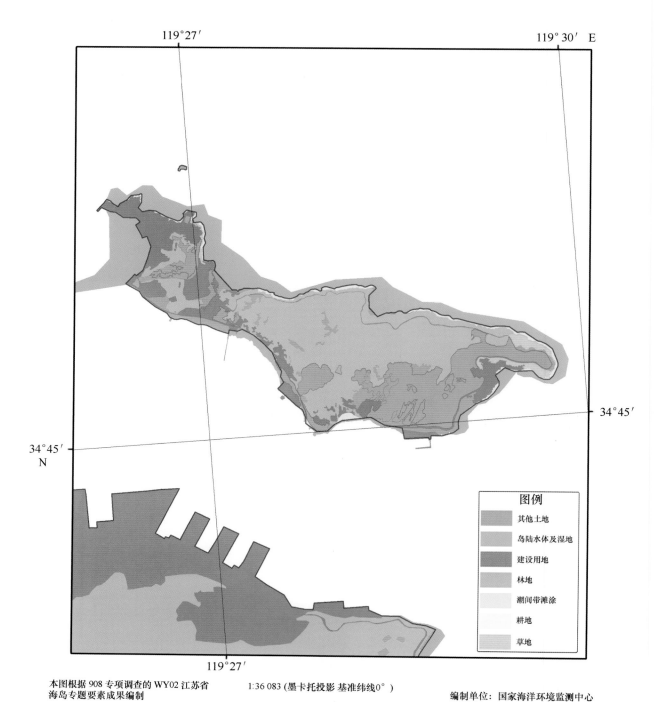

本图根据 908 专项调查的 WY02 江苏省
海岛专题要素成果编制

1:36 083 (墨卡托投影 基准纬线0°)

编制单位: 国家海洋环境监测中心
编制时间: 2010年10月

图 6-8　温带重点海岛——东西连岛土地利用分布图

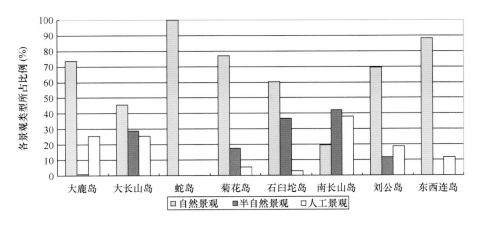

图 6-9 温带重点海岛景观类型占比

6.2 北亚热带海岛

北亚热带 10 个重点海岛土地利用分类结果见表 6-3 和表 6-4，土地利用分布如图 6-10 至图 6-19 所示，各重点岛景观格局分述如下。

兴隆沙总面积（含岛陆和潮间带滩涂）共 6 050.36 hm²，耕地（3 564.03 hm²）分布面积最大，占总面积的 58.91%，养殖盐田和其他类型土地没有分布；崇明岛总面积（含岛陆和潮间带滩涂）共 130 612.15 hm²，耕地（88 279.37 hm²）分布面积最大，占总面积的 67.59%，潮间带滩涂和其他类型土地没有分布；大金山岛总面积（含岛陆和潮间带滩涂）共 23.42 hm²，该岛土地利用类型很单一，均被林地覆盖；舟山岛总面积（含岛陆和潮间带滩涂）共 50 378.91hm²，林地（20 805.77 hm²）分布面积最大，占总面积的 41.30%，潮间带滩涂（14.57 hm²）分布面积最小，占总面积的 0.03%；嵊山岛总面积（含岛陆和潮间带滩涂）共 452.55 hm²，林地（149.48 hm²）分布面积最大，占总面积的 33.03%，园地和养殖盐田没有分布；大洋山岛总面积（含岛陆和潮间带滩涂）共 675.69 hm²，建设用地（185.18 hm²）分布面积最大，占总面积的 27.41%，耕地（1.93 hm²）分布面积最小，占总面积的 0.29%；朱家尖岛总面积（含岛陆和潮间带滩涂）共 7 012.14 hm²，林地（2 161.13 hm²）分布面积最大，占总面积的 30.82%，岛陆水体湿地（153.44 hm²）分布面积最小，占总面积的 2.19%；普陀山岛总面积（含岛陆和潮间带滩涂）共 1 368.11 hm²，林地（820.71 hm²）分布面积最大，占总面积的 59.99%，岛陆水体湿地（10.91 hm²）分布面积最小，占总面积的 0.80%；大榭岛总面积（含岛陆和潮间带滩涂）共 2 920.06 hm²，建设用地（1 276.45 hm²）分布面积最大，占总面积的 43.71%，其他土地类型（6.28 hm²）分布面积最小，占总面积的 0.22%；五峙山岛总面积（含岛陆和潮间带滩涂）共 16.17 hm²，该岛土地利用类型很单一，均为其他土地类型。

表6-3 北亚热带重点海岛土地利用分类面积及比例

重点岛	林地/hm²	草地/hm²	岛陆水体湿地/hm²	潮间带滩涂/hm²	其他土地/hm²	耕地/hm²	园地/hm²	养殖盐田/hm²	建设用地/hm²	总计/hm²
兴隆沙	47.70	10.90	879.31	914.98	0	3 564.03	2.70	0	630.74	6 050.36
崇明岛	806.63	414.28	6 834.60	0	0	88 279.37	1 139.34	13 429.30	19 708.62	130 612.15
大金山岛	23.42	0	0	0	0	0	0	0	0	23.42
舟山岛	20 805.77	668.08	3 575.52	14.57	251.94	13 050.37	2 264.66	1 681.81	8 066.19	50 378.91
嵊山岛	149.48	81.71	1.98	24.80	52.88	25.22	0	0	116.49	452.55
大洋山岛	48.09	137.28	5.04	179.65	65.09	1.93	5.37	48.05	185.18	675.69
朱家尖岛	2 161.13	440.75	153.44	796.80	388.53	1 497.53	203.68	597.92	772.35	7 012.14
普陀山岛	820.71	13.45	10.91	198.72	55.92	31.30	11.99	39.22	185.89	1 368.11
大榭岛	1 018.88	156.10	55.09	9.18	6.28	173.98	202.12	21.98	1 276.45	2 920.06
五峙山岛	0	0	0	0	16.17	0	0	0	0	16.17

重点岛	林地(%)	草地(%)	岛陆水体湿地(%)	潮间带滩涂(%)	其他土地(%)	耕地(%)	园地(%)	养殖盐田(%)	建设用地(%)	总计(%)
兴隆沙	0.79	0.18	14.53	15.12	0	58.91	0.04	0	10.42	100
崇明岛	0.62	0.32	5.23	0	0	67.59	0.87	10.28	15.09	100
大金山岛	100.00	0	0	0	0	0	0	0	0	100
舟山岛	41.30	1.33	7.10	0.03	0.50	25.90	4.50	3.34	16.01	100
嵊山岛	33.03	18.06	0.44	5.48	11.68	5.57	0	0	25.74	100
大洋山岛	7.12	20.32	0.75	26.59	9.63	0.29	0.79	7.11	27.41	100
朱家尖岛	30.82	6.29	2.19	11.36	5.54	21.36	2.90	8.53	11.01	100
普陀山岛	59.99	0.98	0.80	14.53	4.09	2.29	0.88	2.87	13.59	100
大榭岛	34.89	5.35	1.89	0.31	0.22	5.96	6.92	0.75	43.71	100
五峙山岛	0	0	0	0	100.00	0	0	0	0	100

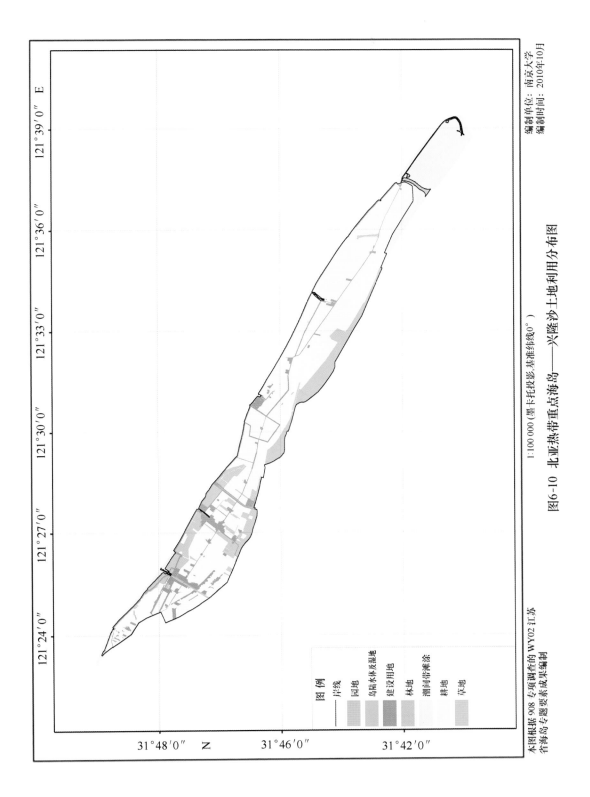

本图根据 908 专项调查的 WVY02 江苏
省海岛专题要素成果编制

1:100 000（墨卡托投影,基准线纬0°）

图6-10 北亚热带重点海岛——兴隆沙土地利用分布图

编制单位：南京大学
编制时间：2010年10月

图例

岸线
园地
鸟啄水体及湿地
建设用地
林地
潮间带滩涂
耕地
草地

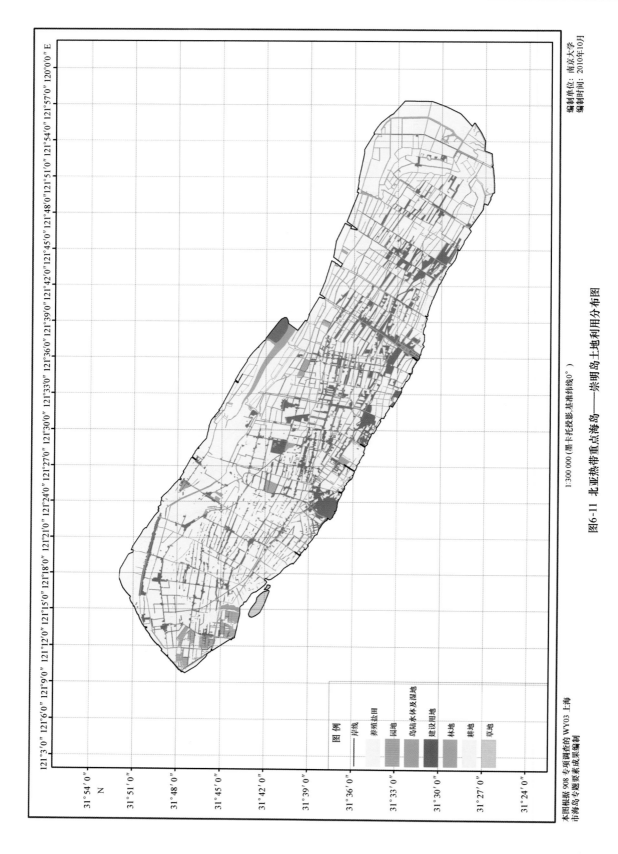

1:300 000 (墨卡托投影基准纬线0°)

图6-11 北亚热带重点海岛——崇明岛土地利用分布图

编制单位：南京大学
编制时间：2010年10月

图例
岸线
养殖盐田
阔地
岛陆水体及湿地
建设用地
林地
耕地
草地

本图根据908专项调查的WV03 上海
市海岛专题要素集成果编制

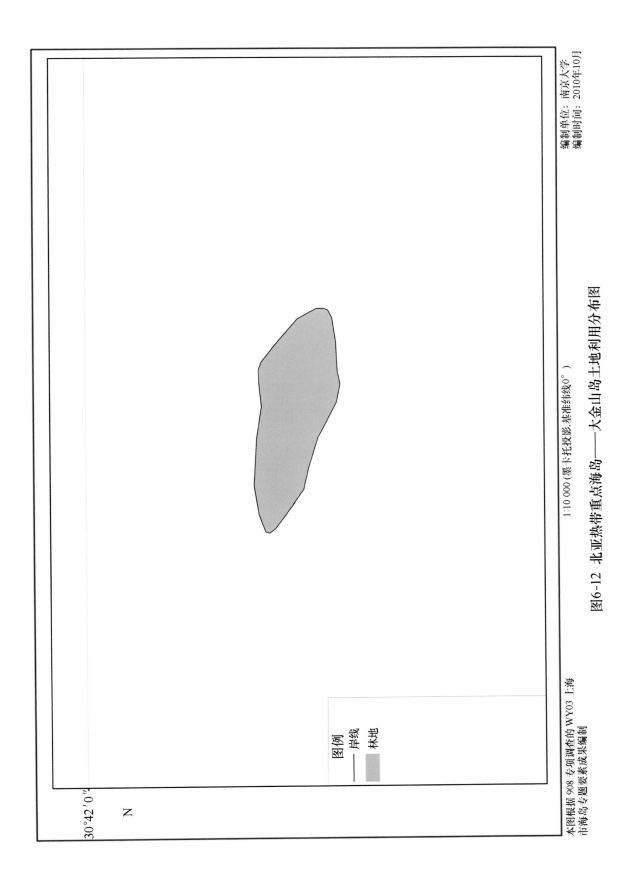

图6-12　北亚热带重点海岛——大金山岛土地利用分布图

1:10 000（墨卡托投影 基准纬线0°）

编制单位：南京大学
编制时间：2010年10月

本图根据908专项调查的WY03 上海
市海岛专题要素成果编制

图例

岸线
林地

N

30°42'0"

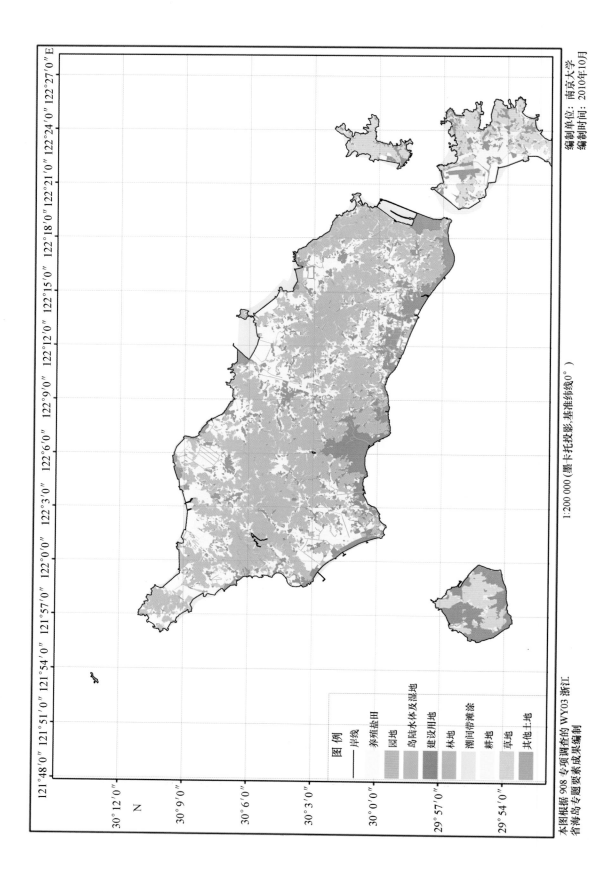

编制单位：南京大学
编制时间：2010年10月

1:200 000（墨卡托投影,基准纬线0°）

图6-13 北亚热带重点海岛——舟山岛土地利用分布图

图 例

岸线
养殖盐田
园地
岛陆水体及湿地
建设用地
林地
潮间带滩涂
耕地
草地
其他土地

本图根据 908 专项调查的 WY03 浙江
省海岛专题要素成果编制

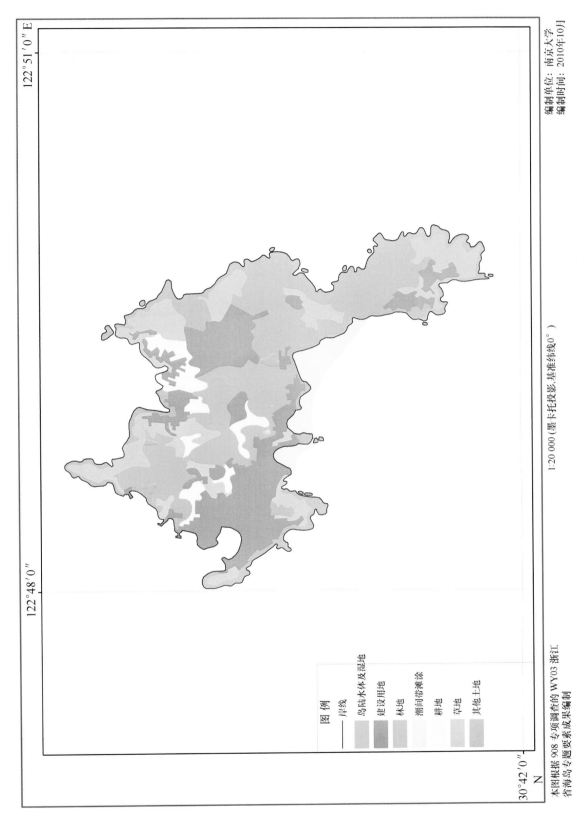

图6-14 北亚热带重点海岛——嵊山岛土地利用分布图

1:20 000 (墨卡托投影,基准纬线0°)

编制单位: 南京大学
编制时间: 2010年10月

122°51'0"E

122°48'0"

30°42'0"

N

图 例

岸线
岛陆水体及湿地
建设用地
林地
潮间带滩涂
耕地
草地
其他土地

本图根据 908 专项调查的 WY03 浙江
省海岛专题要素集成果编制

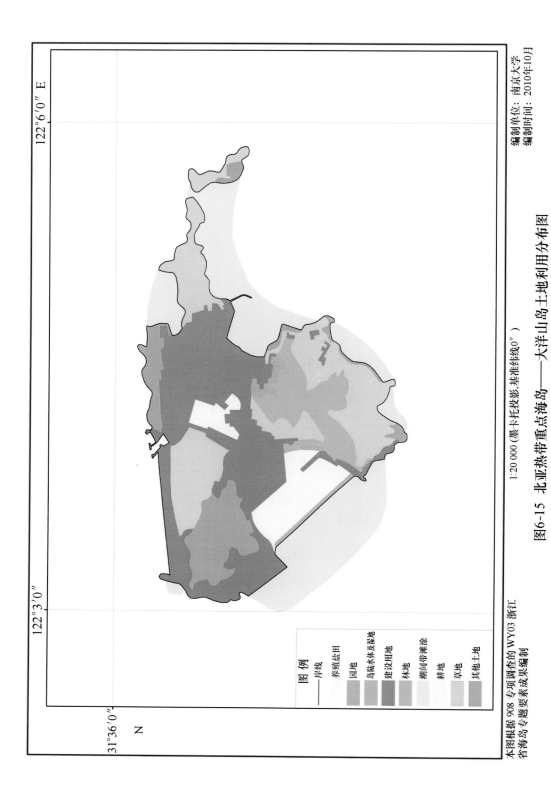

1:20 000（墨卡托投影 基准纬线0°）

图6-15 北亚热带重点海岛——大洋山岛土地利用分布图

图 例

岸线
养殖盐田
园地
岛陶水体及湿地
建设用地
林地
潮间带滩涂
耕地
草地
其他土地

编制单位：南京大学
编制时间：2010年10月

本图根据 908 专项调查的 WY03 浙江
省海岛专题要素成某编制

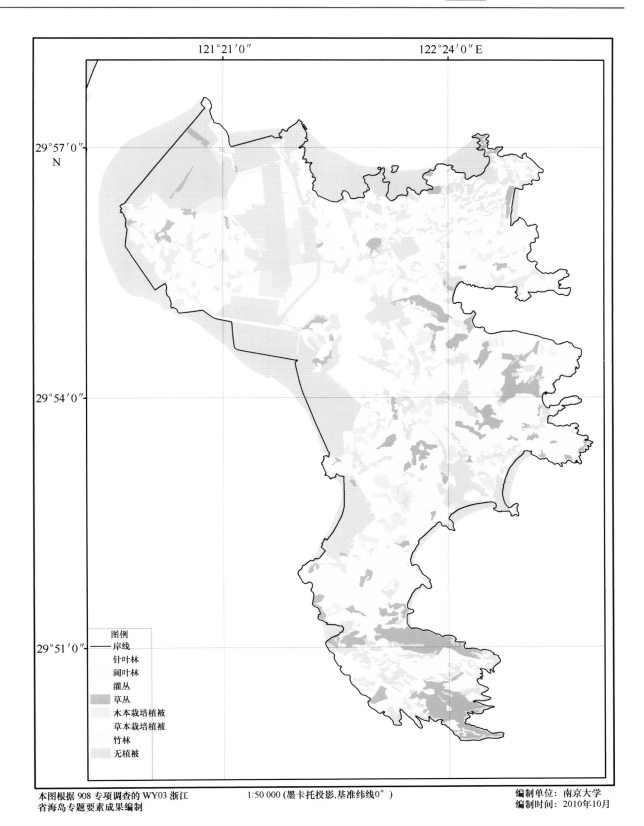

121°21′0″   122°24′0″E

29°57′0″
N

29°54′0″

29°51′0″

图例
岸线
针叶林
阔叶林
灌丛
草丛
木本栽培植被
草本栽培植被
竹林
无植被

本图根据908专项调查的WY03浙江
省海岛专题要素成果编制

1:50 000 (墨卡托投影,基准纬线0°)

编制单位：南京大学
编制时间：2010年10月

图 6-16   北亚热带重点海岛——朱家尖岛土地利用分布图

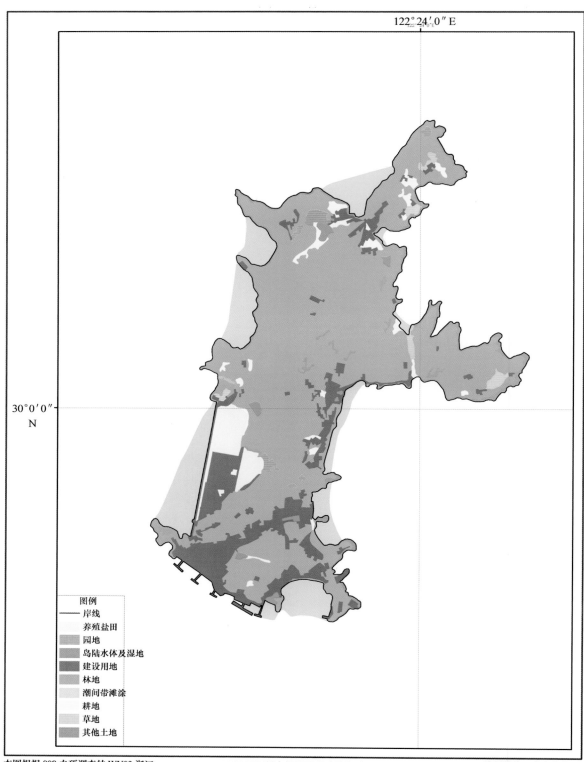

122°24′0″ E

30°0′0″
N

图例
—— 岸线
养殖盐田
园地
岛陆水体及湿地
建设用地
林地
潮间带滩涂
耕地
草地
其他土地

本图根据 908 专项调查的 WY03 浙江
省海岛专题要素成果编制

1:30 000 (墨卡托投影,基准纬线0°)

编制单位:南京大学
编制时间:2010年10月

图 6-17　北亚热带重点海岛——普陀山岛土地利用分布图

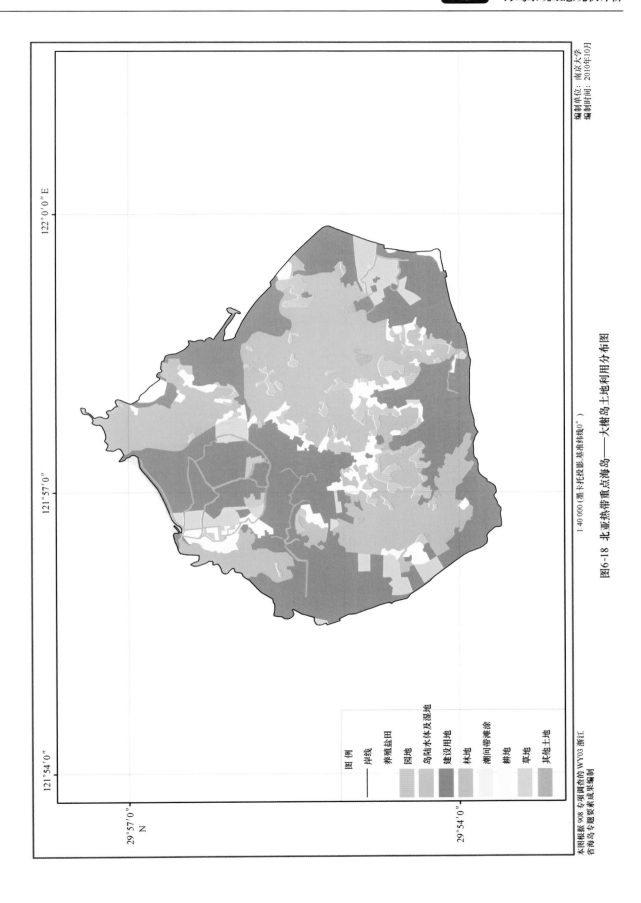

图6-18 北亚热带重点海岛——大榭岛土地利用分布图

1:40 000（墨卡托投影,基准纬线0°）

图 例

岸线

养殖盐田

园地

岛陆水体及湿地

建设用地

林地

潮间带滩涂

耕地

草地

其他土地

本图根据908专项调查的 WY03 浙江
省海岛专题要素成果编制

编制单位：南京大学
编制时间：2010年10月

本图根据 908 专项调查的 WY03 浙江省海岛专题要素成果要素编制

1:10 000 (墨卡托投影,基准纬线0°)

121°54′0″ E

编制单位: 南京大学
编制时间: 2010年10月

图6-19 北亚热带重点海岛——五峙山岛土地利用分布图

图 例
岸线
其他土地

　　在北亚热带各重点海岛的土地利用中,除大金山岛和五峙山岛外,其余各海岛均为有人岛,且受到不同程度的开发利用。大部分海岛仍是以人为干扰程度较低的林地、耕地等自然或半自然景观为主,如舟山岛、朱家尖岛和普陀山岛等林地保存较好,占有较大的比例;兴隆沙和崇明岛上耕地面积则占有一定比例;大洋山岛和大榭岛的人工景观所占比例相对较高,受到一定程度的开发。从保持自然属性来看,各重点海岛的自然性由高至低分别为:大金山岛/五峙山岛、普陀山岛、嵊山岛、大洋山岛、朱家尖岛、舟山岛、大榭岛、兴隆沙、崇明岛;半自然性由高至低分别为:崇明岛、兴隆沙、舟山岛、朱家尖岛、大榭岛、大洋山岛、普陀山岛、嵊山岛、大金山岛/五峙山岛;人为干扰程度由高至低分别为:大榭岛、大洋山岛、嵊山岛、舟山岛、崇明岛、普陀山岛、朱家尖岛、兴隆沙、大金山岛/五峙山岛(见表6-3、表6-4和图6-20)。

表6-4　北亚热带重点海岛景观分类面积及比例

重点岛	自然景观		半自然景观		人工景观		合计	
	/hm²	(%)	/hm²	(%)	/hm²	(%)	/hm²	(%)
兴隆沙	1 852.89	30.62	3 566.73	58.95	630.74	10.42	6 050.36	100
崇明岛	8 055.52	6.17	102 848.01	78.74	19 708.62	15.09	130 612.15	100
大金山岛	23.42	100	0	0	0	0	23.42	100
舟山岛	25 315.88	50.25	16 996.84	33.74	8 066.19	16.01	50 378.91	100
嵊山岛	310.84	68.69	25.22	5.57	116.49	25.74	452.55	100
大洋山岛	435.16	64.40	55.35	8.19	185.18	27.41	675.69	100
朱家尖岛	3 940.65	56.20	2 299.13	32.79	772.35	11.01	7 012.14	100
普陀山岛	1 099.70	80.38	82.51	6.03	185.89	13.59	1 368.11	100
大榭岛	1 245.53	42.65	398.08	13.63	1 276.45	43.71	2 920.06	100
五峙山岛	16.17	100	0	0	0	0	16.17	100

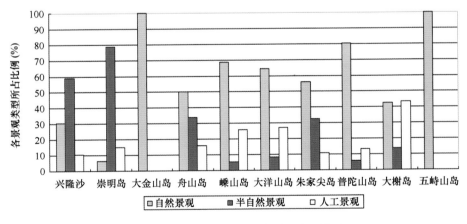

图6-20　北亚热带重点海岛景观类型占比

6.3　中亚热带海岛

　　中亚热带8个重点海岛土地利用分类结果见表6-5和表6-6,土地利用分布如图6-21至图6-28所示,各重点岛景观格局分述如下。

表6-5 中亚热带重点海岛土地利用分类面积及比例

重点岛	林地/hm²	草地/hm²	岛陆水体湿地/hm²	潮间带滩涂/hm²	其他土地/hm²	耕地/hm²	园地/hm²	养殖盐田/hm²	建设用地/hm²	总计/hm²
琅岐岛	1 206.38	128.58	902.22	1 982.14	44.47	2 138.38	429.45	0	761.84	7 593.46
三都岛	1 625.04	198.03	104.64	1 687.26	5.62	289.58	336.64	0	114.05	4 360.86
小箬山岛	37.27	303.47	0	63.04	16.02	3.26	2.64	0	0	425.70
南麂列岛	1 051.77	15.7	0.3	1.51	64.62	12.38	0	0	40.77	1 187.05
玉环岛	13 372.9	0	1 046.67	3 600.47	438.33	231.12	0	295.76	3 002.75	21 988.00
大陈列岛	744.39	196.55	4.52	197.68	199.94	68.34	10.17	0	147.41	1 569.00
渔山列岛	0	186.42	0	0	1.86	0	0	0	0	188.28
白石山岛	40.68	38.38	0	22.89	0	0	18.15	0	1.56	121.66

重点岛	林地(%)	草地(%)	岛陆水体湿地(%)	潮间带滩涂(%)	其他土地(%)	耕地(%)	园地(%)	养殖盐田(%)	建设用地(%)	总计(%)
琅岐岛	15.89	1.69	11.88	26.10	0.59	28.16	5.66	0	10.03	100
三都岛	37.26	4.54	2.40	38.69	0.13	6.64	7.72	0	2.62	100
小箬山岛	8.75	71.29	0	14.81	3.76	0.77	0.62	0	0	100
南麂列岛	88.60	1.32	0.03	0.13	5.44	1.04	0	0	3.43	100
玉环岛	60.82	0	4.76	16.37	1.99	1.05	0	1.35	13.66	100
大陈列岛	47.44	12.53	0.29	12.60	12.74	4.36	0.65	0	9.40	100
渔山列岛	0	99.01	0	0	0.99	0	0	0	0	100
白石山岛	33.44	31.55	0	18.81	0	0	14.92	0	1.28	100

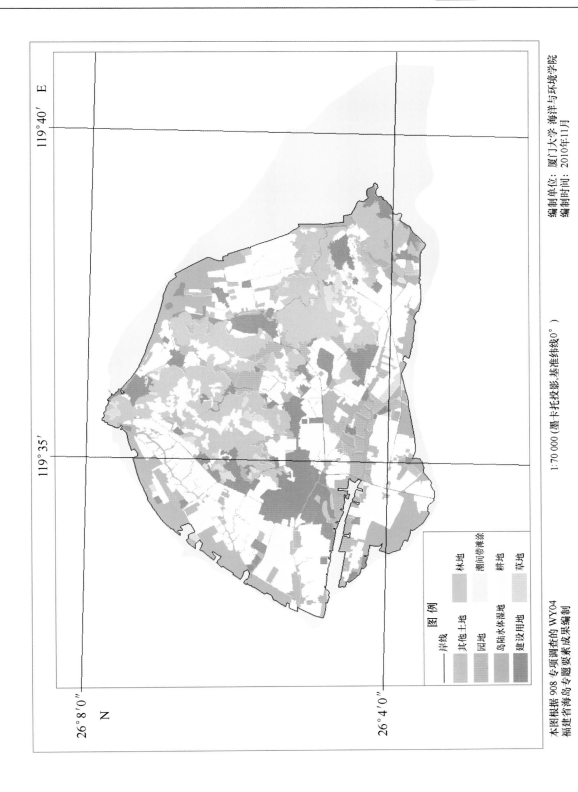

119°40′ E

119°35′

26°8′0″

N

26°4′0″

图 例

—— 岸线

其他土地

园地

岛陆水体湿地

建设用地

林地

潮间带滩涂

耕地

草地

编制单位：厦门大学 海洋与环境学院
编制时间：2010年11月

1:70 000（墨卡托投影,基准纬线0°）

图6-21 中亚热带重点海岛——琅岐岛土地利用分布图

本图根据 908 专项调查的 WY04
福建省海岛专题要素成果编制

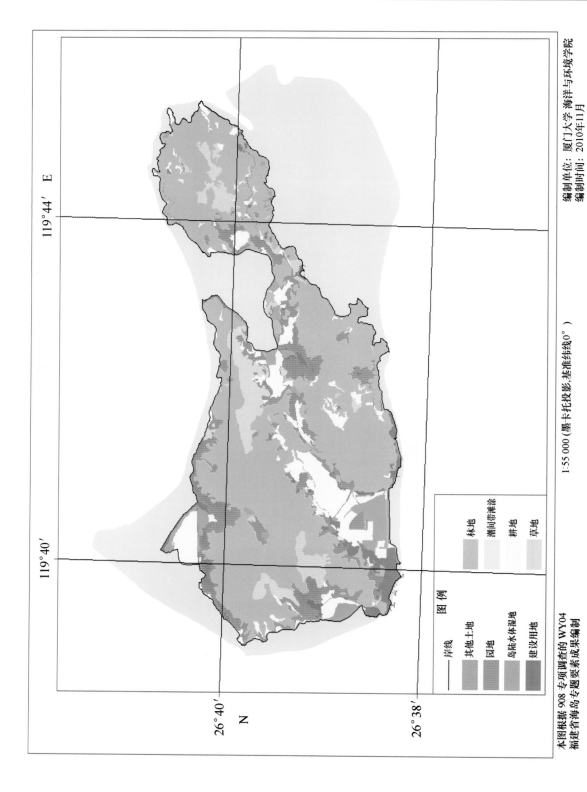

本图根据 908 专项调查的 WY04
福建省海岛专题要素成果编制

图 例

—— 岸线
其他土地
园地
岛陆水体湿地
建设用地

林地
潮间带滩涂
耕地
草地

1:55 000（墨卡托投影,基准纬线 0°）

中亚热带重点海岛——三都岛土地利用分布图

编制单位：厦门大学 海洋与环境学院
编制时间：2010年11月

图6-22 中亚热带重点海岛——三都岛土地利用分布图

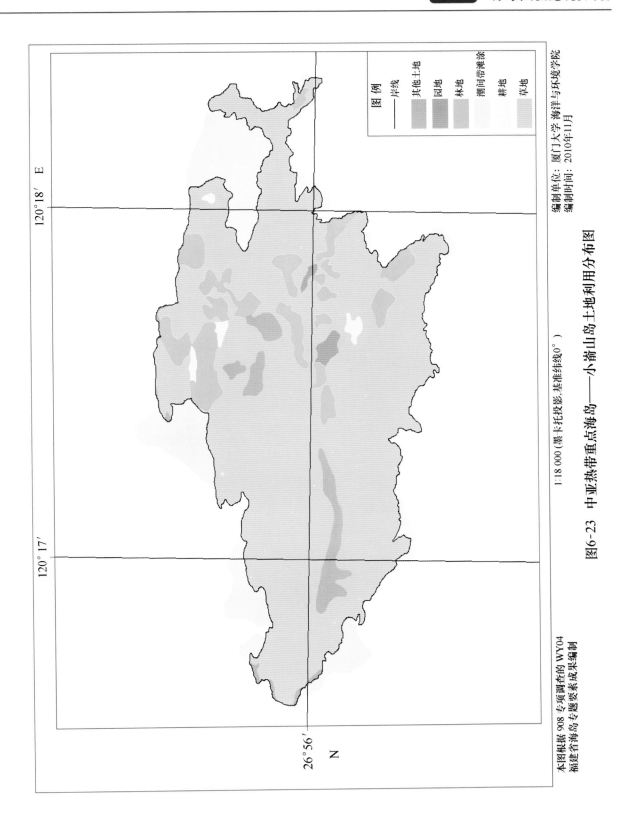

编制单位：厦门大学 海洋与环境学院
编制时间：2010年11月

1:18 000（墨卡托投影,基准纬线0°）

图6-23 中亚热带重点海岛——小箭山岛土地利用分布图

本图根据 908 专项调查的 WY04
福建省海岛专题要素成果编制

图例

—— 岸线

其他土地

园地

林地

潮间带滩涂

耕地

草地

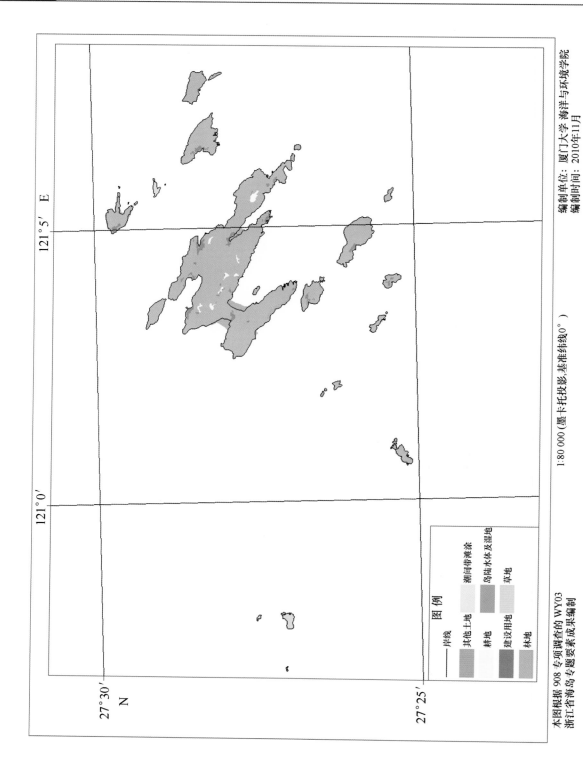

编制单位：厦门大学 海洋与环境学院
编制时间：2010年11月

1:80 000（墨卡托投影，基准纬线0°）

图6-24 中亚热带重点海岛——南麂列岛土地利用分布图

27°30′ N

27°25′

121°0′

121°5′ E

图 例

——岸线

其他土地

耕地

建设用地

林地

潮间带滩涂

岛陆水体及湿地

草地

本图根据908专项调查的WY03
浙江省海岛专题要素成果编制

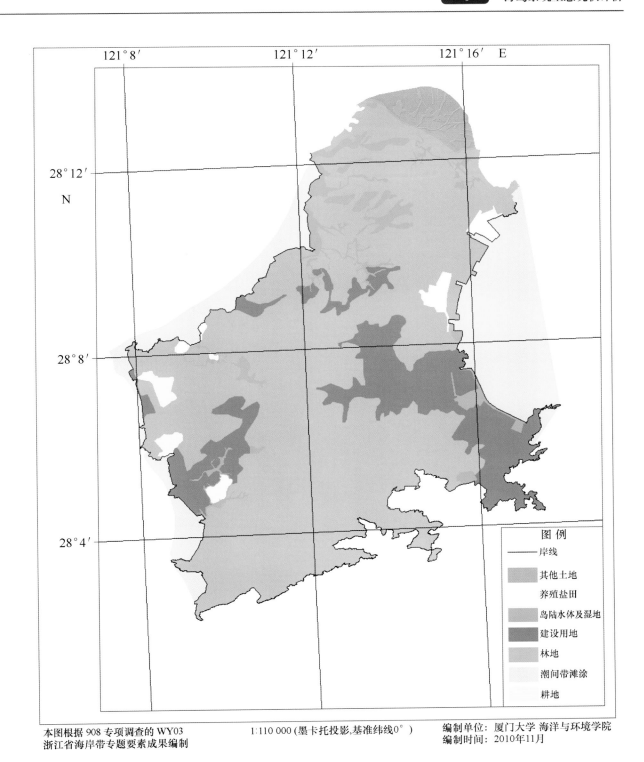

本图根据 908 专项调查的 WY03
浙江省海岸带专题要素成果编制

1:110 000 (墨卡托投影,基准纬线0°)

编制单位: 厦门大学 海洋与环境学院
编制时间: 2010年11月

图 6-25 中亚热带重点海岛——玉环岛土地利用分布图

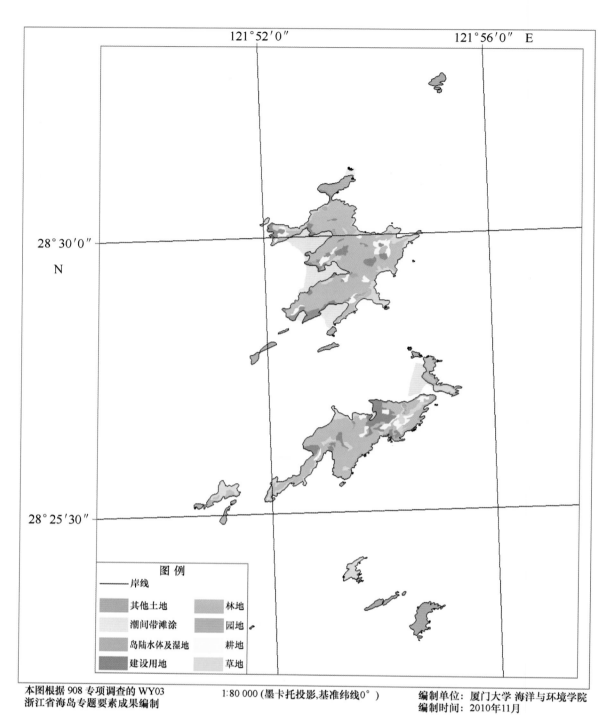

本图根据 908 专项调查的 WY03
浙江省海岛专题要素成果编制

1:80 000 (墨卡托投影,基准纬线0°)

编制单位: 厦门大学 海洋与环境学院
编制时间: 2010年11月

图 6-26 中亚热带重点海岛——大陈列岛土地利用分布图

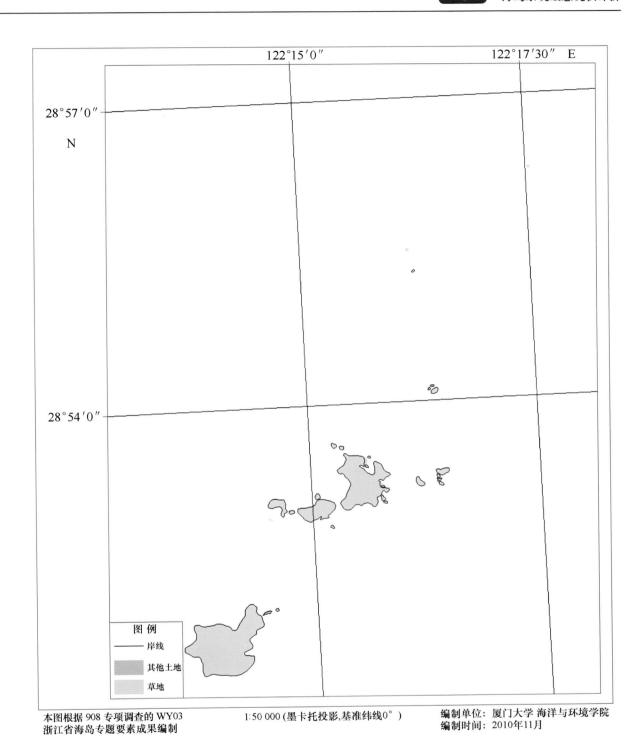

本图根据 908 专项调查的 WY03
浙江省海岛专题要素成果编制

1:50 000 (墨卡托投影,基准纬线0°)

编制单位：厦门大学 海洋与环境学院
编制时间：2010年11月

图 6-27　中亚热带重点海岛——渔山列岛土地利用分布图

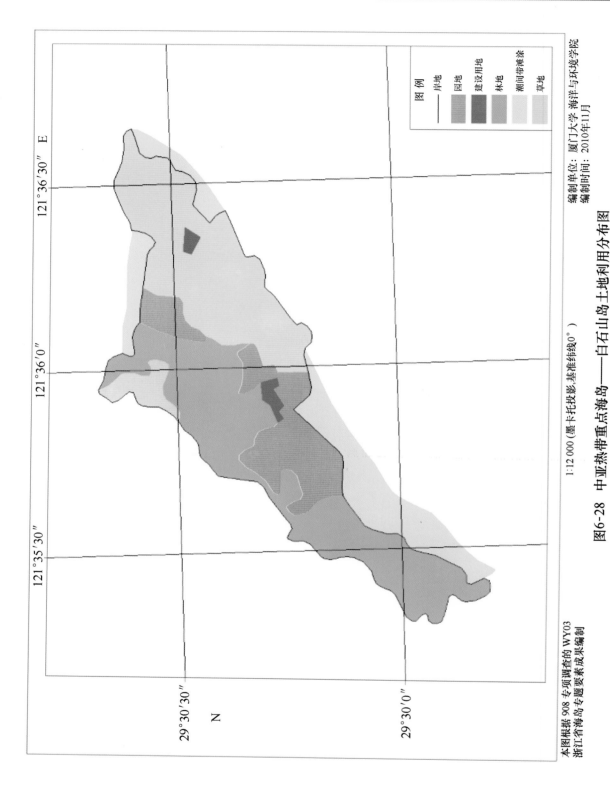

本图根据 908 专项调查的 WY03
浙江省海岛专题要素成果编制

1:12 000（墨卡托投影,基准纬线0°）

编制单位：厦门大学 海洋与环境学院
编制时间：2010年11月

图6-28 中亚热带重点海岛——白石山山岛土地利用分布图

图 例

—— 岸地

园地

建设用地

林地

潮间带滩涂

草地

琅岐岛总面积（含岛陆和潮间带滩涂）共 7 593.46 hm²，其中耕地（2 138.38 hm²）分布面积最大，占总面积的 28.16%，养殖盐田没有分布；三都岛总面积（含岛陆和潮间带滩涂）共 4 360.86 hm²，潮间带滩涂（1 687.26 hm²）分布面积最大，占总面积的 38.69%，养殖盐田没有分布；小嵛山岛总面积（含岛陆和潮间带滩涂）共 425.70 hm²，草地（303.47 hm²）分布面积最大，占总面积的 71.29%，岛陆水体湿地和养殖盐田等类型土地没有分布；南麂列岛总面积（含岛陆和潮间带滩涂）共 1 187.05 hm²，林地（1 051.77 hm²）分布面积最大，占总面积的 88.60%，养殖盐田和园地没有分布；玉环岛总面积（含岛陆和潮间带滩涂）共 21 988.00 hm²，林地（13 372.9 hm²）分布面积最大，占总面积的 60.82%，草地和园地没有分布；大陈列岛总面积（含岛陆和潮间带滩涂）共 1 569.00 hm²，林地（744.39 hm²）分布面积最大，占总面积的 47.44%，养殖盐田没有分布；渔山列岛总面积（含岛陆和潮间带滩涂）共 188.28 hm²，草地（186.42 hm²）分布面积最大，占总面积的 99.01%，林地和岛陆水体湿地等类型土地没有分布；白石山岛总面积（含岛陆和潮间带滩涂）共 121.66 hm²，林地（40.68 hm²）分布面积最大，占总面积的 33.44%，岛陆水体湿地和耕地等类型土地没有分布。

在中亚热带各重点海岛的土地利用中，除小嵛山岛和渔山列岛外，其余各海岛均为有人岛，且受到不同程度的开发利用。所有海岛均是以人为干扰程度较低的林地、耕地等自然或半自然景观为主，如南麂列岛、玉环岛和大陈列岛等林地保存较好，占有较大的比例；琅岐岛上耕地面积则占有一定比例。从保持自然属性来看，各重点海岛的自然性由高至低分别为：渔山列岛、小嵛山岛、南麂列岛、大陈列岛、玉环岛、白石山岛、三都岛、琅岐岛；半自然性由高至低分别为：琅岐岛、白石山岛、三都岛、大陈列岛、玉环岛、小嵛山岛、南麂列岛、渔山列岛；人为干扰程度由高至低分别为：玉环岛、琅岐岛、大陈列岛、南麂列岛、三都岛、白石山岛、渔山列岛/小嵛山岛（见表6-5、表6-6和图6-29）。

表6-6 中亚热带重点海岛景观分类面积及比例

重点岛	自然景观		半自然景观		人工景观		合计	
	/hm²	(%)	/hm²	(%)	/hm²	(%)	/hm²	(%)
琅岐岛	4 263.79	56.15	2 567.83	33.82	761.84	10.03	7 593.46	100
三都岛	3 620.59	83.02	626.22	14.36	114.05	2.62	4 360.86	100
小嵛山岛	419.8	98.61	5.9	1.39	0	0	425.7	100
南麂列岛	1 133.9	95.52	12.38	1.04	40.77	3.43	1 187.05	100
玉环岛	18 458.37	83.95	526.88	2.40	3 002.75	13.66	21 988	100
大陈列岛	1 343.08	85.60	78.51	5.00	147.41	9.40	1 569	100
渔山列岛	188.28	100	0	0	0	0	188.28	100
白石山岛	101.95	83.80	18.15	14.92	1.56	1.28	121.66	100

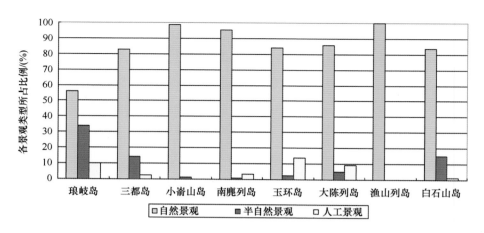

图 6-29　中亚热带重点海岛景观类型占比

6.4　南亚热带海岛

南亚热带 10 个重点海岛土地利用分类结果见表 6-7 和表 6-8，土地利用分布如图 6-30 至图 6-39所示，各重点岛景观格局分述如下。

表6-7　南亚热带重点海岛土地利用分类面积及比例

重点岛	林地/hm²	草地/hm²	岛陆水体湿地/hm²	潮间带滩涂/hm²	其他土地/hm²	耕地/hm²	园地/hm²	养殖盐田/hm²	建设用地/hm²	总计/hm²
湄洲岛	353.49	2.57	11.39	1 286.70	118.74	333.59	0	0	547.32	2 653.79
紫泥岛	0	0	254.81	777.05	0	1 451.15	27.27	1 571.82	881.02	4 963.12
厦门岛	2 226.63	13.59	464.54	1 536.61	0	201.57	437.83	0	10 162.32	15 043.09
南澳岛	9 180.15	0	66.04	165.90	77.32	412.72	16.55	158.84	718.69	10 796.21
内伶仃岛	554.00	0	0	0	0	0	0	0	0	554.00
桂山岛	340.79	0	1.74	0.53	5.60	0	0	0	270.99	619.65
上川岛	12 551.63	0	94.40	1 114.95	3.06	712.47	25.70	161.65	195.62	14 859.49
特呈岛	135.56	0	0	38.97	0	95.46	11.51	28.56	49.42	359.47
涠洲岛	749.33	0	30.92	291.45	8.80	1313.13	0	0	335.12	2 728.76
江平三岛	423.12	0	15.37	4 482.87	16.52	1 491.47	0	0	403.52	6 832.87

重点岛	林地(%)	草地(%)	岛陆水体湿地(%)	潮间带滩涂(%)	其他土地(%)	耕地(%)	园地(%)	养殖盐田(%)	建设用地(%)	总计(%)
湄洲岛	13.32	0.10	0.43	48.49	4.47	12.57	0	0	20.62	100
紫泥岛	0	0	5.13	15.66	0	29.24	0.55	31.67	17.75	100
厦门岛	14.80	0.09	3.09	10.21	0	1.34	2.91	0.00	67.55	100
南澳岛	85.03	0	0.61	1.54	0.72	3.82	0.15	1.47	6.66	100
内伶仃岛	100.00	0	0	0	0	0	0	0	0	100
桂山岛	54.99	0	0.28	0.09	0.90	0	0	0	43.73	100
上川岛	84.47	0	0.64	7.50	0.02	4.79	0.17	1.09	1.32	100
特呈岛	37.71	0	0	10.84	0	26.56	3.20	7.94	13.75	100
涠洲岛	27.46	0	1.13	10.68	0.32	48.12	0	0	12.28	100
江平三岛	6.19	0	0.22	65.61	0.24	21.83	0	0	5.91	100

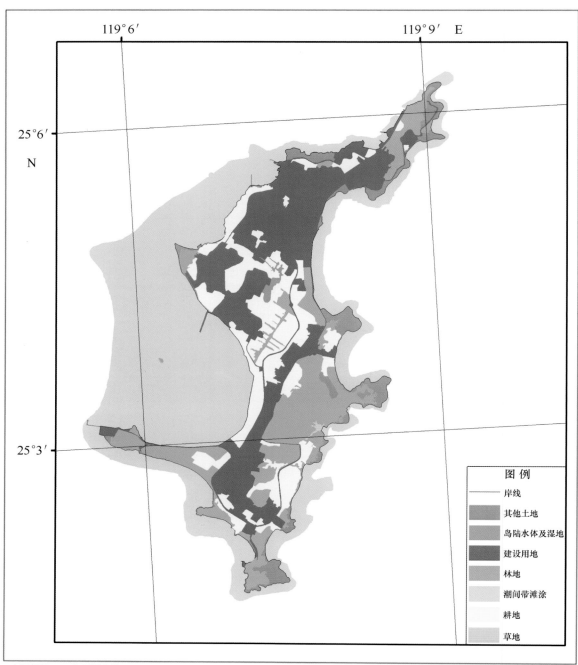

119°6′

119°9′ E

25°6′

N

25°3′

图 例

—— 岸线

其他土地

岛陆水体及湿地

建设用地

林地

潮间带滩涂

耕地

草地

本图根据 908 专项调查的 WY04
福建省海岛专题要素成果编制

1:50 000（墨卡托投影,基准纬线0°）

编制单位：国家海洋局第三海洋研究所
海洋生物与生态实验室
编制时间：2010年10月

图 6-30　南亚热带重点海岛——湄洲岛土地利用分布图

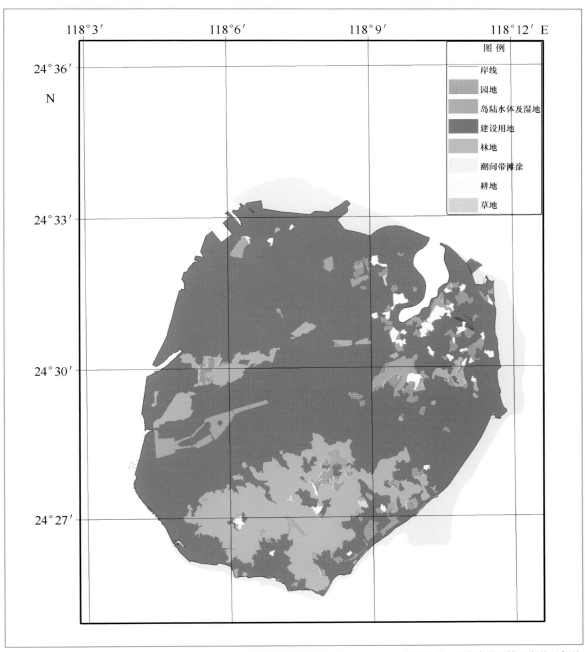

118°3′   118°6′   118°9′   118°12′ E

24°36′
N

24°33′

24°30′

24°27′

图 例

岸线
园地
岛陆水体及湿地
建设用地
林地
潮间带滩涂
耕地
草地

本图根据 908 专项调查的 WY04   1:100 000 (墨卡托投影,基准纬线0°)   编制单位：国家海洋局第三海洋研究所
福建省海岛专题要素成果编制   海洋生物与生态实验室
                                                                                                            编制时间：2010年10月

图 6-31   南亚热带重点海岛——厦门岛土地利用分布图

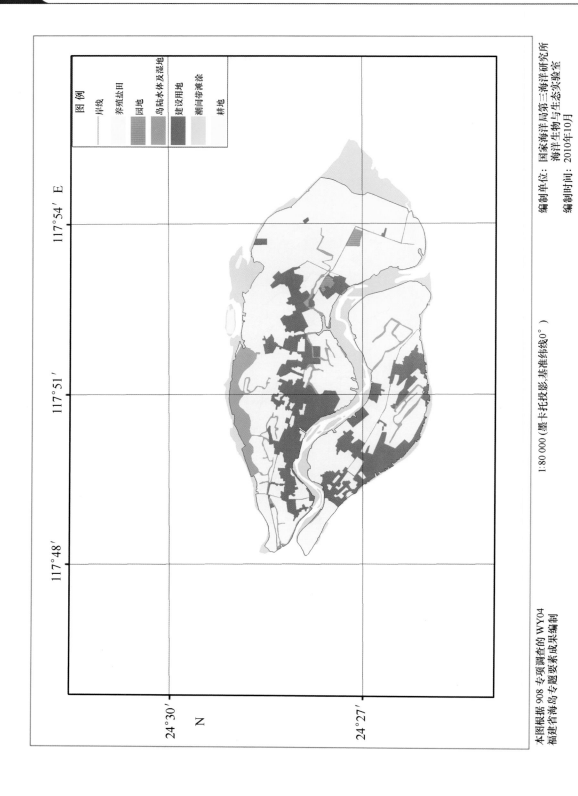

编制单位：国家海洋局第三海洋研究所
海洋生物与生态实验室
编制时间：2010年10月

1:80 000（墨卡托投影基准纬线0°）

图6-32　南亚热带重点海岛——湄洲岛土地利用分布图

图 例

岸线
养殖盐田
园地
岛陆水体及湿地
建设用地
潮间带滩涂
耕地

117°54′ E

117°51′

117°48′

24°30′

N

24°27′

本图根据908专项调查的WY04
福建省海岛专题要素成果编制

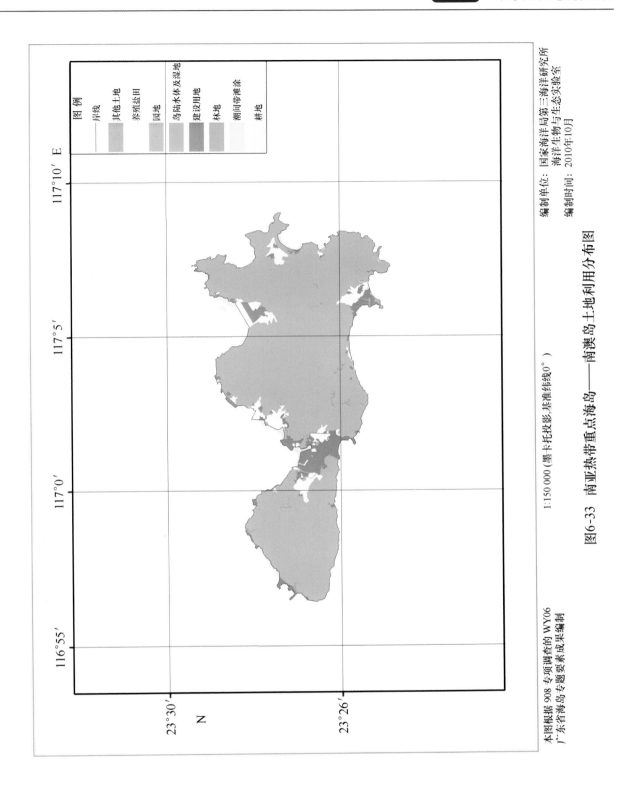

图6-33 南亚热带重点海岛——南澳岛土地利用分布图

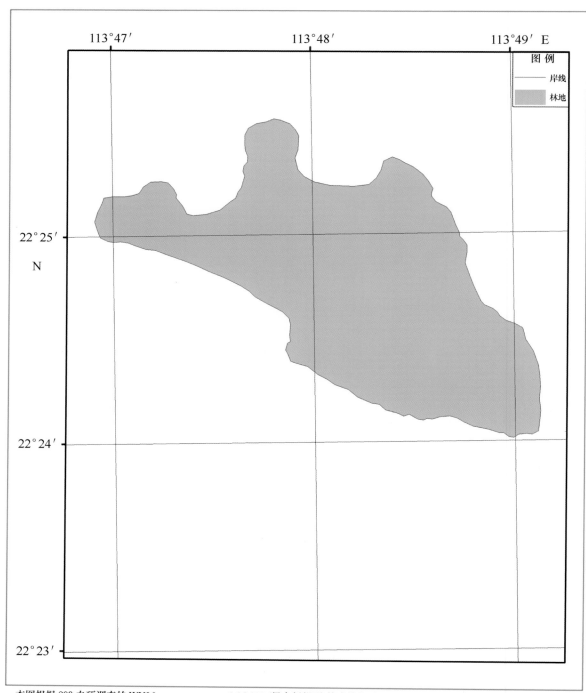

113°47′ 113°48′ 113°49′ E

图 例
—— 岸线
林地

22°25′
N

22°24′

22°23′

本图根据 908 专项调查的 WY06
广东省海岛专题要素成果编制

1:25 000 (墨卡托投影,基准纬线0°)

编制单位：国家海洋局第三海洋研究所
海洋生物与生态实验室
编制时间：2010年10月

图 6-34　南亚热带重点海岛——内伶仃岛土地利用分布图

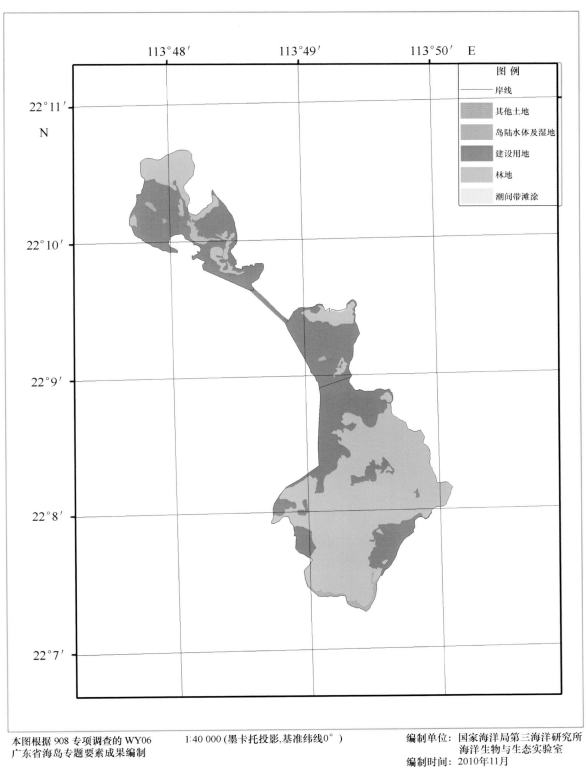

本图根据 908 专项调查的 WY06
广东省海岛专题要素成果编制

1:40 000 (墨卡托投影,基准纬线0°)

编制单位: 国家海洋局第三海洋研究所
        海洋生物与生态实验室
编制时间: 2010年11月

图 6-35　南亚热带重点海岛——桂山岛土地利用分布图

本图根据 908 专项调查的 WY06
广东省海岛专题要素成果编制

1:140 000 (墨卡托投影,基准纬线0°)

编制单位：国家海洋局第三海洋研究所
海洋生物与生态实验室
编制时间：2010年10月

图 6-36　南亚热带重点海岛——上川岛土地利用分布图

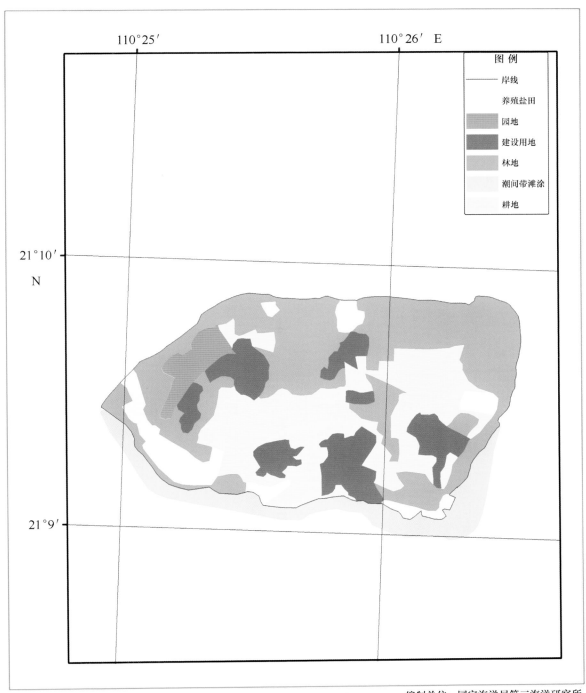

图 6-37　南亚热带重点海岛——特呈岛土地利用分布图

本图根据 908 专项调查的 WY06
广东省海岛专题要素成果编制

1:20 000 (墨卡托投影,基准纬线0°)

编制单位: 国家海洋局第三海洋研究所
　　　　　海洋生物与生态实验室
编制时间: 2010年10月

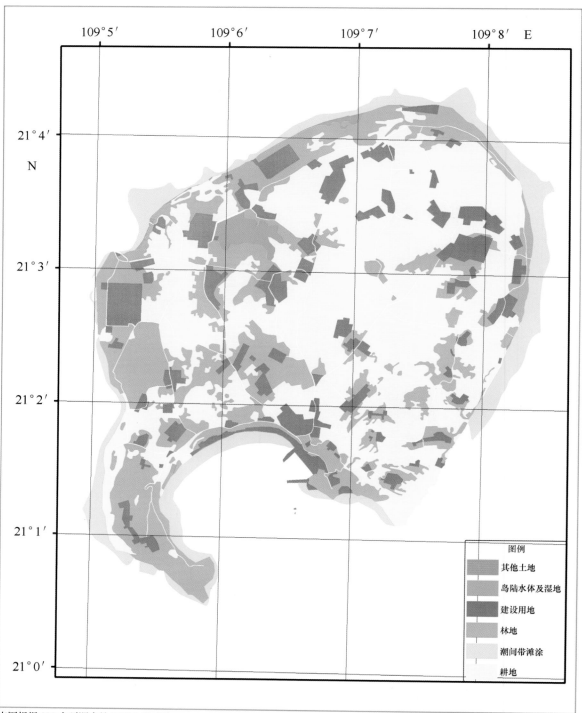

21°4′
N

21°3′

21°2′

21°1′

21°0′

109°5′ 109°6′ 109°7′ 109°8′ E

图例

其他土地

岛陆水体及湿地

建设用地

林地

潮间带滩涂

耕地

本图根据 908 专项调查的 WY07 广西壮
族自治区海岛专题要素成果编制

1:40 000（墨卡托投影,基准纬线0°）

编制单位：国家海洋局第三海洋研究所
　　　　　海洋生物与生态实验室
编制时间：2010年10月

图 6-38　南亚热带重点海岛——涠洲岛土地利用分布图

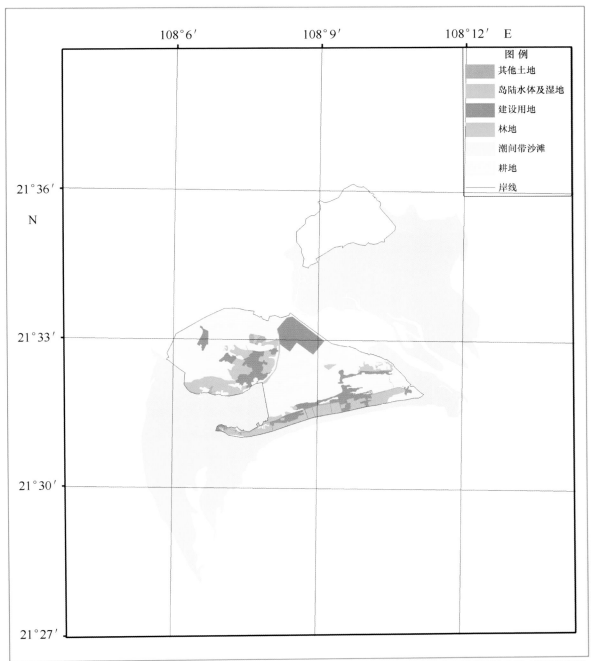

108°6′   108°9′   108°12′   E

图 例
其他土地
岛陆水体及湿地
建设用地
林地
潮间带沙滩
耕地
岸线

21°36′

N

21°33′

21°30′

21°27′

本图根据908调查的WY07广西壮   1∶100 000（墨卡托投影,基准纬线0°）   编制单位：国家海洋局第三海洋研究所
族自治区海岛专题要素成果编制   海洋生物与生态实验室
                                                                          编制时间：2010年10月

图 6-39   南亚热带重点海岛——江平三岛土地利用分布图

湄洲岛总面积（含岛陆和潮间带滩涂）共 26.538 km²，潮间带滩涂（12.867 km²）面积最大，约占总面积的 48.49%，园地和养殖盐田没有分布；紫泥岛总面积（含岛陆和潮间带滩涂）共 49.631 km²，养殖盐田（15.718 km²）面积最大，约占总面积的 31.67%，林地和草地没有分布；厦门岛总面积（含岛陆和潮间带滩涂）共 150.43 km²，建设用地（101.623 km²）面积最大，约占总面积的 67.55%，养殖盐田和其他土地没有分布；南澳岛总面积（含岛陆和潮间带滩涂）共 107.962 km²，林地（91.801 km²）面积最大，约占总面积的 85.03%，草地没有分布；内伶仃岛总面积（含岛陆和潮间带滩涂）共 5.540 km²，该岛土地利用类型很单一，均被林地覆盖；桂山岛总面积（含岛陆和潮间带滩涂）共 6.197 km²，林地（3.408 km²）面积最大，约占总面积的 54.99%，耕地和草地等类型土地没有分布；上川岛总面积（含岛陆和潮间带滩涂）共 148.595 km²，林地（125.516 km²）面积最大，约占总面积的 84.47%，草地没有分布；特呈岛总面积（含岛陆和潮间带滩涂）共 3.595 km²，林地（1.356 km²）面积最大，约占总面积的 37.71%，草地和其他土地等类型土地没有分布；涠洲岛总面积（含岛陆和潮间带滩涂）共 27.288 km²，耕地（13.131 km²）面积最大，约占总面积的 48.12%，草地和养殖盐田等类型土地没有分布；江平三岛总面积（含岛陆和潮间带滩涂）共 68.329 km²，潮间带滩涂（44.829 km²）面积最大，约占总面积的 65.61%，园地和养殖盐田等类型土地没有分布。

在南亚热带各重点海岛的土地利用中，除内伶仃岛外，其余海岛均为有人岛，且受到不同程度的开发利用。大部分海岛仍是以人为干扰程度较低的林地、耕地等自然或半自然景观为主，如内伶仃岛、上川岛和桂山岛等林地保存较好，占有较大的比例，厦门岛和桂山岛的人工景观所占比例较高，受到较高程度的开发。从保持自然属性来看，各重点海岛的自然性由高至低分别为：内伶仃岛、上川岛、南澳岛、江平三岛、湄洲岛、桂山岛、特呈岛、涠洲岛、厦门岛、紫泥岛；半自然性由高至低分别为：紫泥岛、涠洲岛、特呈岛、江平三岛、湄洲岛、上川岛、南澳岛、厦门岛、桂山岛/内伶仃岛；人为干扰程度由高至低分别为：厦门岛、桂山岛、湄洲岛、紫泥岛、特呈岛、涠洲岛、南澳岛、江平三岛、上川岛、内伶仃岛（见表 6-7、表 6-8 和图 6-40）。

表 6-8 南亚热带重点海岛景观分类面积及比例

重点岛	自然景观		半自然景观		人工景观		合计	
	/hm²	（%）	/hm²	（%）	/hm²	（%）	/hm²	（%）
湄洲岛	1 772.88	66.81	333.59	12.57	547.32	20.62	2 653.79	100
紫泥岛	1 031.86	20.79	3 050.24	61.46	881.02	17.75	4 963.12	100
厦门岛	4 241.37	28.2	639.40	4.25	10 162.32	67.55	15 043.09	100
南澳岛	9 489.41	87.90	588.11	5.45	718.69	6.66	10 796.21	100
内伶仃岛	554.00	100	0	0	0	0	554.00	100
桂山岛	348.66	56.27	0	0	270.99	43.73	619.65	100
上川岛	13 764.04	92.63	899.83	6.06	195.62	1.32	14 859.49	100
特呈岛	174.53	48.55	135.52	37.70	49.42	13.75	359.47	100
涠洲岛	1 080.50	39.60	1 313.13	48.12	335.12	12.28	2 728.76	100
江平三岛	4 937.88	72.27	1 491.47	21.83	403.52	5.91	6 832.87	100

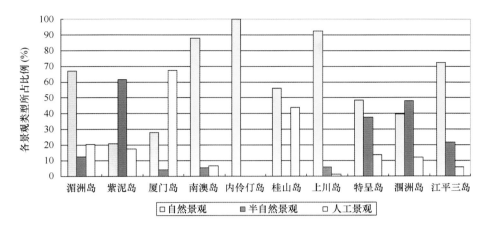

图 6-40 南亚热带重点海岛景观分类占比

6.5 热带海岛

热带 8 个重点海岛土地利用分类结果详见表 6-9 和表 6-10，土地利用分布图如图 6-41 至图 6-48 所示，各重点岛景观格局分述如下。

表6-9 热带重点海岛土地利用分类面积及比例

重点岛	林地 /hm²	草地 /hm²	岛陆水体湿地 /hm²	潮间带滩涂 /hm²	其他土地 /hm²	耕地 /hm²	园地 /hm²	养殖盐田 /hm²	建设用地 /hm²	总计 /hm²
过河园	146.30	0	0	0.69	1.99	0	0	51.66	0	200.64
西瑁洲	129.80	14.27	0	55.02	7.33	0	3.82	0.39	39.92	250.55
牛奇洲	74.00	0	0	7.85	0.27	0	0	24.80	4.72	111.64
大洲岛	375.42	0	0	41.17	27.70	0	0	0	0	444.29
东屿岛	21.70	0.49	0	3.16	12.06	0.01	0	9.73	139.56	186.71
永兴岛	103.24	1.41	0.16	420.63	7.41	1.73	0	0	94.44	629.03
东岛	152.67	10.31	0	228.65	7.65	0	0	0	2.94	402.23
永暑礁	0	0	5066.85	6262.31	0	0	0	0	0	11329.16

重点岛	林地 (%)	草地 (%)	岛陆水体湿地 (%)	潮间带滩涂 (%)	其他土地 (%)	耕地 (%)	园地 (%)	养殖盐田 (%)	建设用地 (%)	总计 (%)
过河园	72.92	0	0	0.35	0.99	0	0	25.75	0	100
西瑁洲	51.80	5.70	0	21.96	2.93	0	1.52	0.16	15.93	100
牛奇洲	66.29	0	0	7.03	0.24	0	0	22.21	4.23	100
大洲岛	84.50	0	0	9.27	6.24	0	0	0	0	100
东屿岛	11.63	0.26	0	1.69	6.46	0.01	0	5.21	74.74	100
永兴岛	16.41	0.22	0.03	66.87	1.18	0.28	0	0	15.01	100
东岛	37.96	2.56	0	56.85	1.90	0	0	0	0.73	100
永暑礁	0	0	44.72	55.28	0	0	0	0	0	100

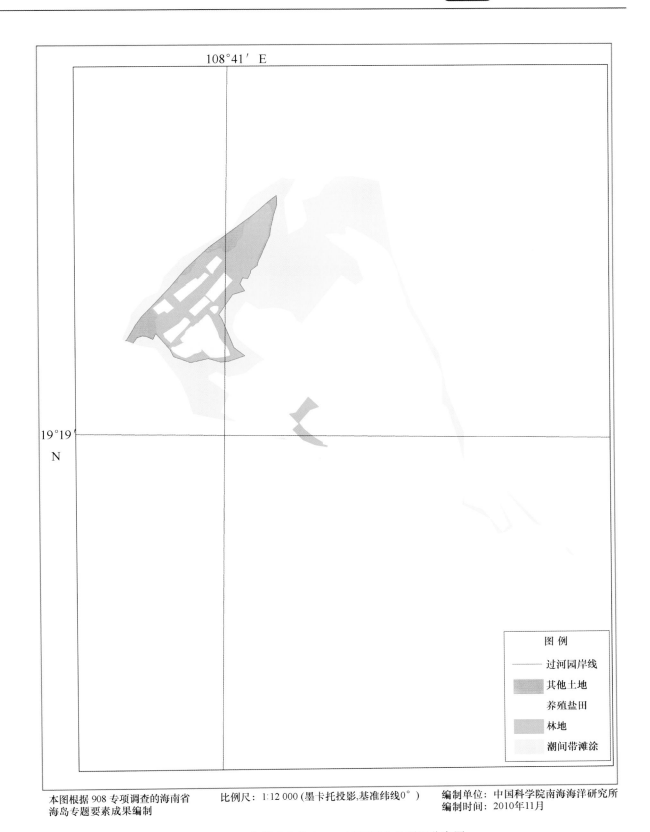

108°41′ E

19°19′ N

图 例

——— 过河园岸线

其他土地

养殖盐田

林地

潮间带滩涂

本图根据908专项调查的海南省
海岛专题要素成果编制

比例尺：1:12 000 (墨卡托投影,基准纬线0°)

编制单位：中国科学院南海海洋研究所
编制时间：2010年11月

图 6-41　热带重点海岛——过河园土地利用分布图

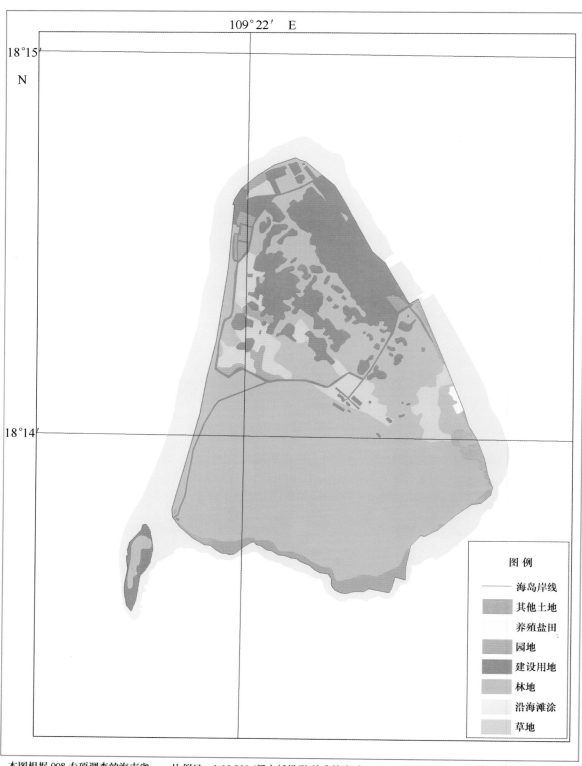

109°22′ E

18°15′

N

18°14′

图 例

—— 海岛岸线

其他土地

养殖盐田

园地

建设用地

林地

沿海滩涂

草地

本图根据 908 专项调查的海南省　　比例尺：1:10 000 (墨卡托投影,基准纬线0°)　　编制单位：中国科学院南海海洋研究所
海岛专题要素成果编制　　　　　　　　　　　　　　　　　　　　　　　　编制时间：2010年11月

图 6-42　热带重点海岛——西瑁洲土地利用分布图

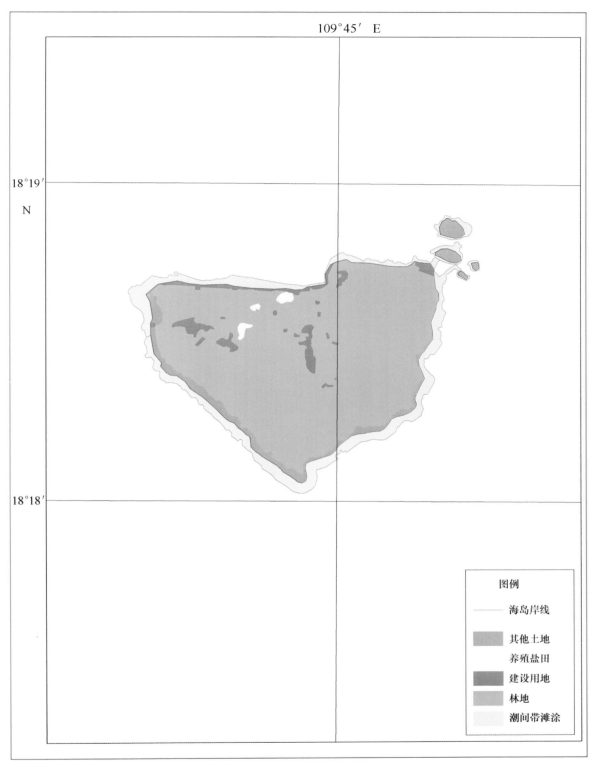

本图根据 908 专项调查的海南省　　　比例尺：1:10 000 (墨卡托投影,基准纬线0°)　　　编制单位：中国科学院南海海洋研究所
海岛专题要素成果编制　　　　　　　　　　　　　　　　　　　　　　　　　　　　　　　编制时间：2010年11月

图 6-43　热带重点海岛——牛奇洲土地利用分布图

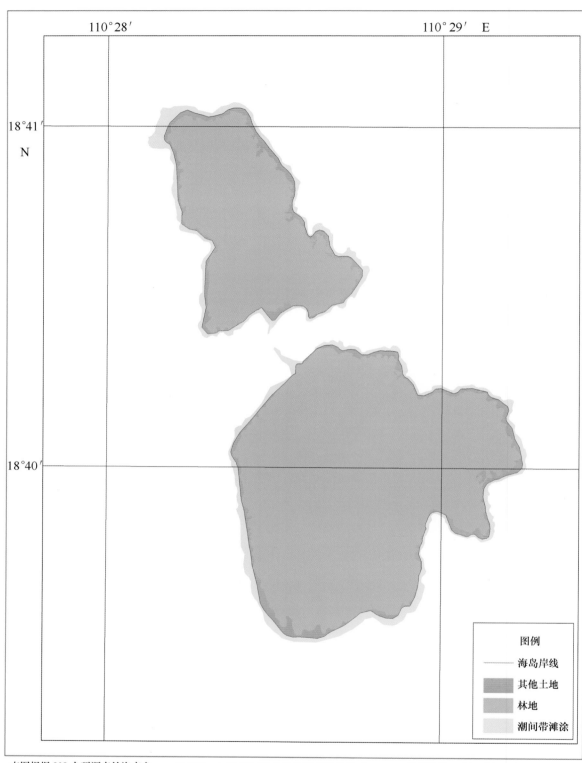

110°28′   110°29′ E

18°41′

N

18°40′

图例

———— 海岛岸线

其他土地

林地

潮间带滩涂

本图根据 908 专项调查的海南省   比例尺：1:15 000 (墨卡托投影,基准纬线0°)   编制单位：中国科学院南海海洋研究所
海岛专题要素成果编制   编制时间：2010年11月

图 6-44　热带重点海岛——大洲岛土地利用分布图

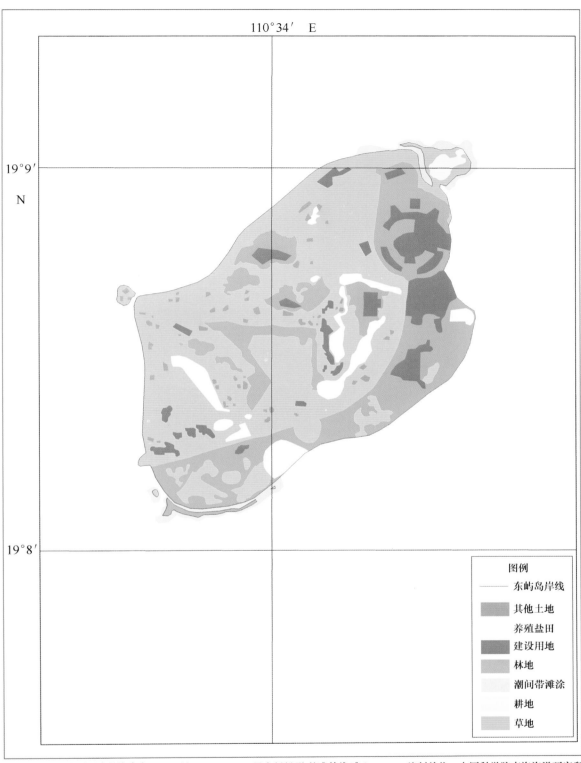

19°9′
N

19°8′

图例

——— 东屿岛岸线

其他土地

养殖盐田

建设用地

林地

潮间带滩涂

耕地

草地

本图根据 908 专项调查的海南省　　比例尺：1:10 000 (墨卡托投影,基准纬线0°)　　编制单位：中国科学院南海海洋研究所
海岛专题要素成果编制　　　　　　　　　　　　　　　　　　　　　　　　　　编制时间：2010年11月

图 6-45　热带重点海岛——东屿岛土地利用分布图

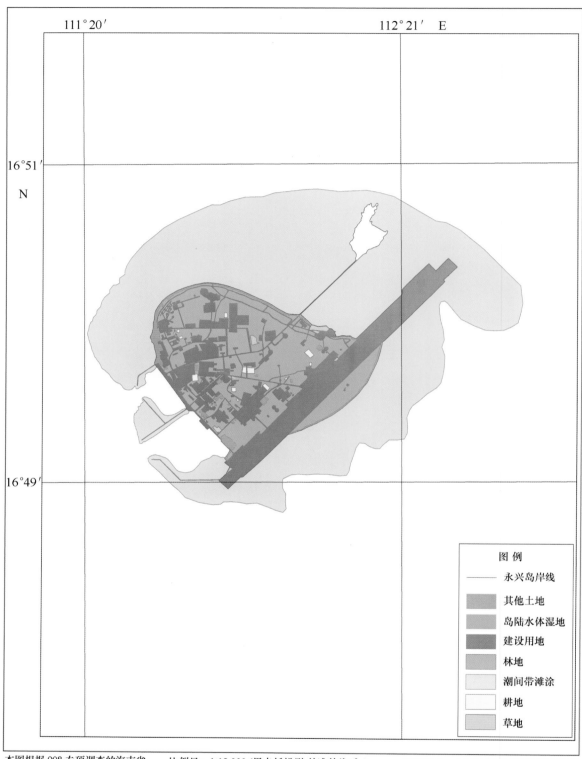

本图根据908专项调查的海南省　　　比例尺：1:18 000(墨卡托投影,基准纬线0°)　　　编制单位：中国科学院南海海洋研究所
海岛专题要素成果编制　　　　　　　　　　　　　　　　　　　　　　　　　　　　　　编制时间：2010年11月

图 6-46　热带重点海岛——永兴岛土地利用分布图

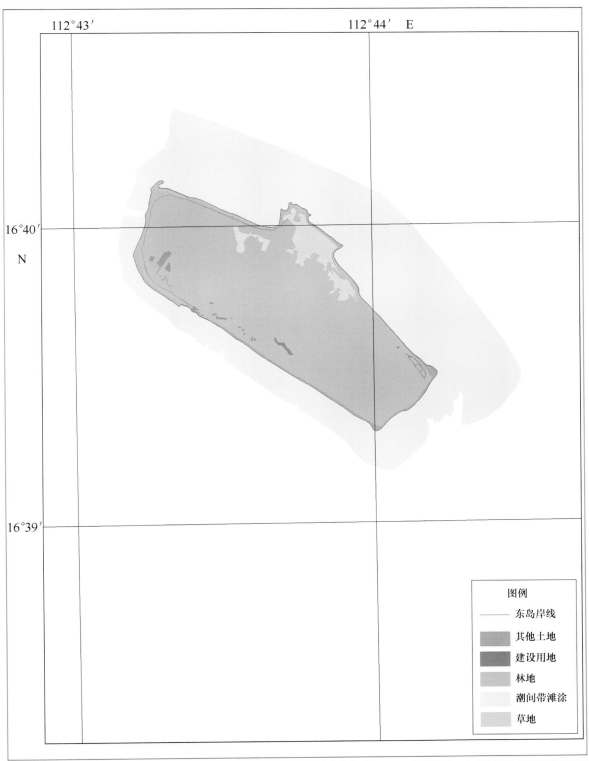

112°43′　　　　　　　　　　　　112°44′　E

16°40′
N

16°39′

图例

——　东岛岸线

　其他土地

　建设用地

　林地

　潮间带滩涂

　草地

本图根据 908 专项调查的海南省　　　比例尺：1:15 000 (墨卡托投影,基准纬线0°)　　　编制单位：中国科学院南海海洋研究所
海岛专题要素成果编制　　　　　　　　　　　　　　　　　　　　　　　　　　　　　　　编制时间：2010年11月

图 6-47　热带重点海岛——东岛土地利用分布图

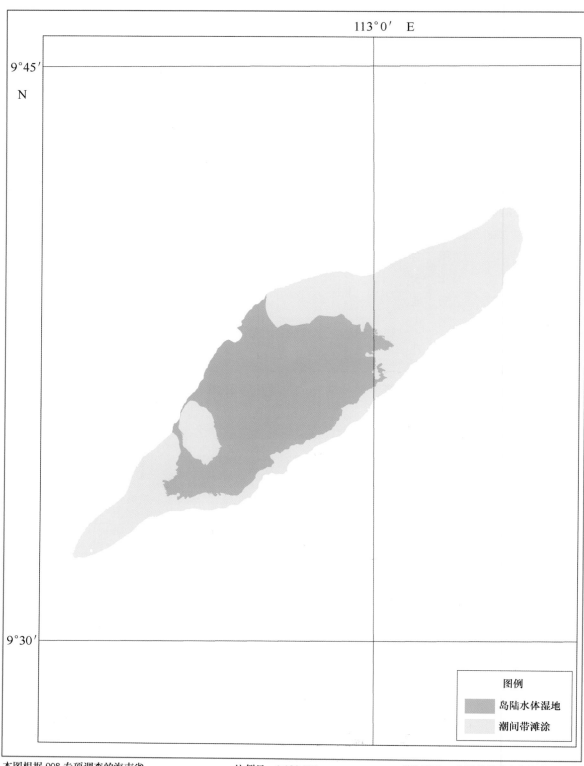

113°0′ E

9°45′

N

9°30′

图例

岛陆水体湿地

潮间带滩涂

本图根据 908 专项调查的海南省
海岛专题要素成果编制

比例尺：1:120 000

编制单位：中国科学院南海海洋研究所
编制时间：2010年11月

图 6-48　热带重点海岛——永暑礁土地利用分布图

过河园总面积（含岛陆和潮间带滩涂）共 200.64 hm²，林地（146.30 hm²）分布面积最大，占总面积的 72.92%，草地和岛陆水体湿地等类型土地没有分布；西瑁洲总面积（含岛陆和潮间带滩涂）共 250.55 hm²，林地（129.80 hm²）分布面积最大，占总面积的 51.80%，岛陆水体湿地和耕地没有分布；牛奇洲总面积（含岛陆和潮间带滩涂）共 111.64 hm²，林地（74.00 hm²）分布面积最大，占总面积的 66.29%，草地和岛陆水体湿地等类型土地没有分布；大洲岛总面积（含岛陆和潮间带滩涂）共 444.29 hm²，林地（375.42 hm²）分布面积最大，占总面积的 84.50%，草地和岛陆水体湿地等类型土地没有分布；东屿岛总面积（含岛陆和潮间带滩涂）共 186.71 hm²，建设用地（139.56 hm²）分布面积最大，占总面积的 74.74%，岛陆水体湿地和园地等类型土地没有分布；永兴岛总面积（含岛陆和潮间带滩涂）共 629.03 hm²，潮间带滩涂（420.63 hm²）分布面积最大，占总面积的 66.87%，园地和养殖盐田没有分布；东岛总面积（含岛陆和潮间带滩涂）共 402.23 hm²，潮间带滩涂（228.65 hm²）分布面积最大，占总面积的 56.85%，岛陆水体湿地和耕地等类型土地没有分布；永暑礁总面积（含岛陆和潮间带滩涂）共 11 329.16 hm²，潮间带滩涂（6 262.31 hm²）分布面积最大，占总面积的 55.28%，林地和草地等类型土地没有分布。

在热带各重点海岛的土地利用中，除过河园、大洲岛和永暑礁外，其余各海岛均为有人岛，且受到不同程度的开发利用。大部分海岛均是以人为干扰程度较低的林地、潮间带滩涂等自然景观为主，如过河园、牛奇洲和大洲岛等林地保存较好，占有较大的比例，永兴岛、东岛和永暑礁上潮间带滩涂面积占有较大比例；东屿岛的人工景观所占比例较高，得到较高程度的开发。从保持自然属性来看，各重点海岛的自然性由高至低分别为：大洲岛/永暑礁、东岛、永兴岛、西瑁洲、过河园、牛奇洲、东屿岛；半自然性由高至低分别为：过河园、牛奇洲、东屿岛、西瑁洲、永兴岛、大洲岛/东岛/永暑礁；人为干扰程度由高至低分别为：东屿岛、西瑁洲、永兴岛、牛奇洲、东岛、过河园/大洲岛/永暑礁（见表 6-9、表 6-10 和图 6-49）。

表 6-10　热带重点海岛景观分类面积及比例

重点岛	自然景观		半自然景观		人工景观		合计	
	/hm²	(%)	/hm²	(%)	/hm²	(%)	/hm²	(%)
过河园	148.98	74.25	51.66	25.75	0	0	200.64	100
西瑁洲	206.42	82.39	4.21	1.68	39.92	15.93	250.55	100
牛奇洲	82.12	73.56	24.80	22.21	4.72	4.23	111.64	100
大洲岛	444.29	100	0	0	0	0	444.29	100
东屿岛	37.41	20.04	9.74	5.22	139.56	74.74	186.71	100
永兴岛	532.85	84.71	1.73	0.28	94.44	15.01	629.03	100
东岛	399.29	99.27	0	0	2.94	0.73	402.23	100
永暑礁	11 329.16	100	0	0	0	0	11 329.16	100

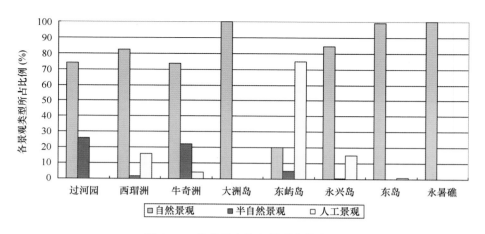

图 6-49　热带重点海岛景观分类占比

6.6　全国海岛综合评述

在全国 44 个重点海岛的自然景观比例分布中，蛇岛、大金山岛、五峙山岛、渔山列岛、内伶仃岛、大洲岛和永暑礁 7 个海岛表现出完整的自然性，自然景观比例均为 100%；大部分海岛自然景观比例在 70%～100% 之间，如东西连岛，普陀山岛、江平三岛和过河园等 17 个重点海岛；兴隆沙和琅岐岛等 14 个重点岛自然景观比例在 30%～70% 之间；崇明岛、南长山岛、东屿岛、紫泥岛和厦门岛 5 个海岛自然性相对较低，自然景观比例均在 30% 以下。从气候带分布来看，热带海岛生态系统自然性最高，温带和亚热带海岛生态系统自然景观比例相对较低（如图 6-50 所示）。

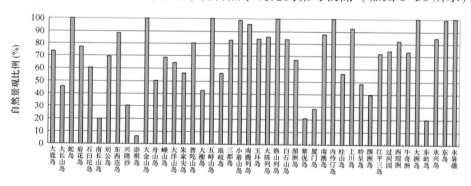

图 6-50　全国重点海岛生态系统自然景观比例分布

全国重点海岛的半自然景观比例相对较低，绝大多数海岛景观半自然性均在 50% 以下。其中，崇明岛、紫泥岛和兴隆沙半自然景观比例较高，分别为 78.74%、61.46% 和 58.95%；特呈岛、大长山岛和牛奇洲等 31 个海岛半自然景观比例均低于 50%；蛇岛、大金山岛和渔山列岛等 10 个海岛没有半自然景观分布。从气候带分布来看，亚热带海岛有较高比例的半自然景观，其次是温带海岛，热带海岛的半自然景观比例最低（如图 6-51 所示）。

在全国重点海岛的人工景观比例分布中，东屿岛和厦门岛的人工景观比例最高，分别为 74.74% 和 67.55%；南长山岛、大榭岛和桂山岛人工景观比例在 40% 左右；大部分海岛人工景观比例较低，大洋山岛、大长山岛、湄洲岛和刘公岛等 30 个海岛人工景观比例均在 30% 以下；此外，尚有蛇岛、内伶仃岛和永暑礁等 9 个无居民岛，岛上基本没有人工景观分布。从气候带分布来看，

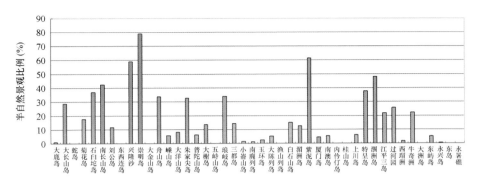

图 6-51 全国重点海岛生态系统半自然景观比例分布

亚热带海岛的人工景观比例较高，其次是温带海岛，热带海岛的人工景观比例最低（如图6-52所示）。

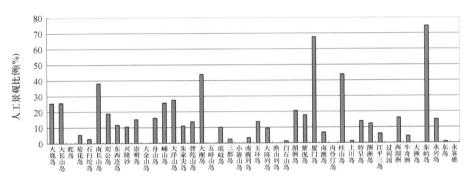

图 6-52 全国重点海岛生态系统人工景观比例分布

综上所述，全国大部分海岛均是以人为干扰程度较低的自然或半自然景观为主，人工景观所占比例相对较少。一些海岛仅被自然景观所覆盖，未受到人为活动的干扰，如蛇岛、大金山岛和内伶仃岛等。有些海岛受人为干扰的程度较大，自然及半自然景观比例较低，如厦门岛和东屿岛等。从气候带分布来看，热带海岛生态系统自然景观比例最高，自然性保持相对较好，亚热带海岛的人工景观比例相对较大，人为开发利用的程度较大。

7 海岛生态系统综合评价

本章主要依据研究确定的指标体系、参考标准、权重及计算方法对全国重点海岛生态系统状态进行综合分析和评价，具体可见本书第 3 章"海岛生态系统评价方法"的相关内容，各重点海岛所涉及的评价数据详见第 4 章至第 6 章中有关内容。

7.1 环境质量评价结果

全国重点海岛环境质量指数（I_{env}）介于 60.70~94.80 之间，均值为 79.72，据此可以看出，全国重点海岛环境质量总体处于"良"状态（见表 7-1、图 7-1 和图 7-2）。其中，东屿岛、涠洲岛、南麂列岛和菊花岛等 22 个海岛环境质量指数（I_{env}）介于 80~100 之间，环境质量总体处于"优"状态；内伶仃岛、玉环岛、大鹿岛和大洋山岛等 23 个海岛，其 I_{env} 介于 60~80 之间，环境质量总体处于"良"状态。

表 7-1　全国重点海岛环境质量评价结果

气候带	重点岛	近海环境质量分值	潮间带沉积质量分值	贝类生物质量分值	环境质量指数（I_{env}）
温带	大鹿岛	76.03	90.46	66.71	76.71
	大长山岛	82.27	92.32	—	86.03
	蛇岛	80.58	—	—	80.58
	菊花岛	84.66	88.65	—	86.16
	石臼坨岛	88.67	91.98	—	89.90
	三河岛	73.04	89.73	43.93	67.95
	南长山岛	87.76	98.26	—	91.69
	刘公岛	83.92	98.28	—	89.29
	东西连岛	84.77	87.73	—	85.88
北亚热带	兴隆沙	71.32	75.77	—	72.99
	崇明岛	68.52	88.66	—	76.05
	大金山岛	69.41	95.47	82.34	80.18
	舟山岛	72.14	91.95	51.42	70.54
	嵊山岛	82.86	91.57	61.07	78.09
	大洋山岛	44.79	87.32	—	60.70
	朱家尖岛	76.19	85.72	37.17	66.10
	普陀山岛	78.62	83.85	—	80.57
	大榭岛	71.69	65.96	—	69.55
	五峙山岛	70.98	82.94	—	75.45

续表

气候带	重点岛	近海环境质量分值	潮间带沉积质量分值	贝类生物质量分值	环境质量指数（I_{env}）
中亚热带	琅岐岛	78.99	78.14	59.66	72.57
	三都岛	66.27	85.09	74.68	73.75
	小嵛山岛	82.13	88.10	63.40	77.64
	南麂列岛	81.65	93.99	81.55	84.75
	玉环岛	74.21	82.54	81.79	78.76
	大陈列岛	79.36	84.46	—	81.27
	渔山列岛	81.47	87.55	84.56	84.01
	白石山岛	71.23	85.12	85.78	79.43
	湄洲岛	88.79	69.95	70.89	78.26
	紫泥岛	75.37	67.08	79.99	74.74
南亚热带	厦门岛	74.35	92.10	37.06	66.91
	南澳岛	82.55	97.53	45.07	74.34
	内伶仃岛	73.85	89.83	—	79.83
	桂山岛	84.25	97.68	68.12	82.49
	上川岛	87.99	96.91	74.78	86.02
	特呈岛	73.13	94.92	84.06	82.17
	涠洲岛	92.71	90.21	—	91.78
	江平三岛	89.42	88.53	54.25	77.92
	过河园	91.70	77.78	—	86.49
	西瑁洲	53.00	78.18	—	62.42
	牛奇洲	73.00	78.33	69.24	73.15
热带	大洲岛	92.05	94.01	—	92.78
	东屿岛	92.23	99.10	—	94.80
	永兴岛	85.00	96.60	—	89.34
	东岛	85.00	93.80	—	88.29
	永暑礁	85.00	95.60	—	88.97

　　从气候带分布来看，热带海岛环境质量状况最优，其次为温带海岛，亚热带海岛相对较差。此外，还可以发现海岛环境质量与距离大陆远近有一定关系，距离大陆较远的海岛，如涠洲岛、永兴岛和永暑礁，环境质量总体状况相对较好，而距离大陆较近的海岛，尤其是处于河口区的海岛，如三河岛、崇明岛、琅岐岛和紫泥岛，环境质量总体状况相对较差，这在一定程度上说明，海岛环境质量的优劣与人类活动干扰的强弱有着直接的关系。一些近岸岛受到人类干扰较大，除了受到海岛上居民生产生活产生的污染之外，还要受到邻近大陆地区产生的工业废水、生活废水、农业污水和船舶污水等污染，而处于河口区的海岛更是要受到来自流域上游的污染物影响。因此，河口区海岛的环境质量状况往往受污染较为严重。

　　从海岛环境质量中的近海海域环境质量、潮间带沉积环境质量和潮间带贝类生物质量三部分来看，潮间带沉积环境质量评分均值为87.95，表明总体状况较优；近海海域环境质量评分均值为78.73，表明总体也保持在优良的状态，但部分海岛周边海域水环境已经受到了一定程度的污染，

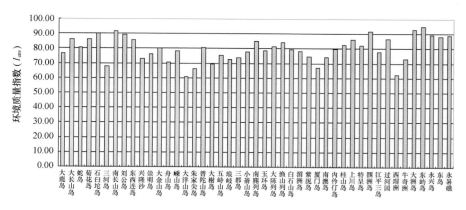

图 7-1　全国重点海岛环境质量评价结果

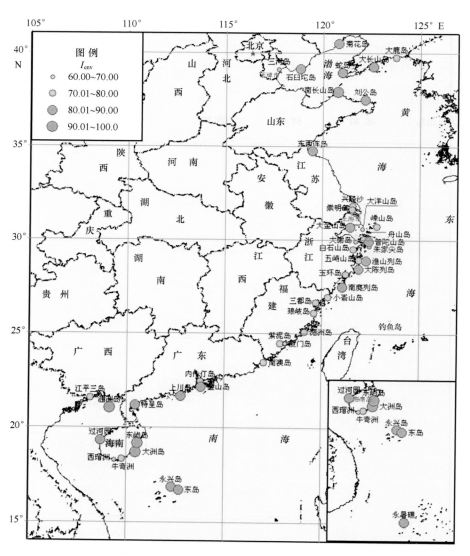

图 7-2　全国重点海岛环境质量评价结果

主要污染因子为无机氮和活性磷酸盐等；潮间带贝类生物质量评分均值仅为 66.25，表明总体状况不容乐观，大部分海岛潮间带贝类生物体已经受到不同程度的污染，铅和锌等重金属在生物体中含量相对较高。

7.2　生物生态评价结果

全国重点海岛生物生态指数（I_{bio}）介于 43.50~89.40 之间，均值为 65.86，据此可以看出，全国重点海岛生物生态总体处于"良"状态（见表 7-2、图 7-3 和图 7-4），这说明全国海岛生物生态状况普遍较好，生物多样性相对较高，生物群落结构虽受到轻微程度的外部压力干扰，但生态系统较为稳定，服务功能也较为完善。其中，大洲岛、南麂列岛、牛奇洲和蛇岛 4 个海岛生物生态指数（I_{bio}）均高于 80，海岛生物生态总体保持在"优"状态；其次是永暑礁和菊花岛等 29 个海岛，其 I_{bio} 介于 60~80 之间，生物生态总体处于"良"状态，这部分海岛数量约占全国重点海岛的 64.4%；玉环岛和东岛等 12 个海岛 I_{bio} 介于 40~60 之间，生物生态总体处于"一般"状态。

表 7-2　全国重点海岛生物生态评价结果

气候带	重点岛	岛陆生物分值	潮间带生物分值	海域生态分值	珍稀濒危物种分值	外来入侵物种分值	生物生态指数（I_{bio}）
温带	大鹿岛	69.90	28.20	47.00	90.00	100	64.60
	大长山岛	46.40	67.00	69.10	75.00	100	68.60
	蛇岛	100	100	42.90	100	100	89.40
	菊花岛	89.80	74.20	53.50	80.00	100	79.30
	石臼坨岛	60.70	94.90	45.80	90.00	100	77.00
	三河岛	—	36.20	50.30	—	100	43.50
	南长山岛	60.70	52.90	65.30	75.00	100	68.40
	刘公岛	79.00	77.20	46.30	90.00	100	77.80
	东西连岛	78.80	62.20	54.10	85.00	100	74.90
北亚热带	兴隆沙	17.00	38.00	49.00	100	100	48.00
	崇明岛	70.00	58.00	34.00	100	100	65.00
	大金山岛	100	45.00	48.00	100	100	74.00
	舟山岛	72.00	66.00	55.00	100	100	73.00
	嵊山岛	56.00	25.00	66.00	100	100	60.00
	大洋山岛	28.00	59.00	54.00	100	100	58.00
	朱家尖岛	60.00	29.00	60.00	100	100	61.00
	普陀山岛	62.00	29.00	60.00	100	100	61.00
	大榭岛	43.00	56.00	55.00	100	100	61.00
	五峙山岛	—	45.00	54.00	100	100	46.00

续表

气候带	重点岛	岛陆生物分值	潮间带生物分值	海域生态分值	珍稀濒危物种分值	外来入侵物种分值	生物生态指数（I_{bio}）
中亚热带	琅岐岛	76.98	69.43	72.41	50.00	100	72.78
	三都岛	81.18	46.77	70.64	40.00	100	66.58
	小嵛山岛	95.41	42.66	50.21	90.00	100	74.95
	南麂列岛	91.16	91.39	63.07	80.00	100	85.22
	玉环岛	62.68	26.16	63.05	30.00	100	53.99
	大陈列岛	66.02	74.09	68.10	80.00	100	75.91
	渔山列岛	99.34	—	59.08	50.00	100	77.88
	白石山岛	79.87	56.92	48.26	90.00	100	73.82
南亚热带	湄洲岛	34.73	79.15	66.24	70.00	100	66.85
	紫泥岛	0.00	49.63	54.13	90.00	90	51.50
	厦门岛	22.12	70.23	70.66	25.00	70	49.51
	南澳岛	86.36	60.84	57.99	80.00	100	76.25
	内伶仃岛	100	—	61.54	45.00	20	62.12
	桂山岛	58.78	23.54	79.00	60.00	100	61.04
	上川岛	91.32	26.23	54.77	85.00	100	70.14
	特呈岛	49.22	—	41.85	65.00	100	61.04
	涠洲岛	40.99	38.41	70.29	75.00	100	61.06
	江平三岛	24.01	31.77	50.37	80.00	100	52.52
热带	过河园	44.70	—	57.94	—	—	50.28
	西瑁洲	75.60	—	76.00	9.44	—	55.81
	牛奇洲	87.70	—	68.82	100	—	85.84
	大洲岛	93.10	—	64.58	—	—	81.08
	东屿岛	82.50	—	60.98	—	—	73.43
	永兴岛	66.10	—	59.48	7.92	—	46.64
	东岛	93.90	—	61.10	7.92	—	58.36
	永暑礁	—	—	68.82	—	—	68.82

　　从气候带分布来看，各气候带海岛生物生态指数均值较为接近，热带和温带海岛相对最优，亚热带海岛相对较差。海岛生态系统自身的生态脆弱性和资源独特性造成了不同海岛间生物群落存在着较大的差异。除此之外，海岛生物生态状况的好坏与人类活动干扰的强弱也有着密切的联系，与大陆距离较近的海岛尤其是已经连陆的海岛，如玉环岛、厦门岛和江平三岛等海岛，受人类活动干扰较为剧烈和频繁，故海岛生物群落结构受影响较大，海岛生物生态状况整体水平不高。此外，处于河流入海口区域的海岛由于受到的陆源污染较为严重，其生物生态状况也受到一定程度影响，如兴隆沙、过河园和紫泥岛等。

　　海岛生物生态中包含的层面较多，有岛陆生物、潮间带生物、近海海域生物、珍稀濒危物种以及外来入侵物种5个部分，不同海岛生物生态状况在各部分表现出一定的差异。其中，外来入侵物种总体状况最优，评分均值为96.76，这是因为外来生物入侵问题还仅是处于有限范围内的个别海岛的生态问题，内伶仃岛受薇甘菊侵害最为严重，厦门岛和紫泥岛也不同程度地遭受到了外来物种

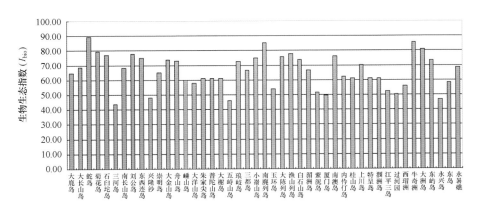

图 7-3 全国重点海岛生物生态评价结果

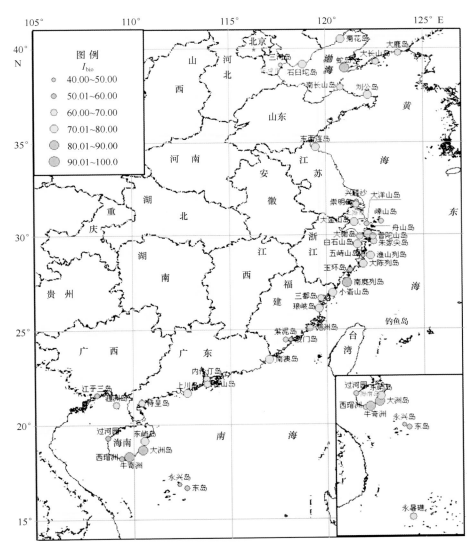

图 7-4 全国重点海岛生物生态评价结果

的侵害和影响，而其他重点海岛则未见报道；珍稀濒危物种状况居次，评分均值为 74.88，总体处于"良"状态，大部分海岛生态系统中珍稀濒危物种或重要生境均处于退化状态，如三都岛海域的大黄鱼资源、厦门岛海域的中华白海豚、西瑁洲和东岛等热带海岛的珊瑚礁均因受到人类活动强烈干扰而处于衰退阶段；再次是岛陆生物状况，评分均值为 65.05，总体也处于"良"状态，由于评价中仅选取了植被覆盖率作为唯一的表征因子，故评价结果并不能全面反映岛陆生物状况，但从结果中也可发现部分海岛，如厦门岛和大洋山岛，由于城镇建设和工业发展而造成岛陆覆被不断被破坏侵占；潮间带生物状况和近海海域生物状况两者较为接近，评分均值分别为 53.82 和 58.42，总体处于"一般"状态，海岛潮间带和近海生物群落结构虽然受到了一定程度的干扰，但海岛生态系统依然稳定，生态功能依然完善。

7.3 景观生态评价结果

全国重点海岛景观生态指数（I_{land}）介于 6~100 之间，均值为 72.36，据此可以看出，全国重点海岛景观生态总体处于"良"状态（如图 7-5 和图 7-6 所示）。其中，蛇岛、内伶仃岛和永暑礁等 7 个海岛景观生态指数均为 100，景观生态总体保持在"优"状态；其次为普陀山岛和东岛等 16 个海岛，其 I_{land} 介于 80~100 之间，景观生态总体也处于"优"状态；再次为桂山岛和菊花岛等 8 个海岛，其 I_{land} 介于 60~80 之间，景观生态总体处于"良"状态；再次为大榭岛和琅岐岛等 8 个海岛，其 I_{land} 介于 40~60 之间，景观生态总体处于"一般"状态；南长山岛、紫泥岛、兴隆沙、厦门岛和崇明岛 5 个海岛的 I_{land} 均不满 40，景观生态总体处于"差"状态。

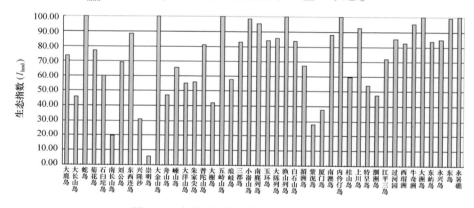

图 7-5　全国重点海岛景观生态评价结果

全国各重点海岛中，除蛇岛、五峙山岛和内伶仃岛等为无居民海岛外，其余海岛均为有居民岛，且受到不同程度的人类开发活动的影响和干扰，普陀山岛和东岛等大部分海岛受人类活动干扰相对较小，自然景观保存相对完好；桂山岛和琅岐岛等海岛近年开发利用程度逐渐加剧，其自然景观向人工景观转变速度加快；厦门岛、紫泥岛和崇明岛有人类活动的历史较早，干扰时间较长，受到了较大程度的开发，海岛景观中人工景观已经占了较高比例。

从气候带分布来看，热带海岛景观生态状况相对较优，这表明热带海岛生态系统自然性相对较高，温带和亚热带海岛景观生态状况相对较差，其生态系统自然性也相对较低。

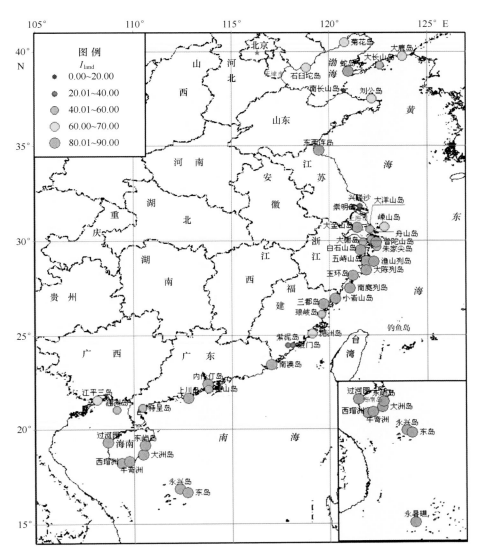

图 7-6   全国重点海岛景观生态评价结果

7.4   海岛生态系统综合评价结果

全国 45 个重点海岛生态系统综合评价指数 *EI* 介于 52.33~89.53 之间，均值为 71.97，据此可以看出，全国重点海岛生态系统状况总体处于"良"状态（见表 7-3、图 7-7 和图 7-8）。其中，上川岛和南麂列岛等 13 个海岛生态系统状况综合评价指数均高于 80，海岛生态系统总体保持在"优"状态，约占重点海岛总数的 28.9%；其次为朱家尖岛和刘公岛等 25 个海岛，其 *EI* 介于 60~80 之间，海岛生态系统总体处在"良"状态，约占重点海岛总数的 55.6%；厦门岛和崇明岛等 7 个海岛 *EI* 介于 40~60 之间，海岛生态系统总体处在"一般"状态，约占重点海岛总数的 15.5%。

表 7-3   全国重点海岛生态系统综合评价结果

气候带	重点岛	环境质量指数（I_{env}）	生物生态指数（I_{bio}）	景观生态指数（I_{land}）	海岛生态系统综合评价指数 EI	状态级别
温带	大鹿岛	76.71	64.60	73.60	70.82	良
	大长山岛	86.03	68.60	45.60	68.96	良
	蛇岛	80.58	89.40	100	88.97	优
	菊花岛	86.16	79.30	77.10	81.08	优
	石臼坨岛	89.90	77.00	60.20	77.32	良
	三河岛	67.95	43.50	—	54.29	一般
	南长山岛	91.69	68.40	19.70	64.59	良
	刘公岛	89.29	77.80	69.30	79.63	良
	东西连岛	85.88	74.90	88.50	81.84	优
北亚热带	兴隆沙	72.99	48.00	31.00	52.33	一般
	崇明岛	76.05	65.00	6.00	54.61	一般
	大金山岛	80.18	74.00	100	82.29	优
	舟山岛	70.54	73.00	47.00	65.96	良
	嵊山岛	78.09	60.00	66.00	67.51	良
	大洋山岛	60.70	58.00	55.00	58.19	一般
	朱家尖岛	66.10	61.00	56.00	61.52	良
	普陀山岛	80.57	61.00	81.00	72.35	良
	大榭岛	69.55	61.00	42.00	59.33	一般
	五峙山岛	75.45	46.00	100	68.80	良
中亚热带	琅岐岛	72.57	72.78	57.70	69.11	良
	三都岛	73.75	66.58	83.00	72.91	良
	小嵛山岛	77.64	74.95	98.60	81.50	优
	南麂列岛	84.75	85.22	95.50	87.52	优
	玉环岛	78.76	53.99	84.00	69.48	良
	大陈列岛	81.27	75.91	85.60	80.03	优
	渔山列岛	84.01	77.88	100	85.22	优
	白石山岛	79.43	73.82	83.80	78.09	良
南亚热带	湄洲岛	78.26	66.85	67.61	70.87	良
	紫泥岛	74.74	51.50	27.72	53.63	一般
	厦门岛	66.91	49.51	37.60	52.51	一般
	南澳岛	74.34	76.25	87.90	78.39	良
	内伶仃岛	79.83	62.12	100	77.12	良
	桂山岛	82.49	61.04	59.70	67.93	良
	上川岛	86.02	70.14	92.63	80.85	优
	特呈岛	82.17	61.04	53.91	66.44	良
	涠洲岛	91.78	61.06	47.20	68.07	良
	江平三岛	77.92	52.52	72.27	65.77	良

续表

气候带	重点岛	环境质量 指数（I_{env})	生物生态 指数（I_{bio})	景观生态 指数（I_{land})	海岛生态系统 综合评价指数 EI	状态 级别
热带	过河园	86.49	50.28	85.30	70.82	良
	西瑁洲	62.42	55.81	82.40	64.38	良
	牛奇洲	73.15	85.84	95.40	83.86	优
	大洲岛	92.78	81.08	100	89.53	优
	东屿岛	94.80	73.43	83.80	83.09	优
	永兴岛	89.34	46.64	84.70	70.08	良
	东岛	88.29	58.36	99.30	78.20	良
	永暑礁	88.97	68.82	100	83.04	优

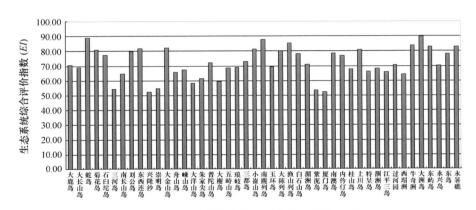

图 7-7　全国重点海岛生态系统综合评价结果

从气候带分布来看，热带海岛生态系统状况最优，其次为温带海岛，亚热带海岛相对较差。全国大部分重点海岛生态系统状态尚处于"优"和"良"水平，这说明全国海岛总体环境质量保持较好，生物多样性较高，生物群落结构较稳定，景观自然性较高，海岛生态系统较健康，服务功能可正常发挥。

除了各海岛生态系统自然属性本身存在一定的差异之外，人类活动干扰程度的强弱是造成海岛生态系统状态好坏的重要原因。为了进一步阐述这个问题，在重点海岛中选择了生态系统状态评价结果为"优""一般"和接近"一般"的共 25 个海岛，结合其社会经济发展情况以及人口密度、地理位置、自然条件等进行分析探讨，相关数据具体见表 7-4。

由表 7-4 可以看出，大洲岛和蛇岛等 13 个生态系统状态处于"优"的海岛在自然属性上以小岛和近、远岸岛为主，由于这类海岛距离大陆较远且面积不大，故开发条件受到较大的限制，受人类干扰程度较低。从社会经济条件也可反映出这一特点，这类海岛往往人口密度不高（大部分海岛为无居民海岛或人口密度低于 500 人/km²）、社会经济活动不发达［大部分海岛单位面积国内生产总值（GDP）为 0 或小于 500 万元/km²］。此外，这类海岛还有一些明显的生态特点，如生物多样性较高、生物类群独特、自然生境完整等。

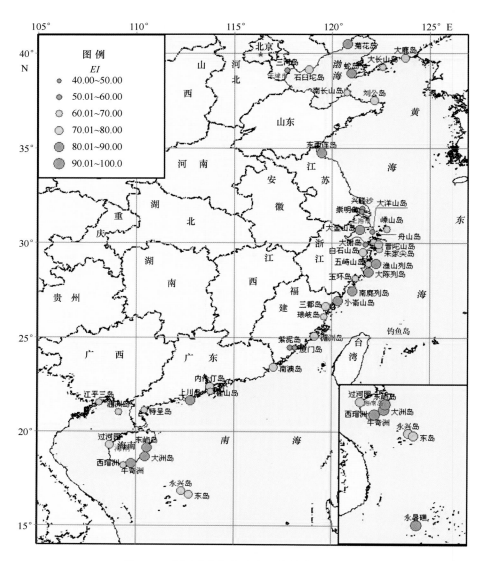

图 7-8　全国重点海岛生态系统综合评价结果

表 7-4　全国重点海岛生态系统状态综合分析

重点岛	EI	状态级别	面积大小	所处位置	自然性（%）	人口密度/（人/km²）	单位面积国内生产总值/（万元/km²）
大洲岛	89.53	优	小岛	远岸岛	100.00	14	—
蛇岛	88.97	优	小岛	近岸岛	100.00	0	0
南麂列岛	87.52	优	中岛	近岸岛	95.52	163	373.67
渔山列岛	85.22	优	中岛	近岸岛	100.00	28	—
牛奇洲	83.86	优	小岛	远岸岛	73.56	3	—
东屿岛	83.09	优	小岛	远岸岛	20.04	373	—
永暑礁	83.04	优	大岛	远岸岛	100.00	—	—
大金山岛	82.29	优	小岛	沿岸岛	100.00		

重点岛	EI	状态级别	面积大小	所处位置	自然性（%）	人口密度/（人/km²）	单位面积国内生产总值/（万元/km²）
上川岛	80.85	优	大岛	近岸岛	92.63	109	619.67
东西连岛	81.84	优	中岛	陆连岛	88.46	939	7 930.44
小嵛山岛	81.50	优	小岛	沿岸岛	98.61	41	—
菊花岛	81.08	优	中岛	沿岸岛	77.07	225	689.72
大陈列岛	80.03	优	中岛	近岸岛	85.60	300	—
舟山岛	65.96	良	大岛	沿岸岛	50.25	875	516.51
江平三岛	65.77	良	中岛	陆连岛	72.27	422	337.21
南长山岛	64.59	良	中岛	沿岸岛	19.69	1 543	5 047.98
西瑁洲	64.38	良	小岛	远岸岛	82.39	1 241	—
朱家尖岛	61.52	良	中岛	沿岸岛	56.20	348	623.68
大榭岛	59.33	一般	中岛	沿岸岛	42.65	821	6 783.82
大洋山岛	58.19	一般	中岛	近岸岛（陆连岛）	64.40	1 411	7 317.07
崇明岛	54.61	一般	大岛	沿岸岛（河口岛）	6.17	517	1 392.65
三河岛	54.29	一般	小岛	沿岸岛（河口岛）	—	0	0
紫泥岛	53.63	一般	中岛	沿岸岛（河口岛）	20.79	1 084	2 596.30
厦门岛	52.51	一般	大岛	沿岸岛（河口岛）	28.20	2 703	54 532.47
兴隆沙	52.33	一般	中岛	沿岸岛（河口岛）	30.62	91	

　　舟山岛和江平三岛等 5 个海岛，生态系统虽处于"良"，但它们综合评价指数不高，均小于 65，接近"一般"状态，大榭岛和厦门岛等 7 个海岛，生态系统处于"一般"状态，这 12 个海岛具有较为相似的生态特点。首先，从海岛面积上，它们以中、大岛为主，在所处位置上，它们基本属于陆连岛或沿岸岛（即与大陆距离小于 10 km），一定的面积和较短的离岸距离，为海岛物产运输、人员来往和社会发展提供了天然的便利条件和空间；其次，这类海岛上人类生产生活等活动往往较为剧烈，大部分海岛人口密度大于 1 000 人/km²，厦门岛人口密度则接近 3 000 人/km²，社会经济活动也较为发达，大部分海岛单位面积国内生产总值高于 1 000 万元/km²，大榭岛、大洋山岛和厦门岛单位面积国内生产总值甚至超过了 5 000 万元/km²；再次，城镇化的快速扩张侵占了海岛的岛陆土地和潮间带滩涂，造成海岛的自然景观消失或属性改变，人工景观比例增大，这 12 个生态系统"一般"或接近"一般"状态的海岛，自然性均不高，大部分海岛自然性低于 50%。

　　因此，排除海岛自身生态系统局限性外，人类干扰活动的强弱是造成海岛生态系统状态优劣的重要影响因素，距离大陆较近且面积较大的海岛有人类开发活动的历史较早，受到的干扰和影响往往也最强烈，生态系统状态相对较差；而距离大陆较远或面积较小的海岛，开发条件不足，人类活动造成的干扰也相对较轻，其生态系统的物质和能量交换也较为迅速，生态系统状态相对较好。值得一提的是，处在河口区的海岛，生态系统状态往往更劣，生态系统处于"一般"状态的7个海岛中，有5个海岛位于河口区，如崇明岛和兴隆沙位于长江入海口，厦门岛和紫泥岛位于九龙江入海口，西瑁洲临近三亚河入海口，其生态系统状态也相对较差，这是因为河口区域社会经济活动发达，除邻近的大陆区域生活生产活动产生的污染物入海对周围环境造成影响外，来自流域上游的污染物进一步加剧了河口区环境的污染压力。

8　海岛生态系统管理对策

8.1　我国海岛开发、保护与管理现状

8.1.1　海岛开发方面

1）海岛地区经济总量小，个体差异大

近年来，在沿海地区经济快速发展的带动下，海岛地区经济平稳发展。据统计，1980 年我国 12 个海岛县实现国内生产总值 12.05 亿元，2000 年达到 349.96 亿元，2007 年我国 12 个海岛县实现地区生产总值 940.2 亿元，仅占东部沿海地区生产总值的 0.59%，海岛地区经济总量规模还很小。由于各个海岛县所处区位条件、自身的资源禀赋条件、周边地区的社会经济发展水平等不同，海岛县的经济发展水平不同，海岛县之间的差异很大，2000 年海岛县人均地区生产总值最大差距为 15 079 元，2003 年达到 22 162 元，2007 年高达 59 249 元（吴珊珊，2011）。

2）海岛资源开发各有特色，存在不均衡性

海岛地区拥有渔业、港口、旅游和海洋能源等多种海洋资源。由于各海岛地区资源条件、地区经济发展水平和需求等有所差异，海岛资源开发类型不尽相同。有些海岛面积较大，海洋资源种类多、数量大、质量高，开发历史悠久。有些海岛面积较小，仅具有某种资源优势，如生物资源、旅游资源或港航资源，而其他资源相对较差，一般都实行单一开发模式（吴珊珊，2011）。总体而言，海岛地区经济布局和产业结构还存在一定的不均衡性，还处于较低层次，不具备竞争优势，经济发展的稳定性差（齐连明等，2013）。

3）无居民海岛开发利用活动日益频繁

随着沿海地区经济的快速发展，自然资源和陆域空间日益短缺，海岛成为拓展海洋经济发展的重要依托，与此同时，无居民海岛开发利用活动逐渐增多，开发程度逐渐加剧，开发利用方式多样化，主要包括农林牧渔业、工业和交通、旅游娱乐等。但由于受地理位置偏僻、资源单一、基础设施薄弱等自然条件限制，总体上我国无居民海岛开发利用的程度依然不高。

8.1.2　海岛保护方面

1）海岛保护的法制建设不断完善

我国目前的海岛法律制度属于分散立法模式，关于海岛法律制度的相关规定，散见于各种生态环境类法律、法规、规章及其他规范性文件中。据不完全统计，1949 年至今，我国陆续出台了 40 余部与海岛生态保护有关的法律、法规、部门规章及规范性文件，如《中华人民共和国宪法》《中华人民共和国环境保护法》《中华人民共和国海洋环境保护法》《中华人民共和国海域使用管理法》《中华人民共和国海岛保护法》《无居民海岛保护与利用管理规定》《中华人民共和国自然保护区条例》和《海洋特别保护区管理办法》等。2010 年 3 月 1 日起施行的《中华人民共和国海岛保护法》

是我国首次以立法的形式，加强对海岛生态系统的保护与管理，规范海岛资源的开发利用秩序，维护国家海洋权益，它的出台改变了长期以来海岛保护管理缺乏国家层面立法保障的局面，将海岛工作纳入了法制化建设的轨道，对健全我国海洋法律体系及完善我国海洋综合管理体系具有重大意义（齐连明等，2013）。此外，地方政府非常重视海岛保护工作，纷纷出台各种规章制度，对海岛的发展起到了积极的推动作用。国家和地方关于海岛保护的法制建设，有效引导和规范了海岛资源和生态环境的保护，使海岛保护与管理逐步纳入法制化轨道（吴珊珊，2011）。

2）海岛保护区网络初步形成

保护区是海岛生态保护的重要手段之一，通过建立海岛保护区，对一些具有重要生态、资源和权益价值的海岛实施有效保护，可以有效地维护海岛生态系统平衡、保护和恢复海岛生物多样性、促进海岛资源与环境可持续利用。我国从 1980 年建立第一个海岛保护区开始，海岛保护区数量从无到有，规模从小到大，初步形成了布局基本合理、类型较为齐全、功能比较健全的海岛保护区网络，并且形成了比较完整的海岛保护区管理体系。截至 2011 年底，中国已建立各类涉及海岛的海洋保护区 117 处（不含香港、澳门特别行政区和台湾地区），其中国家级海洋保护区 31 处，总保护面积达 385.4×10^4 hm²，涉及海岛 1 000 多个（孙元敏等，2012）。

3）海岛整治修复与保护不断加强

自 2010 年起，通过中央财政海域使用金和海岛保护专项资金支持，国家海洋局先后组织开展了 70 余个海岛的生态修复，共投入资金近 17 亿元。项目主要涉及领海基点海岛、自然保护区内海岛等特殊用途海岛、重要生态价值与景观价值海岛的保护与修复，有居民海岛整治与人居环境的改善，边远海岛的基础设施改善与整治，拟开发利用海岛的整治修复，海岛生态建设实验基地建设等。主要目的是通过改扩建海岛码头道路、垃圾污水集中处理、修复岛体岸线、保护淡水资源、发展可再生能源等方式，逐步改善海岛生态与人居环境。2012 年，国家海洋局组织编制了《海岛生态整治修复技术指南》，全面介绍了当前我国海岛整治修复的背景情况、关键技术和典型案例，成为我国海岛生态整治修复工作的主要技术指导文件。

4）海岛生态系统调查与监视监测工作不断深入

新中国成立以来，我国相继开展了多次涉及海岛的资源调查。1958—1960 年开展了"全国海洋综合调查"，初步了解了我国近岸海域的自然环境状况；1974—1976 年开展了"沿海主要岛屿调查"，初步查明了我国沿海主要岛屿的基本情况。1980—1985 年开展的"全国海岸带和海涂资源综合调查"，成果包含了诸多近岸海岛土地植被、海洋资源及环境质量的状况及其评价。1988—1996 年开展的"全国海岛资源综合调查"，是我国首次综合性的海岛资源调查，为我国海岛开发、保护和管理工作奠定了重要基础，对发展我国海岛经济和维护海洋权益具有深远的战略意义。2004—2012 年开展了"我国近海海洋综合调查与评价"，其中设置了海岛调查专题，调查和分析了我国海岛自然属性与资源环境现状、变化及原因，对我国迈向海洋强国具有重要的现实意义和长远的历史意义。从 2009 年开始，我国开始投入建设海岛监视监测系统，目前已基本形成了以航空遥感为主、卫星遥感和无人机等为辅的监视监测体系，建立了覆盖近万个海岛的三维数据库，系统功能逐步完善，服务支撑能力逐步体现。

8.1.3　海岛管理方面

1）海岛管理机构

2008 年国家海洋局新"三定"方案中第五条职责明确增加了关于海岛的职责"承担海岛生态保护和无居民海岛合法使用的责任。组织制定海岛保护与开发规划、政策并监督实施，组织实施无居民海岛的使用管理，发布海岛对外开放和保护名录"。2011 年，经中央编办同意，国家海洋局机关设置了海岛管理司，具体承担我国海岛的开发与保护管理职责，这是党中央、国务院从战略高度统筹海岛开发、建设、保护与管理的重大决策，自此我国的海岛管理工作有了专门的行政管理机构，沿海省区市海洋管理部门也纷纷加强海岛管理机构建设。2013 年，国务院办公厅印发的《国务院办公厅关于印发国家海洋局主要职责内设机构和人员编制规定的通知》（国办发〔2013〕52 号）中，调整机构设置为政策法制与岛屿权益司，承担"组织起草法律法规、规章草案。组织开展海岛自然资源调查评估，组织建立海岛统计调查制度和管理信息系统，发布海岛统计调查公报，严格依照法律法规规定的条件和程序办理无居民海岛使用行政许可并承担相应责任。承担规范性文件的合法性审核工作，承担行政执法监督、行政复议和行政应诉工作"的重要职责。与此同时，海岛技术支撑队伍也在不断壮大，全国已有 40 余家科研单位为海岛管理工作提供技术支撑。

2）海岛管理体制

我国有居民海岛有明确的行政隶属关系和完整的行政管理体系，实行分散协调管理体制。根据 2008 年国务院的机构改革和调整方案，国家海洋局"承担海岛生态保护的责任"。《中华人民共和国海岛保护法》要求，国务院海洋主管部门和国务院其他有关部门依照法律和国务院规定的职责分工，负责全国有居民海岛及其周边海域生态保护工作。沿海县级以上地方人民政府海洋主管部门和其他有关部门按照各自的职责，负责本行政区域内有居民海岛及其周边海域生态保护工作（吴珊珊，2011）。

我国无居民海岛长期以来实行分散管理，管理职责不清，管理能力薄弱，造成开发秩序混乱，资源和生态环境破坏严重。根据 2008 年国务院的机构改革和调整方案，国家海洋局"承担无居民海岛合法使用的责任"。《中华人民共和国海岛保护法》明确要求，各级海洋部门负责无居民海岛保护和开发利用管理，海洋主管部门应当依法对无居民海岛保护和合理利用情况进行监督检查；海洋主管部门及其海监机构依法对海岛周边海域生态系统保护情况进行监督检查，建立了无居民海岛集中统一管理体制（吴珊珊，2011）。

3）海岛管理政策

我国在海岛开发与保护方面始终坚持"保护优先、合理使用"的原则，将海岛保护视为海岛开发利用的出发点和归宿点，并在相关管理制度建设方面进行了不懈努力。2010 年 3 月 1 日《中华人民共和国海岛保护法》正式实施，是我国首次以立法的形式，加强对海岛的保护与管理，规范海岛开发利用秩序。2012 年 2 月 29 日《全国海岛保护规划》正式实施，明确了海岛分类、分区保护的具体要求和保障措施，对于保护海岛及其周边海域生态系统、合理开发利用海岛资源、维护国家海洋权益、促进海岛地区经济社会可持续发展具有重要意义。同时，国家还出台了《省级海岛保护规划编制技术导则》《省级海岛保护规划编制管理办法》《县级（市级）无居民海岛保护和利用规划编写大纲》《关于对区域用岛实施规划管理的若干意见》等一系列海岛管理政策文件，为海岛保护与管理提供了技术支持（齐连明等，2013）。

8.2 海岛生态系统管理的主要问题

1）海岛管理体制不健全

我国海岛管理是传统陆地管理方式的延伸。我国海岛开发和管理工作分散到多个部门，多种行业，条块分割，职责交叉，海洋产业及海岛开发管理部门根据各自的职能要求从事海岛开发、规划和管理，缺乏统一规划和综合管理，难以实现海岛地区经济、环境和社会效益的统一。从已开发的无居民海岛看，海岛开发存在多头审批或未经批准、擅自开发的现象；部分单位和个人的海岛国有资源意识淡薄，造成国有资产流失和管理混乱；无序、无度开发，造成海岛及其周边海域生态环境的破坏和恶化（齐连明等，2013）。

2）海岛资源管理机制不健全

海岛资源属于国家所有。但是长期以来，在海岛资源开发过程中，实际上执行的是资源物价或低价使用的政策。虽然通过改革加强了海岛资源的所有权管理，但是适应开发趋势的海岛资源管理机制仍未完全建立，资源浪费或遭受破坏等问题仍比较严重。再者由于海岛分布上的分散性增加了管理难度，海岛自然条件的多样性更增加海岛管理的复杂性，使管理成本太高，管理难以到位，造成理论上有人管理而实际上又无人管理的局面（齐连明等，2013）。

3）海岛开发管理法规不完善

法制建设在海岛管理工作中具有重要的意义，使保证海岛管理体系形成和完善的条件。我国虽然已建立了海岛保护的法律框架，但是很多海岛地区还存在有法不依、执法不严的倾向，不利于我国海岛开发管理工作的顺利实施（齐连明等，2013）。

4）海岛保护区管理不完善

目前，我国已初步形成了布局基本合理、类型较为齐全、功能比较健全的海岛保护区网络，初步建立了科研监测支撑体系。但是，仍然存在着重数量、轻质量，保护区建设和管理经费不足，经济发展与生态保护的矛盾突出，保护区类型布局存在空缺、地方级保护区管理机构和生态监测能力有待加强等问题（孙元敏等，2012）。

8.3 海岛生态系统管理对策

海岛生态系统具有海陆两重性和脆弱性，导致海岛生态系统管理比陆地生态系统管理更为复杂和困难，应该依据扬长避短、开发与保护并重、岛屿和陆地协调、兼顾当前和长远利益的原则，以维护岛屿及其周边海域自然生态系统的良性循环和资源的可持续利用。

1）加强组织领导，健全管理协调机制

沿海各级人民政府要充分认识海岛保护对促进经济社会可持续发展的重要作用和意义，负责制定综合开发规划和协调相关工作，建立海岛管理的高层次协调机制，强化涉岛部门之间、涉岛行业之间的协调配合，及时解决海岛生态保护与开发利用中出现的问题，避免由于职责交叉造成的开发秩序混乱问题。

2）完善规章制度，规范海岛开发秩序

加强海岛保护规章制度建设，完善国家和地方海岛保护规划体系，建立健全海岛统计调查制度、海岛名称管理制度、无居民海岛开发利用审查批准制度、无居民海岛有偿使用制度等；建立海岛监视监测管理体系，规范无居民海岛使用项目论证秩序，加强无居民海岛建筑物和设施管理，开展海岛保护规划实施评估，强化海岛执法监督检查及巡查，依法查处海岛保护、开发、建设以及相关管理活动中的违法行为，制止破坏海岛资源和生态环境的行为，规范海岛开发利用秩序，保证规划实施效果（全国海岛保护规划，2012）。

3）严控污染排放，加强生态建设

严格控制居民、游客生活污水和工业污水的随意排放，加大污水处理和垃圾处理力度，加强新技术、新工艺的开发应用与示范，制定适合海岛地区废弃物、污染物的排放及处理方法。大力推进植树造林、投放人工鱼礁等生态建设工程，改善海岛区域的生态环境。在生态环境遭到污染、破坏的区域，及时采取生物、物理及化学等综合方法，修复、重建受损生态系统（孙元敏等，2010）。

4）加强保护区建设，保护海岛珍稀资源

大力发展海岛保护区类型的多样化，优先建立特殊地理条件保护区和海洋公园，鼓励建立海洋生态保护区，继续建立海洋资源保护区。完善海岛保护区管理体制，发展适应性管理模式，制定科学的总体建设规划、管理计划。强化保护区科研监测能力，积极引导社区公众参与保护区的管理工作（孙元敏等，2012）。

5）重视人才培养，加强海岛管理与科研队伍建设

实施和推进人才战略，加强管理人才、专业技术人才和执法人才队伍建设。落实必要的工作机构和人员编制，建立科学的考核、评价制度和激励机制，提高海岛管理人才队伍整体素质；重视科技投入，积极引进、培养海岛专业技术人才，特别是高层次海岛科技人才，建立一支"开放、流动、竞争、协作"的海岛科技人才队伍，建设一批有特色的海岛科技服务机构，加强重大问题与关键技术研发力度，为全面加强海岛保护提供技术支撑；充实和加强海洋执法力量，用现代化的船舶和飞机及先进的仪器设备装备海上执法队伍，提高应对违法、违规事件及其他突发事件的应急处置能力；强化执法人员监督管理，提高执法人员的综合素质，努力建设专业的海岛执法队伍（全国海岛保护规划，2012）。

6）加强宣传教育，建立公众参与机制

充分运用广播、电视、报纸、网络等各种传媒手段，向社会公众广泛进行保护海岛生态环境、节约利用海岛资源、维护国家海洋权益的宣传教育活动，增加社会公众对海岛生态系统功能的了解和认识。组织学生、相关管理人员和社区民众进行实地科考，通过切身感受，加强海岛生态环境保护意识。分级开展海岛生态环境保护培训，提高沿海各级政府管理人员的海岛生态环境保护与经济社会发展综合决策能力。加强新闻舆论监督，完善信访、举报和听证制度，充分调动广大人民群众和民间团体参与海岛生态文明建设的积极性。

参考文献

陈建芳, 等. 1999. 长江口-杭州湾有机污染历史初步研究——BHC 与 DDT 的地层学记录 [J]. 中国环境科学, 19 (3): 206-210.

董爱国, 翟世奎, 于增慧, 等. 2010. 长江口海域表层沉积物重金属元素的潜在生态风险评价 [J]. 海洋科学, 34 (3): 69-75.

董爱国, 翟世奎, Zabel, 等. 2009. 长江口及邻近海域表层沉积物中重金属元素含量分布及其影响因素 [J]. 海洋学报, 31 (6): 54-68.

福建省海岸带和海涂资源综合调查领导小组办公室. 1990. 福建省海岸带和海涂资源综合调查报告 [M]. 北京: 海洋出版社.

福建省海岛资源综合调查委员会. 1996. 福建省海岛资源综合调查研究报告 [M]. 北京: 海洋出版社.

傅伯杰, 刘世梁, 马克明. 2001. 生态系统综合评价的内容与方法 [J]. 生态学报, 21 (11): 1885-1892.

傅伯杰, 陈利顶, 马克明等. 2001. 景观生态学原理及应用 [M]. 北京: 科学出版社.

高吉喜. 1999. 区域可持续发展的生态承载力研究 [D]. 北京: 中国科学院地理科学与资源研究所.

广东省海岛资源综合调查大队, 广东省海岸带和海涂资源综合调查领导小组办公室. 1995. 广东省海岛资源综合调查报告 [M]. 广州: 广东科技出版社.

广西海洋开发保护管理委员会. 1996. 广西海岛资源综合调查报告 [M]. 南宁: 广西科学技术出版社.

国家海洋局第三海洋研究所. 2009. 九龙江流域—河口区生态安全评价与调控技术研究项目环境化学调查研究报告 [R].

国家海洋局第三海洋研究所. 2007. 2007 年度厦门市海洋环境质量趋势性监测报告 [R].

国家海洋局 908 专项办公室. 2005. 海岛海岸带卫星遥感调查技术规程 [M]. 北京: 海洋出版社.

国家海洋局. 2008. HY/T 119-2008 全国海岛名称与代码 [S]. 北京: 中国标准出版社.

国家海洋局. 2012. 中国海岛 (礁) 名录 [M]. 北京: 海洋出版社.

海南省海洋厅, 海南省海岛资源综合调查领导小组办公室. 1999. 海南省海岛资源综合调查研究报告 [M]. 北京: 海洋出版社.

河北省海岛资源编纂委员会. 1995. 河北省海岛资源综合调查研究报告 [M]. 北京: 海洋出版社.

黄清辉, 等. 2008. 2006 年春季长江口砷形态分析及其生物有效性 [J]. 环境科学, 29 (8): 2131-2136.

黄清辉, 马志玮, 李建华, 等. 2008. 2006 年春季长江口砷形态分析及其生物有效性 [J]. 环境科学, 29 (8): 2131-2136.

黄东光, 邓太阳, 周先叶, 等. 2008. 广东内伶仃岛薇甘菊危害与生态因子的关联度分析 [J]. 生态科学, 27 (3): 143-147.

黄晖, 董志军, 练健生. 2008. 论西沙群岛珊瑚礁生态系统自然保护区的建立 [J]. 热带地理, 28 (6): 540-544.

胡颢琰, 唐静亮, 李秋里, 等. 2006. 浙江省近岸海域底栖生物生态研究 [J]. 海洋学研究, 24 (3): 76-89.

江苏省海岛资源综合调查领导小组办公室. 1996. 江苏省海岛资源综合调查报告 [M]. 北京: 科学技术文献出版社.

纪焕红, 叶属峰, 黄秀清. 2004. 上海市金山三岛海域浮游动物分布特征 [J]. 海洋通报, 23 (5): 87-91.

辽宁省海洋局. 1996. 辽宁省海岛资源综合调查研究报告 [M]. 北京: 海洋出版社.

李颖虹, 黄小平, 岳维忠. 2004. 西沙永兴岛环境质量状况及管理对策 [J]. 海洋环境科学, 1: 51-53.

李道季, 等. 2002. 长江口外氧的亏损 [J]. 中国科学, 32 (8): 686-674.

李加林，童亿勤，许继琴，等.2004. 杭州湾南岸生态系统服务功能及其经济价值研究 [J]. 地理与地理信息科学，20（6）：104-108.

李泽军.2001. 从水体叶绿素含量评价于桥水库富营养化程度 [J]. 河北水利水电技术，（6）：44-45.

蓝盛芳，钦佩.2001. 生态系统的能值分析 [J]. 应用生态学报，12（1）：129-131.

刘淼，胡远满，李月辉，等.2006. 生态足迹方法及研究进展 [J]. 生态学杂志，25（3）：334-339.

刘伟玲，朱京海，胡远满.2007. 辽宁省及其沿海区域生态足迹的动态变化 [J]. 生态学杂志，27（6）：968-973.

陆宏芳，蓝盛芳，李雷，等.2002. 评价系统可持续发展能力的能值指标 [J]. 中国环境科学，22（4）：380-384.

陆丽珍，詹远增，叶艳妹，等.2010. 基于土地利用空间格局的区域生态系统健康评价——以舟山岛为例 [J]. 生态学报，30（1）：245-252.

梁爱萍，张涛，刘伟.2007. 烟台市四十里湾海域赤潮预报方法研究 [J]. 烟台大学学报（自然科学与工程版），20（4）：304-308.

梁玉波，王斌.2001. 中国外来海洋生物及其影响 [J]. 生物多样性，9（4）：458-465.

林洪瑛，韩舞鹰.2001. 南沙群岛海域营养盐分布的研究 [J]. 海洋科学.25（10）：11-14.

李加林，童亿勤，许继琴，等.2004. 杭州湾南岸生态系统服务功能及其经济价值研究 [J]. 地理与地理信息科学，20（6）：104-108.

刘炳钻，魏远竹.2009. 香蕉果园的生态服务功能及其价值评估——以福建省为例 [J]. 福建农林大学学报（自然科学版），38（5）：491-494.

刘某承，李文华，谢高地.2010. 基于净初级生产力的中国生态足迹产量因子测算 [J]. 生态学杂志，29（3）：592-597.

刘佳，朱小明，杨圣云.2007. 厦门海洋生物外来物种和生物入侵 [J]. 厦门大学学报（自然科学版），46（1）：181-185.

麦少芝，徐颂军，潘颖君.2005.PSR 模型在湿地生态系统健康评价中的应用 [J]. 热带地理，25（14）：317-321.

倪晓波.2006. 海洋次表层叶绿素最大值的分布和形成机制研究 [J]. 海洋科学，30（5）：58-65.

倪晓波，黄大吉.2006. 海洋次表层叶绿素最大值的分布和形成机制研究 [J]. 海洋科学，30（5）：58-70.

欧阳志云，郑华.2009. 生态系统服务的生态学机制研究进展 [J]. 生态学报，29（11）：6183-6188.

彭超.2006. 我国海岛可持续发展初探 [D]. 青岛：中国海洋大学.

齐连明，张祥国，李晓冬.2013. 国内外海岛保护与利用政策比较研究 [M]. 北京：海洋出版社.

乔方利.2012. 中国区域海洋学——物理海洋学 [M]. 北京：海洋出版社.

全国海岸带和海涂资源综合调查成果编委会.1991. 中国海岸带和海涂资源综合调查报告 [M]. 北京：海洋出版社.

全国海岛资源综合调查报告编写组.1996. 全国海岛资源综合调查报告 [D]. 北京：海洋出版社.

秦铭俐，蔡燕红，王晓波，等.2009. 杭州湾水体富营养化评价及分析 [J].28（S1）：53-56.

丘耀文，颜文，王肇鼎，等.2005. 大亚湾海水、沉积物和生物体中重金属分布及其生态危害 [J]. 热带海洋学报，24（5）：69-76.

任海，李萍，彭少麟，等.2004. 海岛与海岸带生态系统恢复与生态系统管理 [M]. 北京：科学出版社.

沈艳玲，张洪，马兴，等.2004. 渤海湾无机氮、活性磷酸盐的变化对海洋初级生产力（叶绿素）的影响 [J]. 中国环境监测，20（1）：52-54.

沈国英，施并章.2002. 海洋生态学 [M]. 北京：科学出版社.

沈志明，王胜昌，王晓东，等.1993. 上海地区大金山岛猕猴放养结果 [J]. 上海实验动物科学，13（1）：20-23.

生物多样性公约秘书处.2010. 全球生物多样性展望（第三版）. 蒙特利尔.

石洪华，郑伟，丁德文，吕吉斌.2009. 典型海岛生态系统服务及价值评估 [J]. 海洋环境科学，28（6）：743-748.

石璇，杨宇，徐福留，等．2004．天津地区地表水中多环芳烃的生态风险［J］．环境科学学报，24（4）：619-624．

宋延巍．2006．海岛生态系统健康评价方法及应用［D］．青岛：中国海洋大学．

孙元敏，林河山，陈庆辉，庄孔造，胡阳冬，蔡鹭春．2012．中国海岛保护区的发展现状与管理对策［J］．生态科学，31（5）：507-512．

孙元敏，陈彬，俞炜炜，等．2010．海岛资源开发活动的生态环境影响及保护对策研究［J］．海洋开发与管理，27（6）：85-89．

孙维萍．2009．2006年夏冬季长江口、杭州湾及邻近海域表层海水溶解态重金属的平面分布特征［J］．海洋学研究，27（1）：37-43．

孙维萍，潘建明，吕海燕，薛斌．2009．2006年夏冬季长江口、杭州湾及邻近海域表层海水溶解态重金属的平面分布特征［J］．海洋学研究，27（1）：37-43．

孙湘平．2006．中国近海区域海洋［M］．北京：海洋出版社．

唐伟，杨建强，赵蓓，姜独祎．2010．我国海岛生态系统管理对策初步研究［J］．海洋开发与管理，27（3）：1-4．

王金辉．2004．长江口及邻近水域的生物多样性变化趋势分析［J］．海洋通报，23（1）：32-40．

王中根，夏军．1999．区域生态环境承载力的量化方法研究［J］．长江职工大学学报，16（4）：9-12．

王忠德，陆祎玮，陈水华，等．2008．浙江舟山五峙山列岛夏季繁殖水鸟资源及其分布动态［J］．四川动物，27（6）：965-973．

王小龙．2006．海岛生态系统风险评价方法及应用研究［D］．青岛：国家海洋局第一海洋研究所．

吴珊珊．2011．我国海岛保护与利用现状及分类管理建议［J］．海洋开发与管理，5：40-44．

肖佳媚．2007．基于PSR模型的南麂岛生态系统评价研究［D］．厦门：厦门大学．

谢高地，甄霖，陆春霞，等．2008．生态系统服务的供给、消费和价值化［J］．30（1）：94-99．

谢高地，鲁春霞，成升魁．2001．全球生态系统服务价值评估研究进展［J］．资源科学，23（6）：5-9．

解焱，李振宇，汪松．1996．中国入侵物种综述［M］．北京：中国环境科学出版社．

徐琳瑜，杨志峰，李巍．2003．城市生态系统承载力理论与评价方法［J］．城市环境与城市生态，16（6）：60-62．

徐中民，张志强，程国栋．2000．甘肃省1998年生态足迹计算与分析［J］．地理学报，55（5）：7-9．

许昆灿，黄水龙，吴丽卿．1982．长江口沉积物中重金属的含且分布及其与环境因素的关系［J］．海洋学报，4（4）：440-449．

杨文鹤．2000．中国海岛［M］．北京：海洋出版社．

姚庆祯．2009．长江口及邻近海域痕量元素砷、硒的分布特征［J］．环境科学，30（1）：33-38．

余兴光，马志远，林志兰．2008．福建省海湾围填海规划环境化学与环境容量影响评价［M］．北京：科学出版社．

《中国海湾志》编纂委员会．1998．中国海湾志第十四分册（重要河口）［M］．北京：海洋出版社．

张朝晖，周骏，吕吉斌，丁德文．2007．海洋生态系统服务的内涵与特点［J］．海洋环境科学，26（3）：259-263．

张弛，高效江，宋祖光，等．2008．杭州湾河口地区表层沉积物中重金属的分布特征及污染评价［J］．复旦学报（自然科学版），47（4）：535-540．

张荣，梁保松，刘斌，等．2005．城市可持续发展系统动力学模型及实证研究［J］．河南农业大学学报，39（2）：229-234．

章菁，等．2008．舟山群岛邻近海域浮游动物生态研究种类组成与数量分布［J］．海洋学研究，26（4）：20-28．

郑华，欧阳志云，赵同谦，等．2003．人类活动对生态系统服务功能的影响［J］．自然资源学报，18（1）：118-126．

郑冬梅．2005．厦门海洋生物入侵的危害及管理对策［J］．台湾海峡，24（3）：411-416．

周斌，王悠，王进河，等．2010．山东半岛南部近岸海域富营养化状况的多元评价研究［J］．海洋学报，32（3）：128-138．

周国飞．1994．舟山五峙山岛黑尾鸥、中白鹭生态的初步研究［J］．动物学杂志，29（1）：31-33．

周静，杨东，彭子成，等．2007．西沙海域海水中溶解态重金属的含量及其影响因子［J］．中国科学技术大学学报．37（8）：1036-1042．

朱根海，施青松，张健，等．2009．崎岖列岛附近海域浮游植物与水环境状况研究［J］．海洋学报，31（4）：149-158．

朱季文，等．1996．江苏省海岛资源综合调查报告［M］．北京：科学技术文献出版社．

A Report of the Intergovernmental Panel on Climate Change. 2008. Climate Change 2007: Synthesis Report ［R］.

Arhonditsis G, Eleftheriadou M, Karydis M, et al. 2003. Eutrophication risk assessment in coastal embayments using simple statistical models ［J］. Marine Pollution Bulletin. 46: 1174-1178.

Bin Zhao, Kreutur U. 2004. An ecosystem service value assessment of land-use change on Chongming Island, China ［J］. Land Use Policy, 21: 139-248.

Costanza R., Arge R., Groot R. etc. 1997. The value of the world's ecosystem services and natural capital ［J］. Nature, 86: 253-260.

Costanza R. 1999. The ecological, economic and social importance of the oceans ［J］. Ecological Economics, 31: 199-213.

David G. Angeler, Miguel Alvarez-Cobelas. 2005. Island biogeography and landscape structure: Integrating ecological concepts in a landscape perspective of anthropogenic impacts in temporary wetlands ［J］. Environmental Pollution, 138: 420-424.

Dimitra K, Harry C, Michael K. 2002. Multi-dimensional evaluation and ranking of coastal areas using GIS and multiple criteria choice methods ［J］. The Science of the Total Environment, 284: 1-17.

Dumanski T, Gameda S, Pieri C. 1998. Indicators of land quality and sustainable land management: An annotated bibliography. Environmentally and Socially Sustainable development series: Rural development ［C］. The International Bank for Reconstruction and Development/The World Bank. Washington, D. C., U. S. A.

Glatts R. C, Uhlman A. H, Smith K. L, et al. 2003. Long time-series monitoring of the ecosystem at Deception Island, Antarctica: description of instrumentation ［J］. Deep-Sea Research (Ⅱ), 50: 1631-1648.

Gourbesville P, Thomassin B. 2000. Coastal environment assessment procedure for sustainable wastewater management in tropical islands the Mayotte example ［J］. Ocean and Coastal Management, 43: 997-1014.

Hill J, Hostest P, Tsiourltist G, et al. 1998, Monitoring 20 years of increased grazing impact on the Greek island of Crete with earth observation satellites ［J］. Journal of Arid Environments, 39: 165-178.

Huang L, Tan Y. 2003. The status of the ecological environment and a proposed protection strategy in Sanya Bay, Hainan Island, China ［J］. Marine Pollution Bulletin, 47: 180-186.

Kenneth R. 1998. Introduction to the special issue on a modern role for traditional coastal-marine resource management systems in the Pacific Islands ［J］. Ocean & Coastal Management, 40: 99-103.

Luis W, Michell T. 1998. Forest recovery in the Pearst region of Puerto Rico ［J］. Forest ecology and management, 108: 63-75.

MacArthur, R. H. and E. O. Wilson. 1963. An Equilibrium Theory of Insular Zoogeography ［J］. Evolution, 17: 373-387.

MacArthur, R. H. and E. O. Wilson. 1967. The Theory of Island Biogeography ［M］. Princeton, New Jersey: Princeton University Press.

Millennium Ecosystem Assessment. 2005. Ecosystems and Human Well-being: Biodiversity Synthesis ［M］. Washington DC: WorldResources Institute.

Ramjeawon T, Beedassy R. 2004. Evaluation of the EIA system on the Island of Mauritius and development of an environmental monitoring plan framework ［J］. Environmental Impact Assessment Review, 24: 537-549.

Smith K, Baldwin R. 2003. Ecosystem studies at Deception Island, Antarctica: an overview ［J］. Deep-Sea Research (Ⅱ), 50: 1595-1609.

Pakhomov E, Froneman P. 2000. Temporal variability in the physico-biological environment of the Prince Edward Islands (Southern Ocean) [J]. Journal of Marine Systems, 26: 75-95.

Robert Costanza, Ralph d Arge, Rudolf de Groot, et al. 1997. The value of the world's ecosystem services and natural capital [J]. Nature, Vol. 386: 253-260.

Shi C, Hutchinson S, Xu. S. 2004. Evaluation of coastal zone sustainability an integrated approach in Shanghai Municipality and Chong Ming Island [J]. Journal of Environmental Management, 71: 335-344.

UNESCO. Expert consuctations on MAB project 7: 1979. Ecology and Rational Use of island Ecosystems. Khabarovsk [R], Unosco, Paris, MAB Report series NO. 47.

WackenagelM, William E R. 1996. Our Ecological Footprint: Reducing Human Impact on the Earth [M]. Philadelphia: New Society Publishers.

William Rees. 1992. Ecological footprints and appropriated carrying capacity: what urban economics leaves out [J]. EnvironmentUrban, 4: 121-130.

William J. McConnell, Sean P. Sweeney, Bradley Mulley. 2004. Physical and social access to land: Spatic-tomporal patterns of agricultural expansion in Madagascar [J]. Agriculture Ecosystems and Environment, 101: 171-184.

Wood, J (Ed). 1983. Proceedings of the workshop on Biosphere Reserves and other protected Areas for sustainable Development of small Caribbeane Island [M]. Atlanta: Us National park service.